中 等 职 业 学 校
建筑工程施工专业核心课程教材

ZHONGDENG ZHIYE XUEXIAO
JIANZHU GONGCHENG SHIGONG ZHUANYE HEXIN
KECHENG JIAOCAI

建筑制图与识图

（第2版）

JIANZHU ZHITU YU SHITU

主　编■ 田冬梅　赵朝华　杨　炜　陈大红
副主编■ 吴明樾　王雪力　魏雪梅

重庆大学出版社

内容提要

本书旨在使学生了解和领会投影、建筑工程图绘制与识读的相关知识。全书分为 8 个模块，共 29 个具体任务。主要内容包括：了解建筑制图基本知识、认识投影、绘制基本投影图、了解建筑工程图、识读与绘制建筑施工图、识读钢筋混凝土结构施工图、识读钢筋混凝土结构平法施工图、了解建筑设备施工图。

本书可作为中等职业学校建筑工程施工专业的教学用书，也可作为建筑施工单位的培训教材和工程技术人员的自学用书。

图书在版编目(CIP)数据

建筑制图与识图 / 田冬梅等主编. -- 2 版. -- 重庆：重庆大学出版社，2023.9

中等职业学校建筑工程施工专业核心课程教材

ISBN 978-7-5624-9857-5

Ⅰ. ①建… Ⅱ. ①田… Ⅲ. ①建筑制图—识图—中等专业学校—教材 Ⅳ. ①TU204.21

中国国家版本馆 CIP 数据核字(2023)第 156605 号

中等职业学校建筑工程施工专业核心课程教材

建筑制图与识图

（第 2 版）

主　编　田冬梅　赵朝华

杨　炜　陈大红

责任编辑：刘颖果　　版式设计：刘颖果

责任校对：谢　芳　　责任印制：赵　晟

*

重庆大学出版社出版发行

出版人：陈晓阳

社址：重庆市沙坪坝区大学城西路 21 号

邮编：401331

电话：(023) 88617190　88617185(中小学)

传真：(023) 88617186　88617166

网址：http://www.cqup.com.cn

邮箱：fxk@cqup.com.cn (营销中心)

全国新华书店经销

重庆升光电力印务有限公司印刷

*

开本：787mm×1092mm　1/16　印张：16　字数：451 千　插页：6 开 8 页

2016 年 8 月第 1 版　2023 年 9 月第 2 版　2023 年 9 月第 9 次印刷

印数：17 501—21 000

ISBN 978-7-5624-9857-5　定价：45.00 元

编委会

序　言

党的二十大报告强调“办好人民满意的教育”，要求“统筹职业教育、高等教育、继续教育协同创新，推进职普融通、产教融合、科教融汇，优化职业教育类型定位”。中共中央 国务院印发了《扩大内需战略规划纲要(2022—2035 年)》提出“完善职业技术教育和培训体系，增强职业技术教育适应性”。职业教育发展面临新机遇、新挑战，教材建设成为重要的条件支撑。

建筑工程施工专业是中等职业教育中规模相对较大的专业，对支撑经济社会发展具有重要作用。在扩大内需的经济社会发展背景下，建筑业对专业人才培养提出新的更高的要求。重庆市土木水利类专业教学指导委员会和重庆市教育科学研究院自觉承担历史使命，得到市教委大力支持和相关学校的鼎力配合，于 2013 年开始酝酿，2014 年总体规划设计，2015 年全面启动了中等职业教育建筑工程施工专业教学整体改革，以破解问题为切入点，努力实现统一核心课程设置、统一核心课程的课程标准、统一核心课程的教材、统一核心课程的数字化教学资源开发、统一核心课程的题库建设和统一核心课程的质量检测等“六统一”目标，进而大幅度提升人才培养质量，根本性改变“读不读一个样”的问题，持续增强中等职业教育建筑工程施工专业的社会吸引力。

此次改革确定的 8 门核心课程分别是建筑材料、建筑制图与识图、建筑 CAD、建筑工程测量、建筑构造、建筑施工技术、施工组织与管理、建筑工程安全与节能环保。此次改革既原则上遵循了教育部发布的建筑工程施工专业教学标准，又结合了重庆市的实际，体现了职业教育新的历史使命，还充分吸纳了相关学校实施国家中等职业教育改革发展示范学校建设计划项目的改革成果。

从编写创新方面讲，系列教材充分体现了“任务型”的特点，基本的体例为“模块 +任务”。每个模块分为四个部分：一是引言；二是学习目标；三是具体任务；四是考核与鉴定。每个任务又分为五个部分：一是任务描述与分析；二是方法与步骤；三是知识与技能；四是拓展与提高；五是思考与练习。使用本系列教材，需要三个方面的配套行动：一是配套使用微课资源；二是配套使用考试题库；三是配套开展在线考试。建议的教学方法为“五环四步”，即每个模块按照“能力发展动员、基础能力诊断、能力发展训练、能力水平鉴定和能力教学反思”五个环节设计;每个任务按照“任务布置、协作行动、成果展示、学习评价”四个步骤进行。

建立教材更新机制。在教材使用过程中,要根据建筑业的发展变化及中职教育办学定位的调整优化,在及时对接新知识、新技术、新工艺、新方法上下功夫,确保“材适其学、材适其教、材适其用”。本次修订充分吸纳了党和国家近年来的职业教育新政策和教材建设新理念。

本套教材的编写实行编委会领导下的编者负责制,每本教材都附有编委会名单,同时列明具体编写人员姓名。编写过程中,得到了重庆大学出版社、重庆浩元软件公司等单位的积极配合,在此表示感谢!

编委会执行副主任、研究员
谭绍华
2022 年 12 月

前 言

“建筑制图与识图”是建筑工程施工专业的核心、必修课程之一，旨在使学生了解和领会投影、建筑工程图绘制与识读的相关知识，能够抄绘与识读建筑工程图，训练学生的空间想象力，培养学生耐心细致、科学严谨的工作态度，为学习“建筑构造”“建筑施工技术”等专业课程奠定基础。本课程共168学时，从第1学期开始开设，共2个学期完成。

本教材编写的背景，一是国家大力发展现代职业教育，要求职业教育人才培养模式、教学模式、评价模式改革和教学内容、方式、环境、手段创新，以适应建筑业日益发展变化的人才需求；二是国家实施中等职业教育改革发展示范学校建设计划项目（部分省市还实施了省级中等职业教育改革发展示范学校建设计划项目），相关学校在建筑工程施工专业的教学改革方面开展了大量工作，形成了系列成果，具有一定的推广应用价值，但也存在整合提炼的必要。

在本教材编写过程中，参考了大量的教材开发成果，集各家所长，在此基础上，基于任务型职业教育教材编写理念，构建新的“模块+任务”知识与技能逻辑体系，所有任务采用动宾结构的表述方式。其最大创新点在于，每个任务后面有“思考与练习”题，每个模块后面有“考核与鉴定”题。本次修订根据《房屋建筑制图统一标准》（GB/T 50001—2017）、22G101系列平法图集，对部分内容进行了更新，替换了第1版的建筑工程图，增加了拓展阅读，并融入了部分1+X证书考试和高职对口考试真题；配齐了所有模块的PPT，在部分知识与技能点处以二维码形式植入微课资源，还为需要更加深入学习本课程的学生提供了高校优质课程网址。

本教材包括8个模块，共29个具体任务。

模块一了解建筑制图基本知识，包括3个任务，分别是：认识并使用绘图工具、仪器和用品，了解建筑制图标准，了解基本几何图形的绘制方法。主要编写者是田冬梅、吴明樾。建议学时为14。

模块二认识投影，包括3个任务，分别是：认识投影原理及分类，认识点、线、面投影，认识三面正投影。主要编写者是赵朝华。建议学时为26。

模块三绘制基本投影图，包括3个任务，分别是：绘制形体的投影，绘制轴测图，绘制剖面图与断面图。主要编写者是赵朝华、陈露、宾林。建议学时为44。

模块四了解建筑工程图，包括3个任务，分别是：认识建筑工程图的形成与分类，了解建筑工程图的图例符号，了解建筑工程图的识读方法。主要编写者是吴明樾、王雪力。建议学时为6。

模块五识读与绘制建筑施工图,包括5个任务,分别是:识读建筑总平面图,识读与绘制建筑平面图,识读与绘制建筑立面图,识读与绘制建筑剖面图,识读楼梯详图。主要编写者是杨炜、李骏、刘莉、罗琳、刁翔宇。建议学时为30。

模块六识读钢筋混凝土结构施工图,包括3个任务,分别是:了解结构施工图的基本知识,掌握结构施工图制图标准,识读结构施工图。主要编写者是魏雪梅、吴明槐。建议学时为12。

模块七识读钢筋混凝土结构平法施工图,包括6个任务,分别是:识读混凝土结构柱平法施工图,识读混凝土结构梁平法施工图,识读混凝土结构板平法施工图,识读剪力墙平法施工图,识读现浇混凝土板式楼梯平法施工图,识读现浇钢筋混凝土基础平法施工图。主要编写者是陈大红、王雪力和刁翔宇。建议学时为30。

模块八了解建筑设备施工图,为选学内容,包括3个任务,分别是:了解建筑给水排水施工图,了解建筑通风空调施工图,了解建筑电气施工图。主要编写者是吴明槐。建议学时为6。

优质课程资源(重庆智慧教育平台):http://www.cqooc.com。

由于时间仓促、学识有限,书中难免有不足和疏漏之处,恳请广大教师和学生将意见和建议通过重庆大学出版社等途径反馈给我们,以便在后续版本中不断改进和完善。

编　者

2023年5月

目　录

模块一　了解建筑制图基本知识 …… 1
任务一　认识并使用绘图工具、仪器和用品 …… 2
任务二　了解建筑制图标准 …… 7
任务三　了解基本几何图形的绘制方法 …… 20

模块二　认识投影 …… 30
任务一　认识投影原理及分类 …… 31
任务二　认识点、线、面投影 …… 35
任务三　认识三面正投影 …… 38

模块三　绘制基本投影图 …… 52
任务一　绘制形体的投影 …… 53
任务二　绘制轴测图 …… 59
任务三　绘制剖面图与断面图 …… 68

模块四　了解建筑工程图 …… 79
任务一　认识建筑工程图的形成与分类 …… 80
任务二　了解建筑工程图的图例符号 …… 84
任务三　了解建筑工程图的识读方法 …… 95

模块五　识读与绘制建筑施工图 …… 100
任务一　识读建筑总平面图 …… 101
任务二　识读与绘制建筑平面图 …… 112
任务三　识读与绘制建筑立面图 …… 124
任务四　识读与绘制建筑剖面图 …… 129
任务五　识读楼梯详图 …… 133

模块六　识读钢筋混凝土结构施工图 …… 142
任务一　了解结构施工图的基本知识 …… 143
任务二　掌握结构施工图制图标准 …… 148
任务三　识读结构施工图 …… 153

模块七　识读钢筋混凝土结构平法施工图 …… 163
任务一　识读混凝土结构柱平法施工图 …… 164
任务二　识读混凝土结构梁平法施工图 …… 171
任务三　识读混凝土结构板平法施工图 …… 181
任务四　识读剪力墙平法施工图 …… 188
任务五　识读现浇混凝土板式楼梯平法施工图 …… 196
任务六　识读现浇钢筋混凝土基础平法施工图 …… 205

模块八　了解建筑设备施工图 …… 229
任务一　了解建筑给水排水施工图 …… 230
任务二　了解建筑通风空调施工图 …… 238
任务三　了解建筑电气施工图 …… 240

参考文献 …… 245

附录　某地某工程项目20#幼儿园建筑施工图

模块一　了解建筑制图基本知识

随着信息技术的日新月异，计算机制图已经成为建筑工程图绘制的主要手段，尽管如此，手工绘图仍然是一个建筑工程技术人员必不可少的基本职业技能。本模块主要学习建筑制图的基本知识，主要完成三个任务，即认识并使用绘图工具、仪器和用品，了解建筑制图标准，了解基本几何图形的绘制方法。

学习目标

(一)知识目标

1. 了解常用绘图工具、仪器和用品的种类以及使用、维护的正确方法；
2. 了解建筑制图标准；
3. 理解各种线型的画法；
4. 掌握制图标准中对图幅、图线、比例、字体、尺寸标注的规定；
5. 掌握尺规作图的方法与步骤。

(二)技能目标

1. 能熟练绘制已知直线的垂线、平行线，能将已知线段任意等分；
2. 能熟练绘制圆的内接正多边形；
3. 能进行直线和圆弧连接的绘制；
4. 能绘制椭圆。

(三)职业素养目标

1. 初步树立发现并追求建筑之美的意识；
2. 养成一丝不苟、严谨认真的学习习惯。

任务一　认识并使用绘图工具、仪器和用品

任务描述与分析

“工欲善其事，必先利其器”。为保证绘图质量，提高绘图速度，必须了解各种绘图工具、仪器和用品（图 1-1-1）的构造和性能，掌握正确选择和使用它们的方法，并懂得如何维护和保养它们。

本任务的具体要求是：会正确选择并使用常用绘图工具、仪器和用品；养成规范使用、保管和维护绘图工具、仪器等的好习惯。

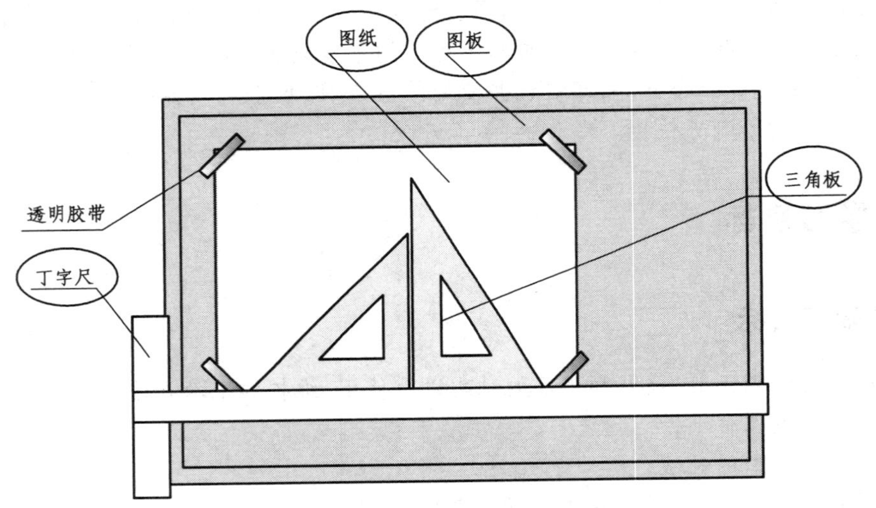

图 1-1-1　绘图工具、仪器和用品

知识与技能

（一）绘图工具

1. 图板

图板（图 1-1-2）是固定图纸和绘图的工具，要求板面要平整，工作边要平直。为保持板面的平整，固定图纸时要用透明胶带，不能使用图钉固定，也不能使用刀具在图板上刻划。

每次使用后应水平放置图板，图板不能受潮、暴晒、烘烤和重压，以防变形。

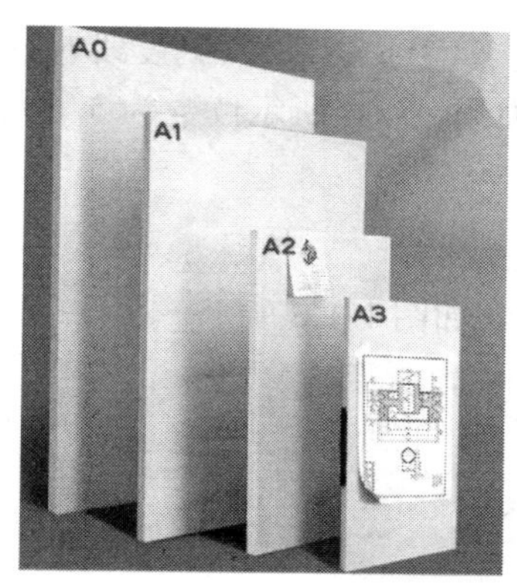

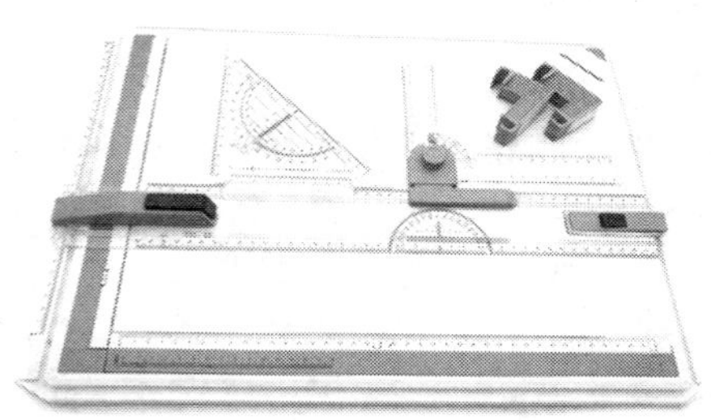

图1-1-2　图板

2. 丁字尺

丁字尺是画水平线及配合三角板画垂线和斜线的工具。丁字尺由相互垂直的尺头和尺身组成。使用时应将尺头内侧紧紧靠住图板左边（工作边），左手扶尺，上下推动尺身画出相互平行的水平线（图1-1-3）。丁字尺保管时，可用尾部圆孔悬挂存放，以防变形。

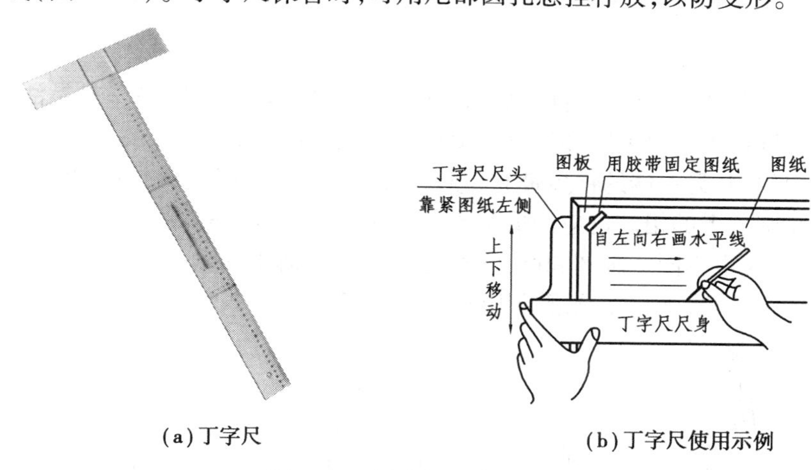

(a) 丁字尺　　(b) 丁字尺使用示例

图1-1-3　丁字尺及使用示例

3. 三角板

两块三角板为一套（图1-1-4），若将一块三角板和丁字尺配合，按照自下而上的顺序，可画出一系列的垂直线。将丁字尺与一个三角板配合可以画出30°、45°、60°的角。用两块三角板与丁字尺配合还可以画出15°和75°的斜线。画图时通常按照从左向右的原则绘制斜线。

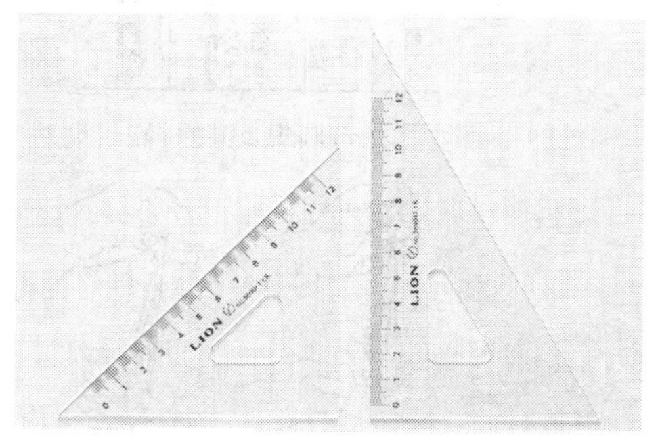

图1-1-4　三角板

4. 比例尺

比例尺是用于放大或缩小绘图尺寸的一种尺子，又称三棱尺。

根据图纸比例选择相应比例尺，1：100 的图选用 1：100 的尺子，刻度线对齐后读出尺子读数，读出来的读数就是实际尺寸，不需要再转换。如图 1-1-5 所示读数为 3.6 cm，那么实际物体的尺寸就是 3.6 m。

5. 建筑模板

建筑模板用来绘制建筑工程图中的一些图例符号，如图 1-1-6 所示。

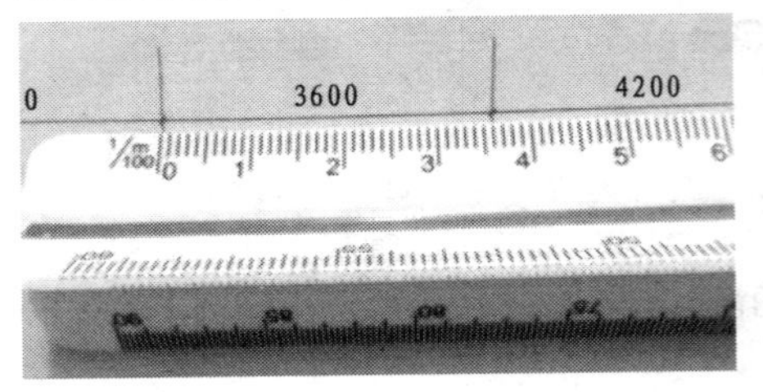

图 1-1-5　比例尺

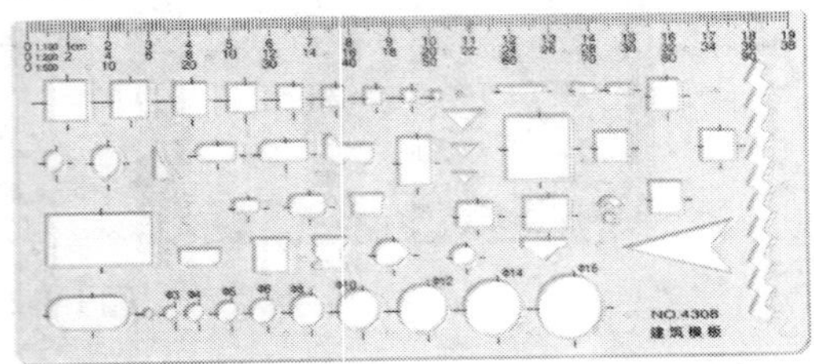

图 1-1-6　建筑模板

(二)绘图仪器

1. 圆规

圆规用来画圆和圆弧。圆规有两只脚，其中一只固定脚是钢针，另一只是活动插脚，可更换铅芯、钢针，分别用于绘铅笔图和作分规使用。圆规固定脚上的钢针，一端的针尖为锥状，用它可以代替分规使用；另一端的针尖带有台阶，画圆时使用。使用圆规时，钢针应比铅芯略长，特别要注意的是圆规上的铅芯也应削成和铅笔一样，画图时才好和铅笔配套使用，否则画出的图线粗细不一，深浅也不同。画圆和圆弧时，应用右手大拇指和食指捏住圆规杆柄，钢针对准圆心，按顺时针方向一次画完。圆规的用法如图 1-1-7 所示。

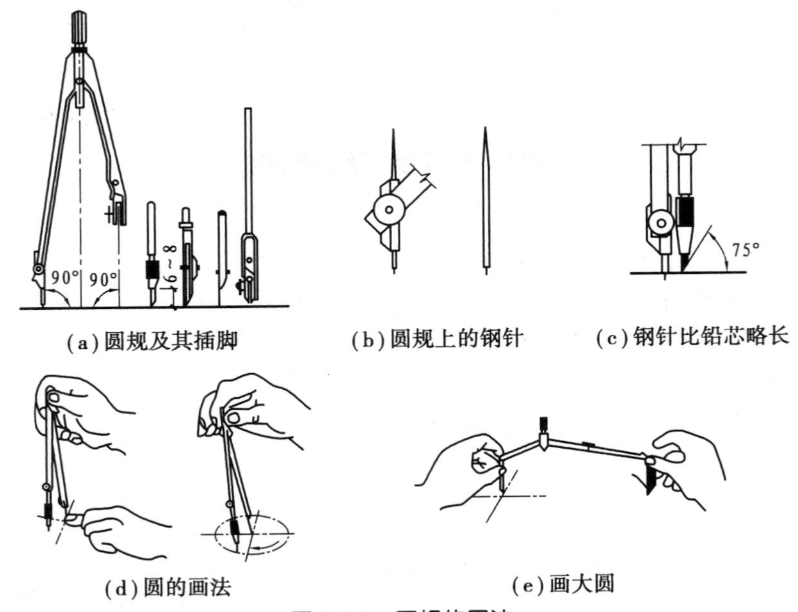

(a) 圆规及其插脚　(b) 圆规上的钢针　(c) 钢针比铅芯略长

(d) 圆的画法　(e) 画大圆

图 1-1-7　圆规的用法

2. 分规

分规是用来截取线段、量取尺寸和等分线段或圆弧线的绘图工具，其使用方法如图 1-1-8 所示。

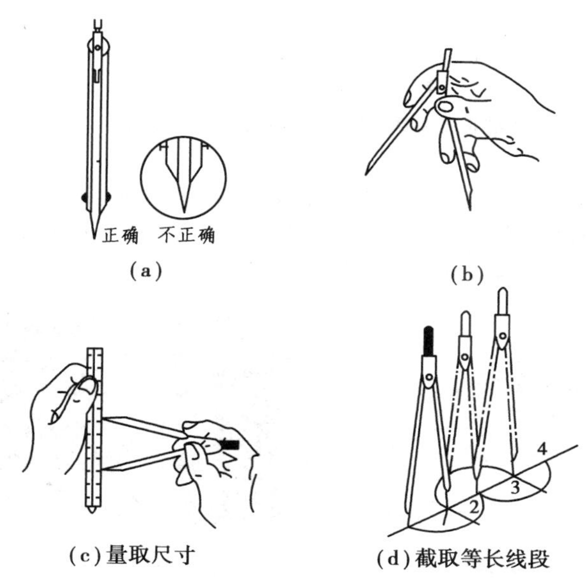

图 1-1-8　分规的用法

（三）绘图用品

1. 图纸

图纸分绘图纸和描图纸两种，描图纸又称硫酸纸。

2. 铅笔

铅笔（图 1-1-9）用于画图线及写字，是手工绘图必不可少的工具之一。绘图铅笔的一端有铅芯软硬程度的标记，H，2H，3H…表示硬铅芯，H 前的数字越大，表示铅芯越硬；B，2B，3B…表示软铅芯，B 前的数字越大，表示铅芯越软；HB 表示铅芯软硬适中。画粗实线常用 B 或 2B 铅芯的铅笔，写字用 HB 或 H 铅芯的铅笔，画细线用 H 或 2H 铅芯的铅笔。削铅笔时应保留其软硬程度的标记。画粗实线的铅芯一般用砂纸磨成方头，先把铅芯磨成厚为线宽 b 的两个平行平面，再把一侧的柱面磨成与两个平面垂直的平面，最后把带柱面的一侧磨成斜面，使用时将带柱面的一侧朝上即可；其余用途时，应磨成圆锥状。

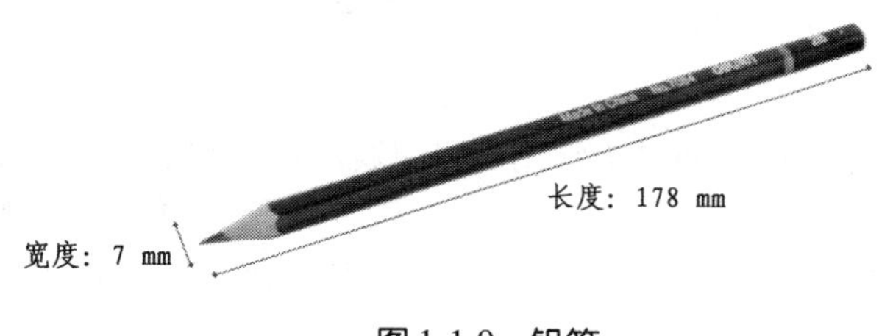

图 1-1-9　铅笔

除此以外,我们在制图过程中还会用到擦图片(又称擦线板)、橡皮、小刀、砂纸等用品。

拓展与提高

(一)曲线板

曲线板(图1-1-10)用于绘制非圆曲线,有很多不同弧度的曲线。

(二)绘图墨水笔

绘图墨水笔(图1-1-11)也称针管笔,因笔尖形似针管而得名,是建筑制图加深图线或者描图的基本工具之一,能绘制出均匀一致的线条。笔身是钢笔状,笔头是长约2 cm中空钢制圆环,里面藏着一条活动细钢针,上下摆动针管笔,能及时清除堵塞笔头的纸纤维。

图1-1-10　曲线板

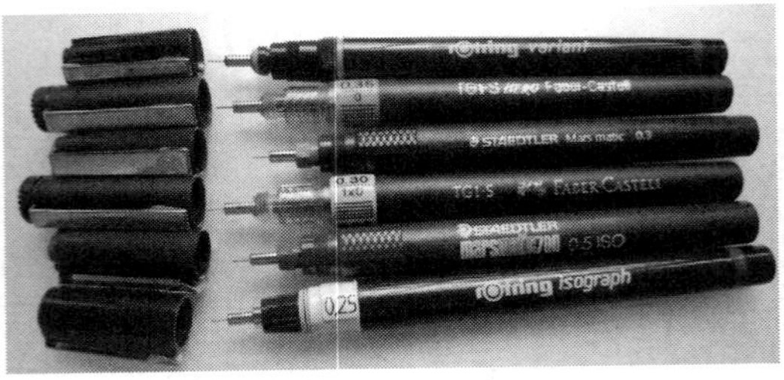

图1-1-11　绘图墨水笔

思考与练习

(一)单项选择题

1. 绘图铅笔有软硬之分,下列铅笔最硬的是(　　)。

A. H　　B. B　　C. 2H　　D. 2B

2. 【重庆市对口高职考试真题】下列说法正确的是(　　)。

A. 三角板只能绘制垂直线

B. 丁字尺只能绘制水平线

C. 垂直线应从上向下绘制

D. 水平线应从右向左绘制

3. 绘图时不能作为画图线工具的是(　　)。

A. 丁字尺　　B. 三角板　　C. 比例尺　　D. 圆规

(二)多项选择题

手工绘制工程图的底图时,下列属于常用工具、仪器和用品的是(　　)。

A. 三角板、圆规、钢笔　　B. 丁字尺、三角板、圆规、铅笔

C. 曲线板、直尺、圆珠笔　　D. 比例尺、分规、描图笔

E. 三角板、图板、丁字尺、铅笔

(三)判断题

1. 圆规的钢针应比铅芯略长。　　(　　)
2. 分规可以画圆。　　(　　)

任务二　了解建筑制图标准

任务描述与分析

工程图样是工程界的技术语言,设计、施工、监理等各方人员都要依据建筑工程图样进行交流和沟通,因此,所有的图样绘制和阅读必须要有统一的标准。现行的《房屋建筑制图统一标准》(GB/T 50001—2017)于2017年9月发布,2018年5月1日实施,主要内容包括:总则、术语、图纸幅面规格与图纸编排顺序、图线、字体、比例、符号、定位轴线、常用建筑材料图例、图样画法、尺寸标注、计算机制图文件、计算机制图文件图层、计算机制图规则、协同设计。

本任务的具体要求是:能识别五种图纸幅面尺寸和两种幅面形式,理解比例的应用;能在老师指导下绘制各种图线,书写工整的工程字;能识读尺寸标注,并能进行简单图形的尺寸标注;具有对工程技术语言的亲切感,养成规范制图的习惯。

知识与技能

(一)图纸幅面规格

1. 图纸幅面

图纸幅面是指图纸宽度与长度组成的图面。图纸幅面及图框尺寸应符合表1-2-1的规定,不同幅面的图纸有如图1-2-1所示的关系。需要微缩复制的图纸,其一个边上应附有一段准确米制尺度,四个边上均附有对中标志,米制尺度的总长应为100 mm,分格应为10 mm。

表1-2-1　图纸幅面及图框尺寸　　单位:mm

尺寸代号	幅面代号				
	A0	A1	A2	A3	A4
$b \times l$	841×1 189	594×841	420×594	297×420	210×297
c	10			5	
a	25				

注:表中b为幅面短边尺寸,l为幅面长边尺寸,c为图框线与幅面线间宽度,a为图框线与装订边间宽度。

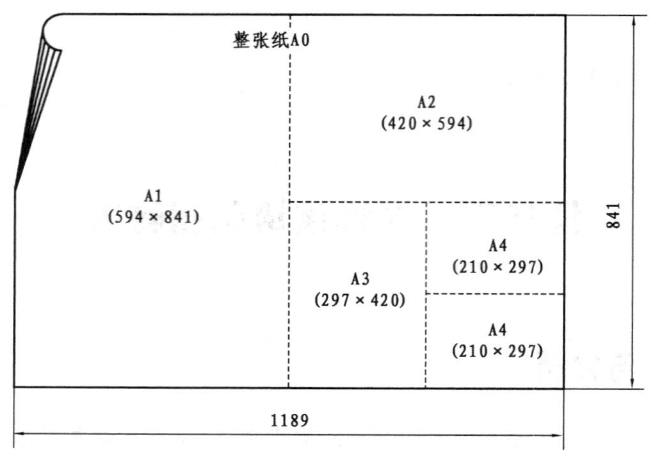

图 1-2-1　图纸幅面图

2. 图纸的幅面形式

图纸以短边作为垂直边称为横式(图 1-2-2 至图 1-2-4),以短边作为水平边称为立式

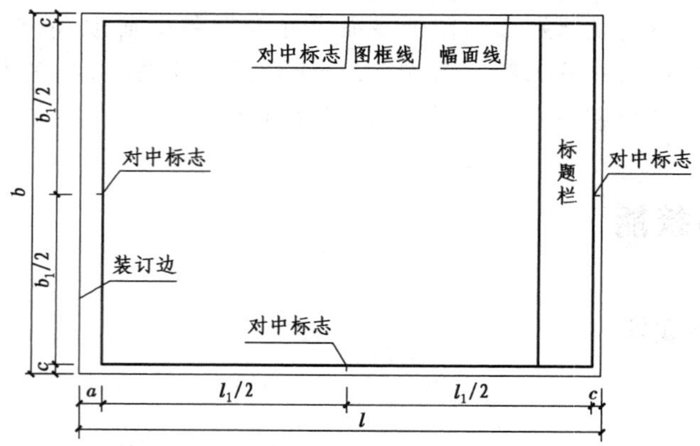

图 1-2-2　A0 ~ A3 横式幅面(一)

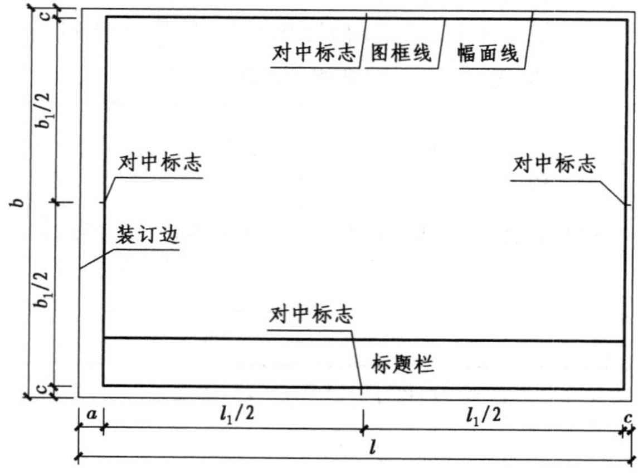

图 1-2-3　A0 ~ A3 横式幅面(二)

（图 1-2-5 至图 1-2-7）。一般 A0 ~ A3 图纸宜横式使用；必要时，也可立式使用。图纸的短边尺寸不应加长，A0 ~ A3 幅面长边尺寸可加长，但应符合制图标准的要求。一个工程设计中，每个专业所使用的图纸，一般不宜多于两种幅面，不含目录及表格所采用的 A4 幅面。

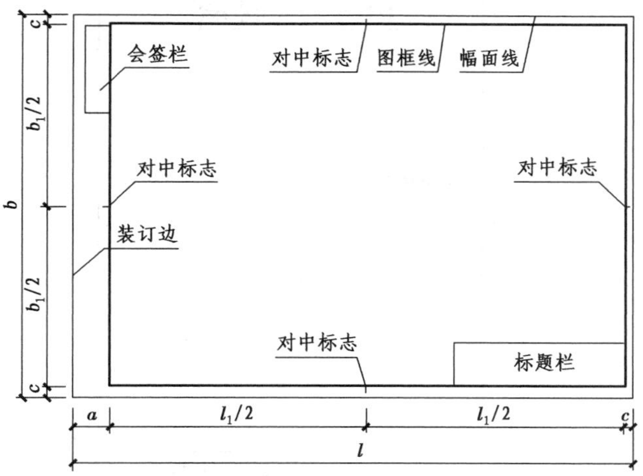

图 1-2-4　A0 ~ A1 横式幅面（三）

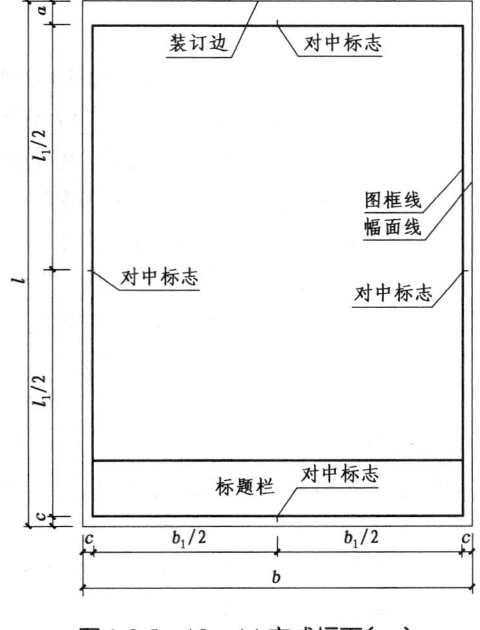

图 1-2-5　A0 ~ A4 立式幅面（一）

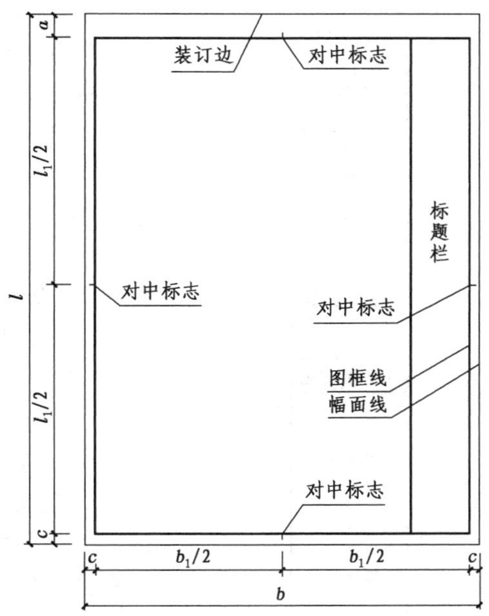

图 1-2-6　A0 ~ A4 立式幅面（二）

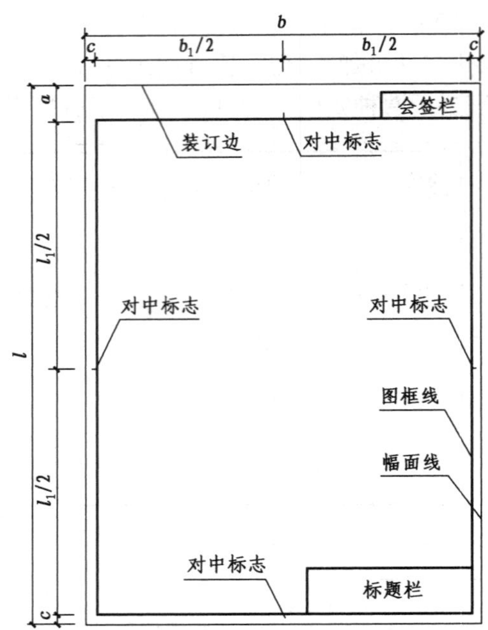

图 1-2-7　A0 ~ A2 立式幅面(三)

3. 标题栏与会签栏

标题栏主要表示与建筑工程图样有关的信息(图 1-2-8 至图 1-2-11)。会签栏(图 1-2-12)是作为建筑、结构、设备等专业负责人会审图纸后签字使用,一个会签栏不够时,可另加一个。签字栏应包括实名列和签名列,并应符合下列规定:

(1)涉外工程的标题栏内,各项主要内容的中文下方应附有译文,设计单位的上方或左方应加“中华人民共和国”字样。

(2)在计算机辅助制图文件中,当使用电子签名与认证时,应符合《中华人民共和国电子签名法》的有关规定。

(3)当由两个以上的设计单位合作设计同一个工程时,设计单位名称区可依次列出设计单位名称。

应根据工程的需要选择标题栏、会签栏的规格、尺寸及分区。当标题栏采用图 1-2-8、图 1-2-9 所示布局时,可不再单独设置会签栏;当标题栏采用图 1-2-10、图 1-2-11 所示布局时,应在图 1-2-4、图 1-2-7 所示的位置按图 1-2-12 设置会签栏。

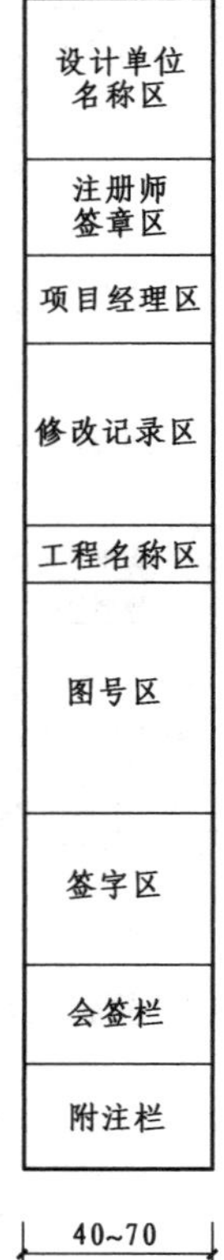

图 1-2-8　标题栏(一)

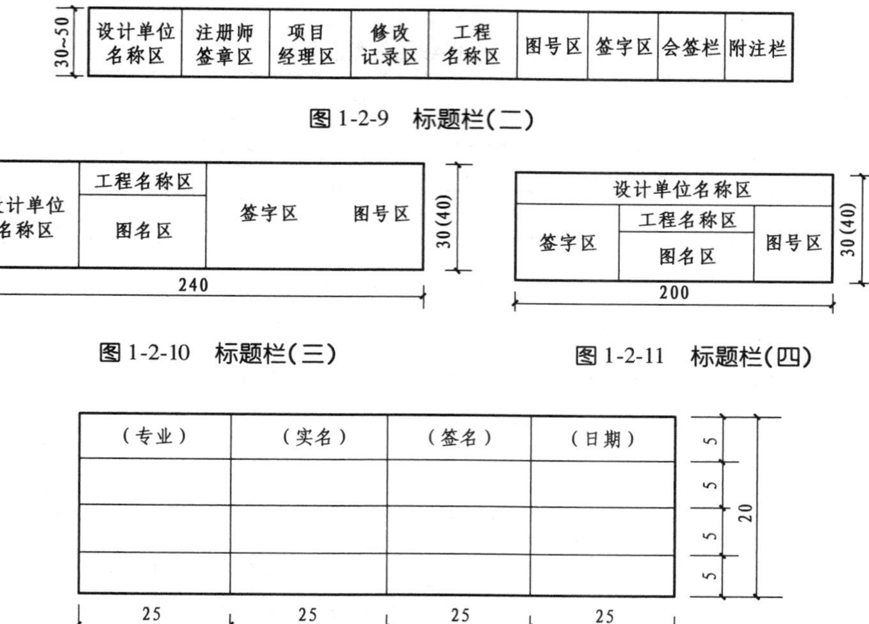

图 1-2-9　标题栏(二)

图 1-2-10　标题栏(三)

图 1-2-11　标题栏(四)

图 1-2-12　会签栏

(二)图线

1. 线宽

图线的基本宽度 b,宜从 1.4 mm、1.0 mm、0.7 mm、0.5 mm 线宽系列中选取。图线宽度不应小于 0.1 mm。每个图样,应根据复杂程度与比例大小,先选定基本线宽 b,再选用表 1-2-2 中相应的线宽组。同一张图纸内,相同比例的各图样应选用相同的线宽组。

表 1-2-2　线宽组　　单位:mm

线宽比	线宽组			
b	1.4	1.0	0.7	0.5
$0.7b$	1.0	0.7	0.5	0.35
$0.5b$	0.7	0.5	0.35	0.25
$0.25b$	0.35	0.25	0.18	0.13

注:①需要微缩的图纸,不宜采用 0.18 mm 及更细的线宽;

②同一张图纸内,各不同线宽中的细线,可统一采用较细的线宽组的细线。

2. 线型及用途

在建筑工程图中,不同的图线用在不同的地方,代表不同的意思。为规范制图,清晰地表达图纸中不同的设计内容,并分清主次,工程图样必须使用不同线型和不同粗细的图线,详见

表 1-2-3、表 1-2-4。

表 1-2-3　图线的线型及用途

名　称		线　型	线宽	一般用途
实　线	粗		b	主要可见轮廓线
	中粗		0.7b	可见轮廓线
	中		0.5b	可见轮廓线、尺寸线、变更云线
	细		0.25b	图例填充线、家具线
虚　线	粗		b	见各有关专业制图标准
	中粗		0.7b	不可见轮廓线
	中		0.5b	不可见轮廓线、图例线
	细		0.25b	图例填充线、家具线
单点长画线	粗		b	见各有关专业制图标准
	中		0.5b	见各有关专业制图标准
	细		0.25b	中心线、对称线、轴线等
双点长画线	粗		b	见各有关专业制图标准
	中		0.5b	见各有关专业制图标准
	细		0.25b	假想轮廓线、成型前原始轮廓线
折断线	细		0.25b	断开界线
波浪线	细		0.25b	断开界线

表 1-2-4　图框和标题栏的线宽

幅面代号	图框线	标题栏外框线对中标志	标题栏分格线幅面线
A0,A1	b	0.5b	0.25b
A2,A3,A4	b	0.7b	0.35b

3. 图线绘制的注意事项

(1)相互平行的图例线,其净间隙或线中间隙不宜小于 0.2 mm。

(2)虚线、单点长画线或双点长画线的线段长度和间隔,宜各自相等。

(3)单点长画线或双点长画线,当在较小图形中绘制有困难时,可用实线代替。

(4)单点长画线或双点长画线的两端,不应是点。点画线与点画线交接或点画线与其他图线交接时,应采用线段交接,如图 1-2-13 所示。

(5)虚线与虚线交接或虚线与其他图线交接时,应采用线段交接,如图 1-2-14 所示。虚线为实线的延长线时,不得与实线相接。

(6)图线不得与文字、数字或符号重叠、混淆,不可避免时,应首先保证文字的清晰。

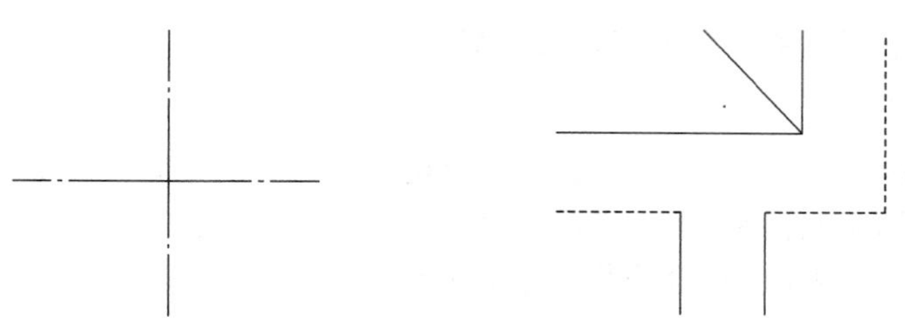

图 1-2-13　点画线相交　　　　图 1-2-14　虚线与虚线、虚线与实线相交

(三)字体

1. 字体书写要求

图纸上所需书写的文字、数字或符号等,均应笔画清晰、字体端正、排列整齐;标点符号应清楚正确。

2. 字体高度

文字的字高,应从表 1-2-5 中选用。字高大于 10 mm 的文字宜采用 True type 字体,如需书写更大的字,其高度应按$\sqrt{2}$的倍数递增。

表 1-2-5　字体高度　　　　单位:mm

字体种类	中文矢量字体	True type 字体及非汉字矢量字体
字　高	3.5、5、7、10、14、20	3、4、6、8、10、14、20

3. 汉字的选用及书写

图样及说明中的汉字,宜优先采用 True type 字体中的宋体,True type 字体宽高比宜为 1。采用矢量字体时应为长仿宋体,矢量字体的宽高比宜为 0.7,且应符合表 1-2-6 的规定。同一图纸字体种类不应超过两种。大标题、图册封面、地形图等的汉字,也可书写成其他字体,但应易于辨认,其宽高比宜为 1。字体示例如图 1-2-15 所示。

表 1-2-6　长仿宋体字高宽关系　　　　单位:mm

字　高	3.5	5	7	10	14	20
字　宽	2.5	3.5	5	7	10	14

宋体字示例

宽:高=1

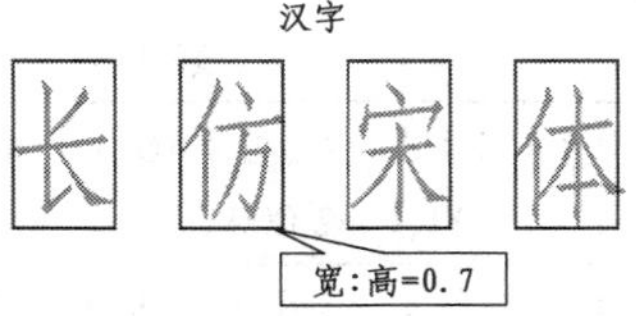

图 1-2-15　字体示例

汉字的简化字书写必须符合国家有关汉字简化方案的规定。

4. 字母及数字

字母及数字，当需要写成斜体字时，其斜度应是从字的底线逆时针向上倾斜 75°。斜体字的高度和宽度应与相应的直体字相等。字母及数字的字高不应小于 2.5 mm，如图 1-2-16 所示。

长仿宋汉字、字母、数字应符合现行国家标准《技术制图　字体》（GB/T 14691—93）的有关规定。

图 1-2-16　字母、数字示例

（四）比例

（1）图样的比例，应为图形与实物相对应的线性尺寸之比，如某图样比例为 1 ∶ 100，图样上线性长度 1 mm 的图线，代表对应位置 100 mm 的实物长度。比例的大小，是指其比值的大小，如 1 ∶ 50 大于 1 ∶ 100。

平面图 1:100　　⑥ 1:20

图 1-2-17　比例的注写

（2）比例的符号为“ ∶ ”，比例应以阿拉伯数字表示，如 1 ∶ 1、1 ∶ 2、1 ∶ 100 等。

（3）比例宜注写在图名的右侧，字的基准线应取平；比例的字高宜比图名的字高小一号或二号，如图 1-2-17 所示。

（4）绘图所用的比例，应根据图样的用途与被绘对象的复杂程度，从表 1-2-7 中选用，并优先采用表中常用比例。

表 1-2-7　绘图所用的比例

常用比例	1 ∶ 1、1 ∶ 2、1 ∶ 5、1 ∶ 10、1 ∶ 20、1 ∶ 30、1 ∶ 50、1 ∶ 100、1 ∶ 150、1 ∶ 200、1 ∶ 500、1 ∶ 1 000、1 ∶ 2 000
可用比例	1 ∶ 3、1 ∶ 4、1 ∶ 6、1 ∶ 15、1 ∶ 25、1 ∶ 40、1 ∶ 60、1 ∶ 80、1 ∶ 250、1 ∶ 300、1 ∶ 400、1 ∶ 600、1 ∶ 5 000、1 ∶ 10 000、1 ∶ 20 000、1 ∶ 50 000、1 ∶ 100 000、1 ∶ 200 000

（5）一般情况下，一个图样应选用一种比例。根据专业制图需要，同一图样可选用两种比例。特殊情况下也可自选比例，这时除应注出绘图比例外，还应在适当位置绘制出相应的比例

尺。需要微缩的图纸,应绘制比例尺。

(五)尺寸标注

1. 尺寸的组成

图样上的尺寸,包括尺寸界线、尺寸线、尺寸起止符号和尺寸数字,如图 1-2-18 所示。

1)尺寸界线

尺寸界线应用细实线绘制,应与被注长度垂直,其一端离开图样轮廓线不小于 2 mm,另一端宜超出尺寸线 2 ~3 mm。图样轮廓线可用作尺寸界线,如图 1-2-19 所示。

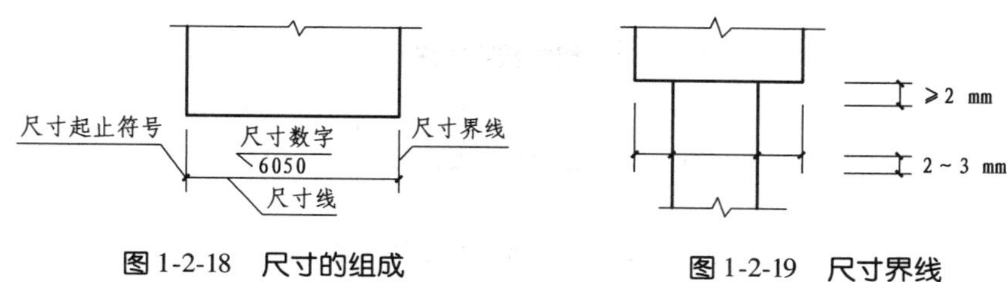

图 1-2-18　尺寸的组成　　图 1-2-19　尺寸界线

2)尺寸线

尺寸线应用细实线绘制,应与被注长度平行。两端宜以尺寸界线为边界,也可超出尺寸界线 2 ~3 mm。图样本身的任何图线均不得用作尺寸线。

3)尺寸起止符号

尺寸起止符号用中粗斜短线绘制,其倾斜方向应与尺寸界线成顺时针 45°角,长度宜为 2 ~3 mm。轴测图中用小圆点表示尺寸起止符号,小圆点直径 1 mm,如图 1-2-20(a)所示。半径、直径、角度与弧长的尺寸起止符号,宜用箭头表示,箭头宽度 b 不宜小于 1 mm,如图 1-2-20(b)所示。

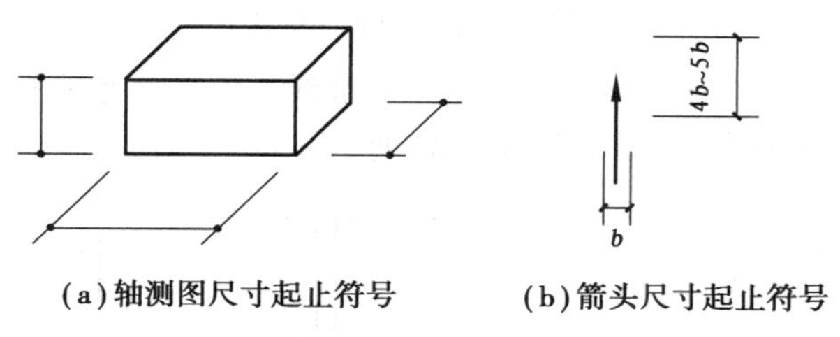

(a)轴测图尺寸起止符号　　(b)箭头尺寸起止符号

图 1-2-20　尺寸起止符号

4)尺寸数字

(1)图样上的尺寸,应以尺寸数字为准,不应从图上直接量取。

(2)图样上的尺寸单位,除标高及总平面以米(m)为单位外,其他必须以毫米(mm)为单位。

(3)尺寸数字的方向,应按图 1-2-21(a)的规定注写。若尺寸数字在 30°斜线区内,也可按图 1-2-21(b)的形式注写。

(4)尺寸数字应依据其方向注写在靠近尺寸线的上方中部。如没有足够的注写位置,最外边的尺寸数字可注写在尺寸界线的外侧,中间相邻的尺寸数字可上下错开注写,可用引出线表示标注尺寸的位置，如图 1-2-22 所示。

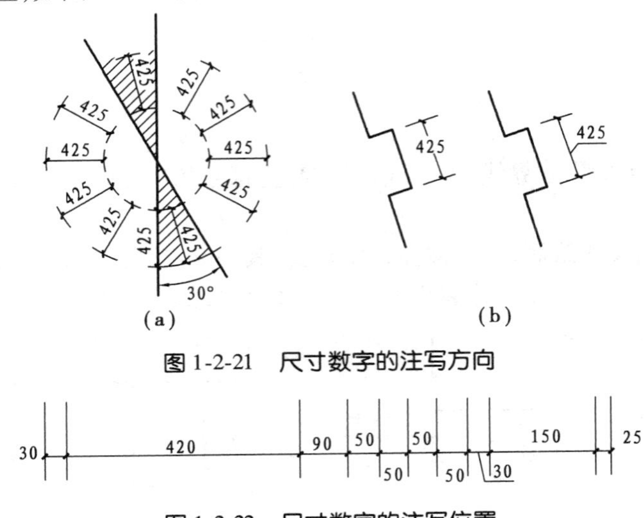

图 1-2-21　尺寸数字的注写方向

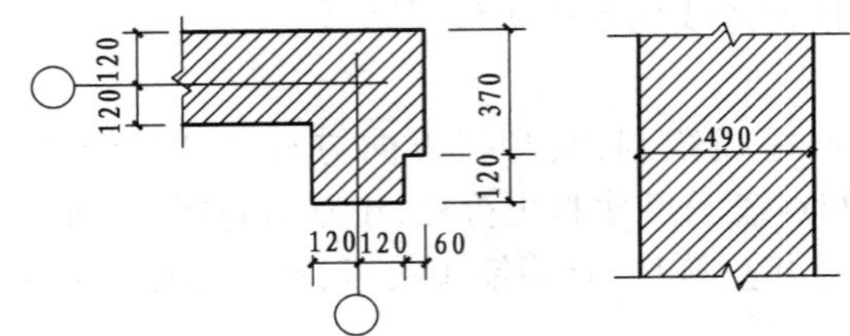

图 1-2-22　尺寸数字的注写位置

2. 尺寸的排列与布置

(1)尺寸宜标注在图样轮廓以外，不宜与图线、文字及符号等相交，如图 1-2-23 所示。

图 1-2-23　尺寸的标注

(2)互相平行的尺寸线，应从被注写的图样轮廓线由近向远整齐排列，较小尺寸应离轮廓线较近，较大尺寸应离轮廓线较远，如图 1-2-24 所示。

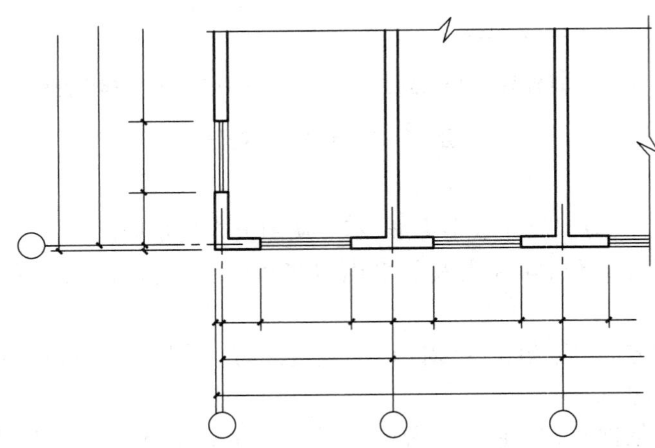

图 1-2-24　尺寸的排列

（3）图样轮廓线以外的尺寸线，距图样最外轮廓之间的距离不宜小于 10 mm。平行排列的尺寸线的间距，宜为 7 ~ 10 mm，并应保持一致。

（4）总尺寸的尺寸界线应靠近所指部位，中间分尺寸的尺寸界线可稍短，但其长度应相等。

（5）半径的尺寸线应一端从圆心开始，另一端画箭头指向圆弧。半径数字前应加注半径符号“*R*”，如图 1-2-25 所示。

（6）较小圆弧的半径，可按图 1-2-26 所示的形式标注。

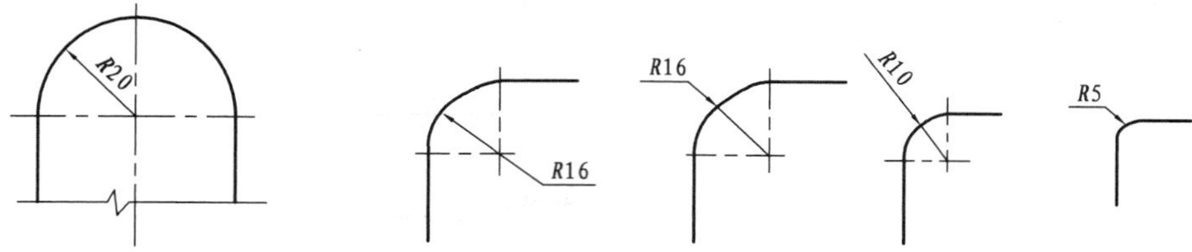

图 1-2-25　半径的标注方法　　图 1-2-26　小圆弧半径的标注方法

（7）较大圆弧的半径，可按图 1-2-27 所示的形式标注。

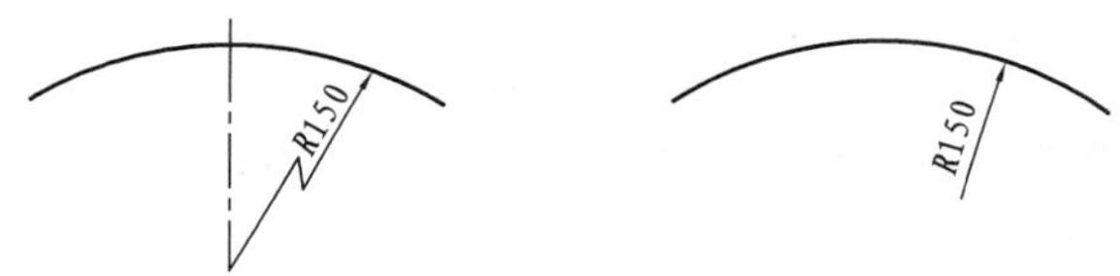

图 1-2-27　大圆弧半径的标注方法

（8）标注圆的直径尺寸时，直径数字前应加直径符号“ϕ”。在圆内标注的尺寸线应通过圆心，两端画箭头指至圆弧，如图 1-2-28 所示。

（9）较小圆的直径尺寸，可标注在圆外，如图 1-2-29 所示。

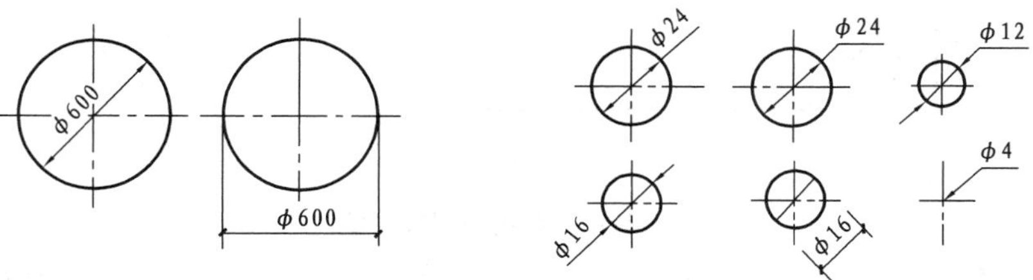

图 1-2-28　圆直径的标注方法　　图 1-2-29　小圆直径的标注方法

（10）标注球的半径尺寸时，应在尺寸前加注符号“*SR*”。标注球的直径尺寸时，应在尺寸数字前加注符号“*S*ϕ”。注写方法与圆弧半径和圆直径的尺寸标注方法相同。

（11）标注坡度时，应加注坡度符号“←”或“↼”[图 1-2-30（a）、（b）]，箭头应指向下坡方向[图 1-2-30（c）、（d）]。坡度也可用直角三角形的形式标注，如图 1-2-30（e）、（f）所示。

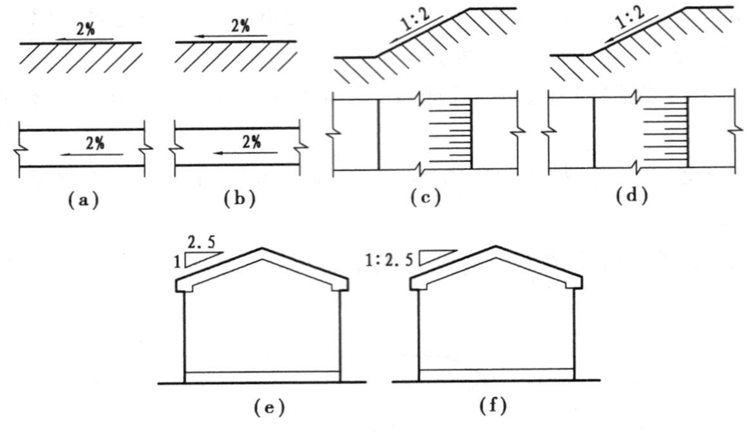

图 1-2-30　坡度的标注方法

拓展与提高

尺寸的简化标注

(1)杆件或管线的长度,在单线图(桁架简图、钢筋简图、管线简图)上,可直接将尺寸数字沿杆件或管线的一侧注写,如图 1-2-31 所示。

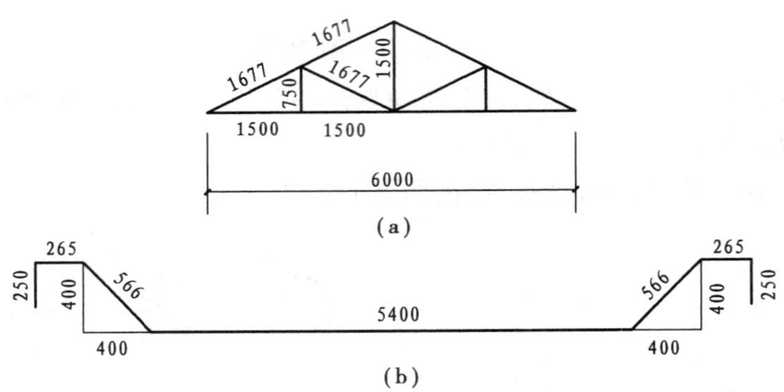

图 1-2-31　单线图尺寸标注

(2)连续排列的等长尺寸,可用“等长尺寸×个数=总长”或“总长(等分个数)”的形式标注,如图 1-2-32 所示。

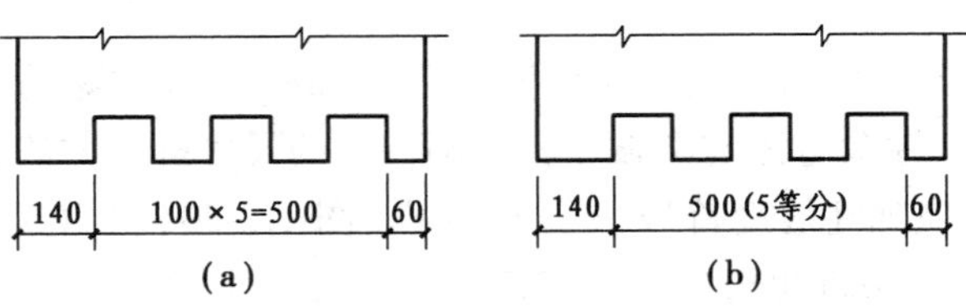

图 1-2-32　等长尺寸简化标注方法

(3)对称构配件采用对称省略画法时，该对称构配件的尺寸线应略超过对称符号，仅在尺寸线的一端画尺寸起止符号，尺寸数字应按整体全尺寸注写，其注写位置宜与对称符号对齐，如图1-2-33所示。

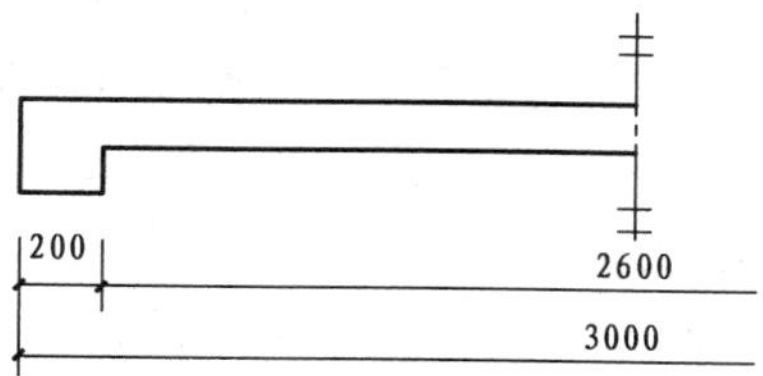

图1-2-33　对称构配件尺寸标注方法

(4)两个构配件，如个别尺寸数字不同，可在同一图样中将其中一个构配件的不同尺寸数字注写在括号内，该构配件的名称也应注写在相应的括号内，如图1-2-34所示。

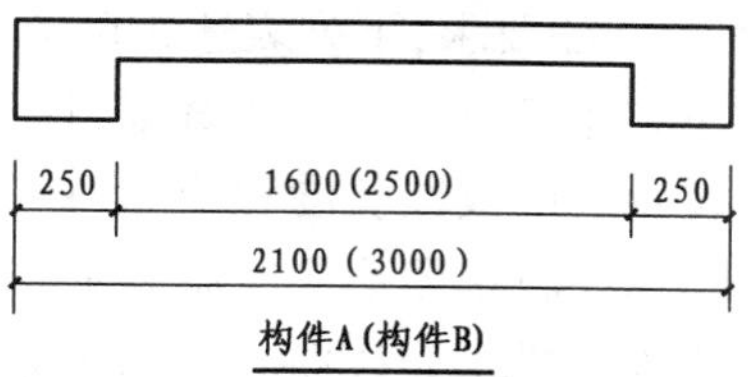

图1-2-34　相似构配件尺寸标注方法

(5)数个构配件，如仅某些尺寸不同，这些有变化的尺寸数字可用拉丁字母注写在同一图样中，另列表格写明其具体尺寸，如图1-2-35所示。

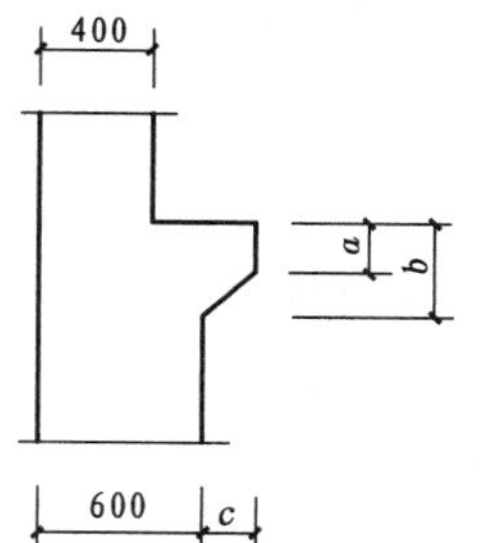

构件编号	*a*	*b*	*c*
Z-1	200	200	200
Z-2	250	450	200
Z-3	200	450	250

图1-2-35　相似构配件尺寸表格式标注方法

思考与练习

(一)单项选择题

1. 关于图纸的幅面形式，下列表述正确的是(　　)。

A. 有A0～A4五种幅面规格　　B. 只有横式幅面

C. 只有立式幅面　　D. A2图幅是A3图幅的一半

2. 主要轮廓线用(　　)表示。

A. 粗实线　　B. 中实线　　C. 细实线　　D. 虚线

3. 长仿宋体汉字的号数是指(　　)。
A. 字体的宽度　　B. 字体的高度
C. 字体高宽比值　　D. 字体宽高比值

4. 用 1∶200 的比例作图时,若实际长度为 50 m,则图样上标注的尺寸数字为(　　)。
A. 250 mm　　B. 2.5 m　　C. 10 000 mm　　D. 50 000 mm

5.【重庆市对口高职考试真题】绘制对称线用(　　)。
A. 粗实线　　B. 细虚线　　C. 波浪线　　D. 单点长画线

6.【重庆市对口高职考试真题】在建筑施工图中,标高的单位是(　　)。
A. mm　　B. cm　　C. m　　D. km

(二)多项选择题

1. 绘制图线时需要遵循制图标准的要求,下列表述正确的有(　　)。
A. 相互平行的图线,其间隙不宜小于其中的粗线宽度,且不宜小于 0.7 mm
B. 虚线、单点长画线或双点长画线的线段长度和间隔,宜各自相等
C. 单点长画线或双点长画线,当在较小图形中绘制有困难时,可用实线代替
D. 虚线与虚线交接或虚线与其他图线交接时,应采用线段交接。虚线为实线的延长线时,不得与实线相接
E. 图线不得与文字、数字或符号重叠、混淆,不可避免时,应首先保证图线的清晰

2. 下列属于我国现行《房屋建筑制图统一标准》对图纸幅面尺寸规定的有(　　)。
A. 841 mm×1 189 mm　　B. 594 mm×841 mm　　C. 297 mm×420 mm
D. 420 mm×594 mm　　E. 600 mm×500 mm

(三)判断题

1. 半径的尺寸线应一端从圆心开始,另一端画箭头指至圆周。　(　　)
2. 图样轮廓线以外的尺寸线,距图样最外轮廓线之间的距离不宜小于 10 mm。　(　　)
3. 尺寸起止符号一般用中粗斜短线绘制,其倾斜方向应与尺寸界线成顺时针 45°角。　(　　)
4. 一般情况下,中心线和对称线用单点长画线表示。　(　　)
5. 切割纸张时,用丁字尺靠住切割边,小刀沿丁字尺进行切割。　(　　)

任务三　了解基本几何图形的绘制方法

任务描述与分析

建筑工程图是由许许多多的直线和曲线组成的。为了能绘制出规范、美观的建筑工程图,就必须掌握几种基本的几何作图方法。

本任务的具体要求是:能用尺规作图的方法绘制直线的平行线、垂线;能绘制圆的内接正多

边形、椭圆并能讲述作图步骤;能将已知线段任意等分,并能在教师的指导下完成圆弧连接线段的绘制。

知识与技能

(一)尺规作图的基本步骤

(1)准备好绘图工具、仪器及相关用品。

(2)绘制铅笔底稿。

(3)检查并加深图线。

(二)尺规作图的注意事项

(1)画底稿的铅笔用2H或3H,所有的线应轻而细,不可反复描绘,能看清即可。

(2)加深粗实线的铅笔用HB,B或2B,加深细实线的铅笔用H或HB,加深圆弧时所用的铅芯应比加深同类直线所用的铅芯软一号。

(3)修正时,如果是铅笔加深图,可用擦图片配合橡皮进行,尽量缩小擦拭面积,以免损坏图纸。

(4)加深图线时,必须是先曲线,其次直线,最后为斜线。各类线型的加深顺序为:细单点长画线、细实线、中实线、粗实线、粗虚线。

(5)同类图线要保持粗细、深浅一致,按照水平线从上到下、垂直线从左到右的顺序一次完成。

方法与步骤

(一)绘制直线的平行线和垂线

(1)已知一条直线 AB 和直线外一点 C,过点 C 作 AB 的平行线,如图1-3-1所示。

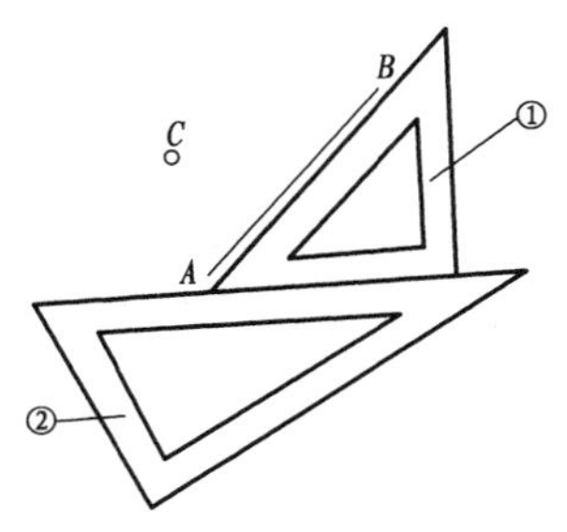

(a)使三角板①的一条边平行于AB,将三角板②紧贴三角板①的另一边

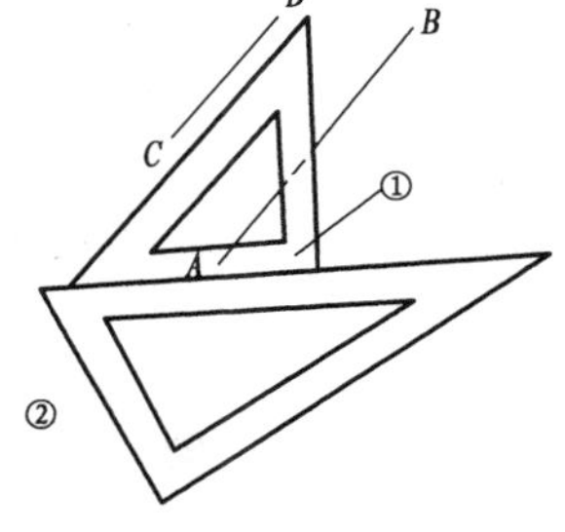

(b)按住三角板②,平推三角板①,使平行于AB的边过点C,作直线CD即为所求平行线

图1-3-1　平行线的画法

(2)已知直线 AB 和直线外一点 C,过点 C 作直线 AB 的垂线,如图 1-3-2 所示。

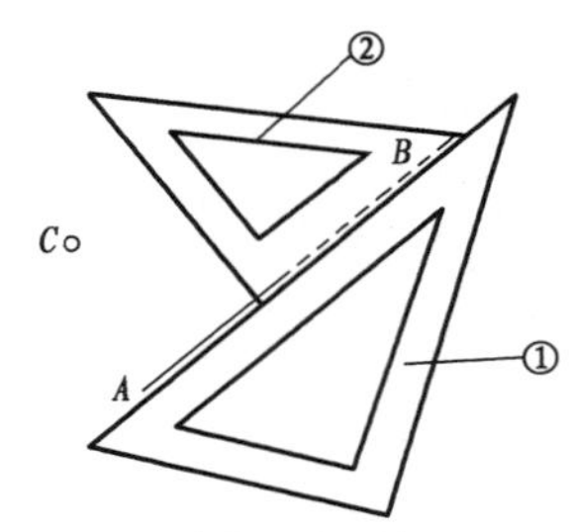

(a)使三角板①的边平行于AB,将三角板②的一直角边紧贴三角板①

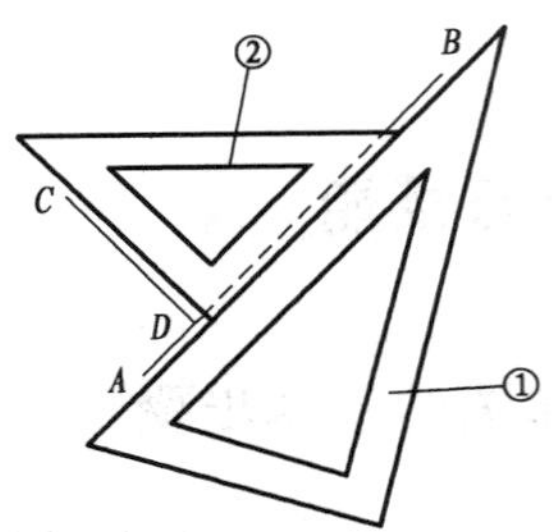

(b)平推三角板②,沿三角板②另一直角边过点C,作直线CD即为所求垂直线

图 1-3-2 垂线的画法

(二)等分线段和坡度

(1)两等分直线段(作 AB 的垂直平分线),如图 1-3-3 所示。

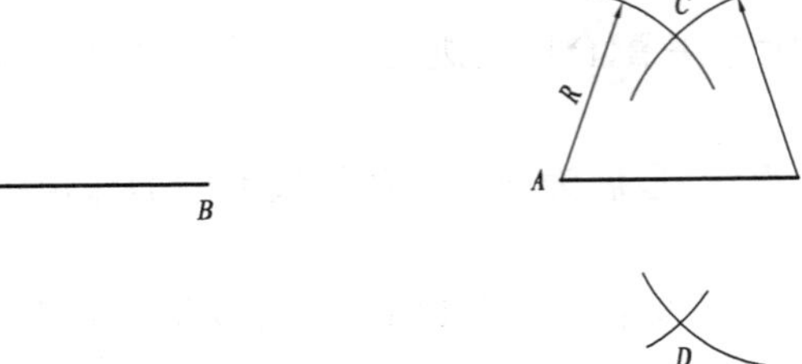

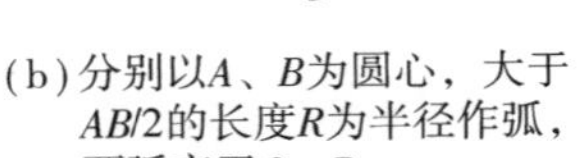

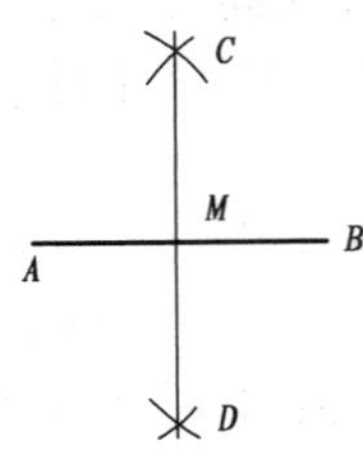

(a)已知线段AB

(b)分别以A、B为圆心,大于$AB/2$的长度R为半径作弧,两弧交于C、D

(c)连接CD交AB于M,M即为AB的中点

图 1-3-3 二等分直线段的画法

(2)五等分直线段,如图 1-3-4 所示。

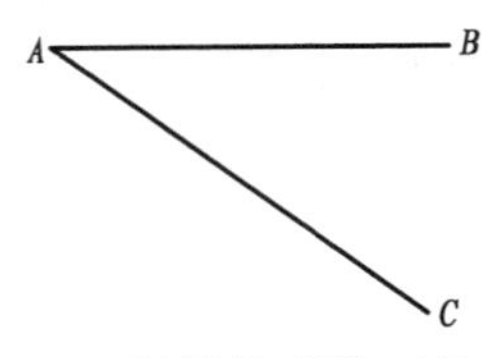

(a)过端点A任作一直线AC

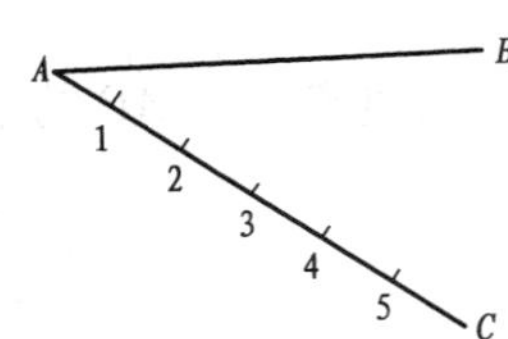

(b)用分规在AC上量得1、2、3、4、5各等分点

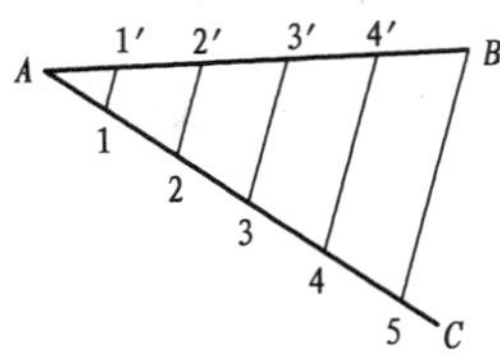

(c)连接$5B$,分别过1、2、3、4等分点作$5B$的平行线,即得等分点1、2、3、4

图 1-3-4 五等分直线段的画法

（3）将两条平行线间的距离五等分，如图 1-3-5 所示。

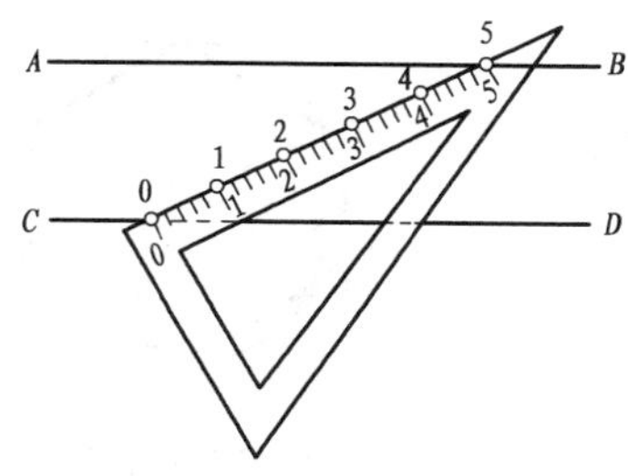

（a）将三角板上0点对准CD上任一点，并使刻度5落在AB上，得点1、2、3、4

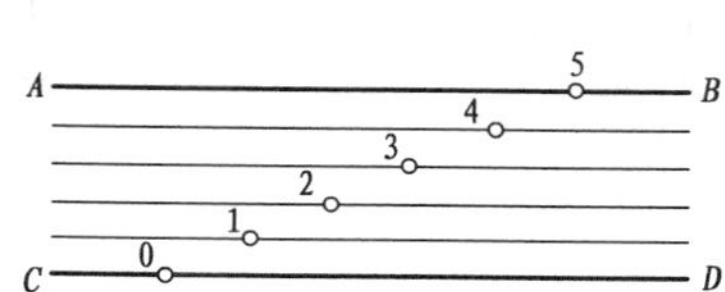

（b）过点1、2、3、4作AB、CD的平行线，即求得五等分两平行线的距离

图 1-3-5　五等分平行线间的距离

（4）过水平线 AB 的端点 A，作 1∶5 的坡度，如图 1-3-6 所示。

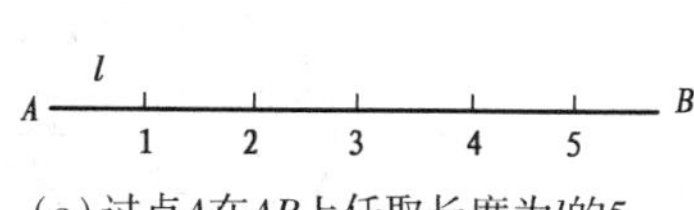

（a）过点A在AB上任取长度为l的5等分点，得点1、2、3、4、5

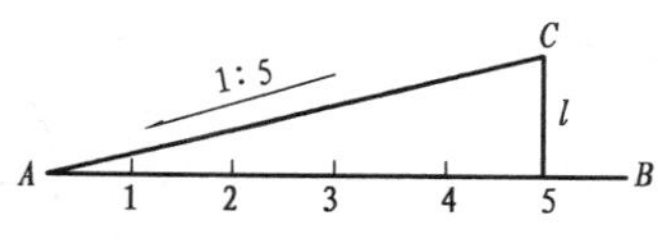

（b）过点5作AB的垂线5C=l，连AC即为所求坡度

图 1-3-6　作 1∶5 的坡度

（三）绘制正多边形

（1）作圆的内接正三角形，如图 1-3-7 所示。

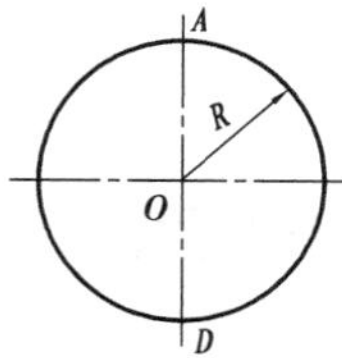

（a）已知半径为R的圆及圆上两点A、D

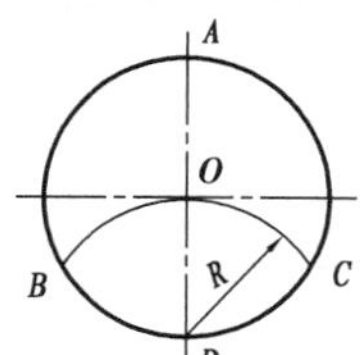

（b）以D为圆心，R为半径作弧得BC两点

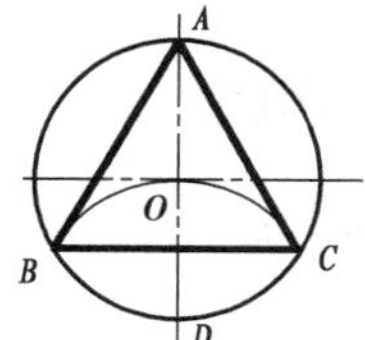

（c）连接AB、AC、BC，即得圆内接正三角形

图 1-3-7　作圆的内接正三角形

（2）作圆的内接正五边形，如图 1-3-8 所示。

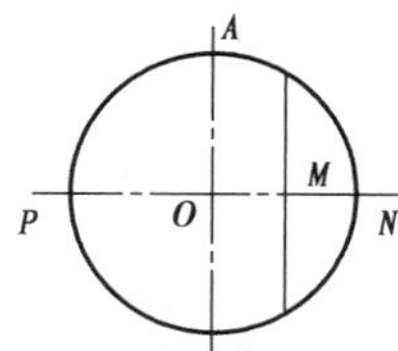

（a）已知半径为R的圆及圆上的点P、N，作ON的中点M

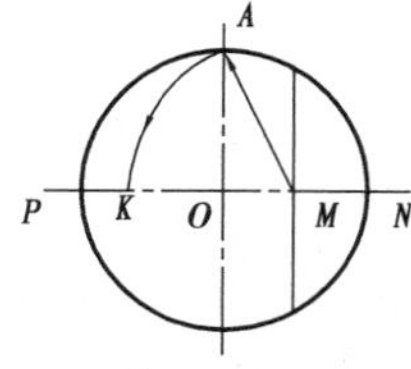

（b）以M为圆心，MA为半径作弧交OP于K，AK即为圆内接正五边形的边长

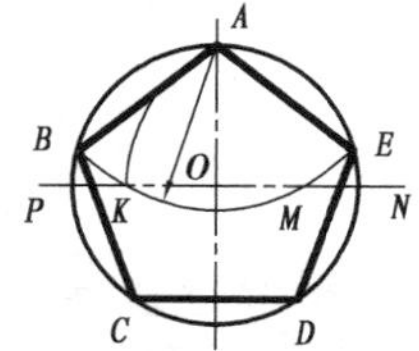

（c）以AK为边长，自A点起，五等分圆周得B、C、D、E点，依次连接各点，即得圆内接正五边形ABCDE

图 1-3-8　作圆的内接正五边形

(3)作圆的内接正六边形,如图 1-3-9 所示。

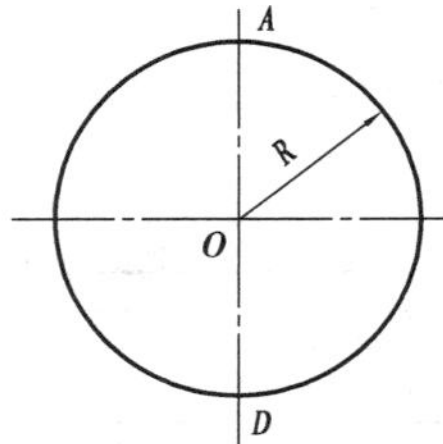

(a)已知半径为R的圆及圆上两点A、D

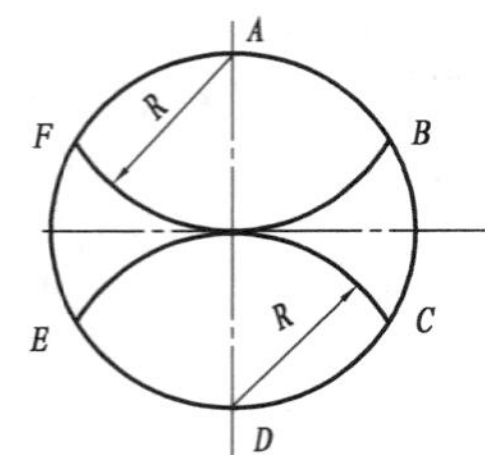

(b)分别以A、D为圆心,R为半径作弧得B、C、E、F各点

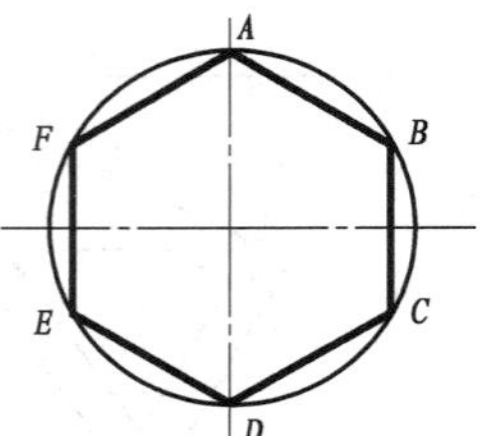

(c)依次连接各点即得圆内接正六边形$ABCDEF$

图 1-3-9　作圆的内接正六边形

(4)作圆的内接正七边形,如图 1-3-10 所示。

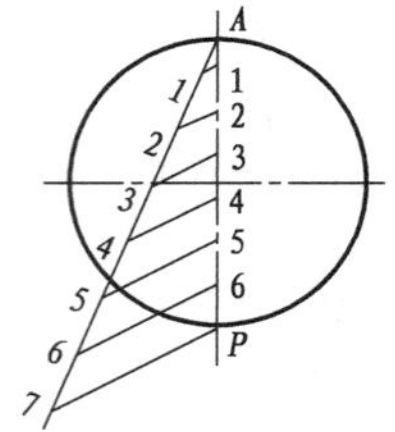

(a)已知直径为D的圆及圆直径AP,将直径AP七等分得1、2、3、4、5、6、7各点

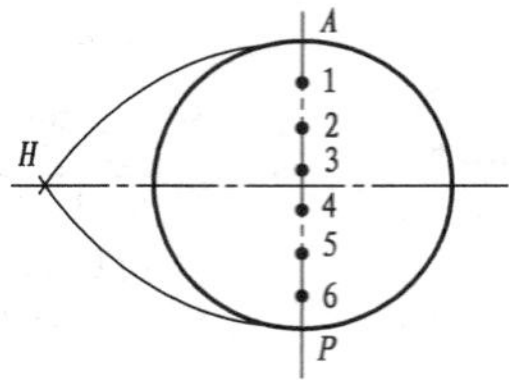

(b)以A(或P)为圆心,D为半径作弧,与圆的中心线的延长线交于H点

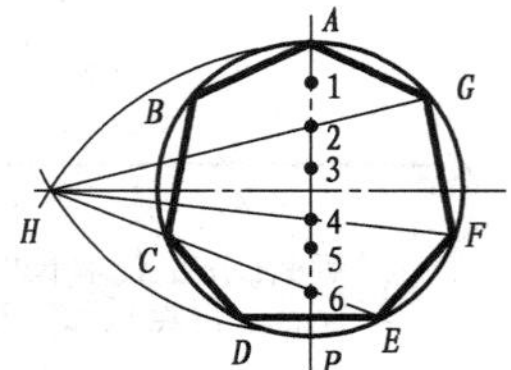

(c)连接H及AP上的偶数点,并延长与圆周相交得G、F、E点,在另一半圆上对称地作出点B、C、D,依次连接各点,即得圆内接正七边形$ABCDEFG$

图 1-3-10　作圆的内接正七边形

(四)绘制椭圆

已知椭圆的长轴与短轴,用四心圆弧近似法求作一椭圆,如图 1-3-11 所示。

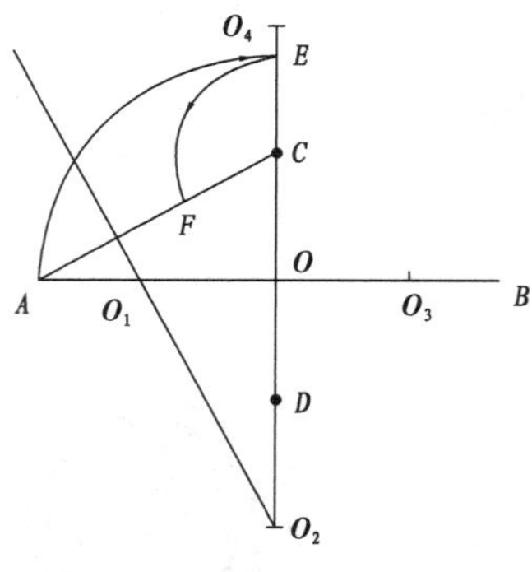

(a)已知椭圆的长轴AB和短轴CD。连接AC,以O为圆心,OA为半径作弧交OC的延长线于点E,以C为圆心,CE为半径作弧交AC于点F,作AF的垂直平分线,交长轴于O_1、短轴于O_2,作$OO_3=OO_1$、$OO_4=OO_2$

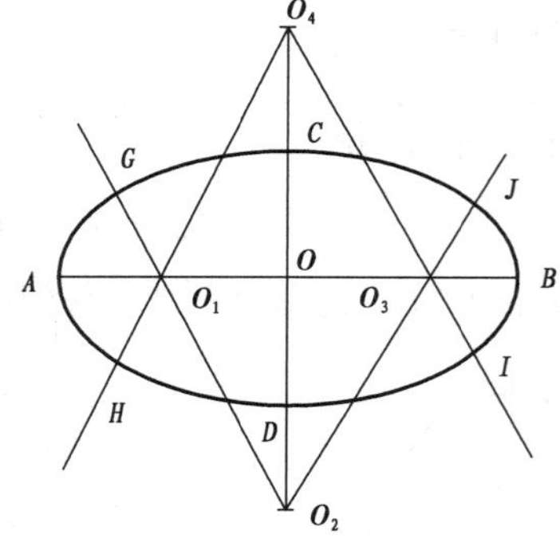

(b)连O_1O_2、O_1O_4、O_2O_3、O_3O_4并延长,分别以O_1、O_2、O_3、O_4为圆心,O_1A、O_2C、O_3B、O_4D为半径作弧,使各弧相接于G、H、I、J点,即为所求

图 1-3-11　作椭圆

拓展与提高

（1）作圆弧连接线段，如图 1-3-12 所示。

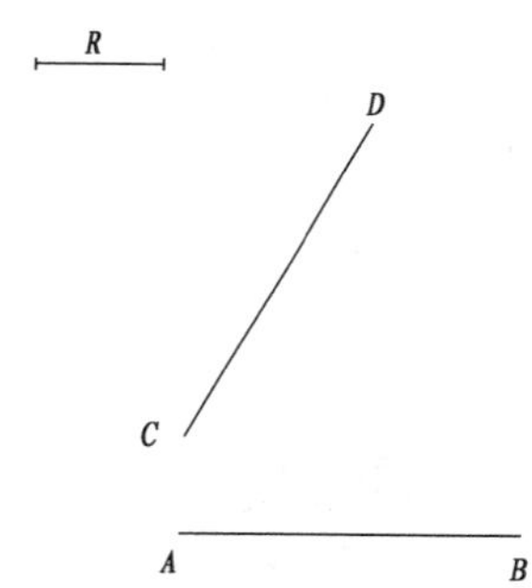

（a）已知直线AB、CD，连接弧半径R

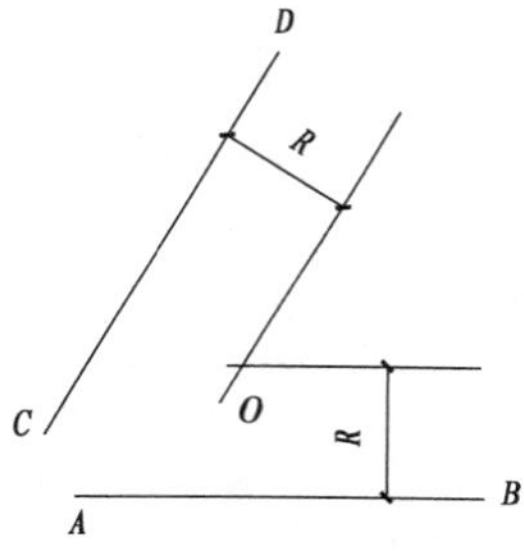

（b）以连接弧半径R为间距，分别作两已知直线的平行线交于O点

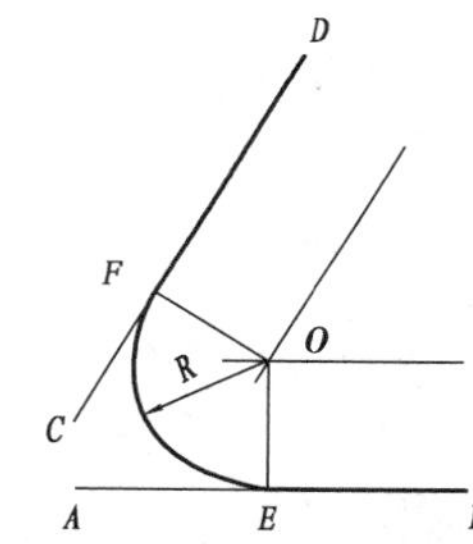

（c）过O点作已知直线的垂线，垂足E、F点即为切点，以O为圆心，R为半径，过点E、F作弧，即为所求

图 1-3-12　圆弧连接线段

（2）用同心圆法绘制椭圆，如图 1-3-13 所示。

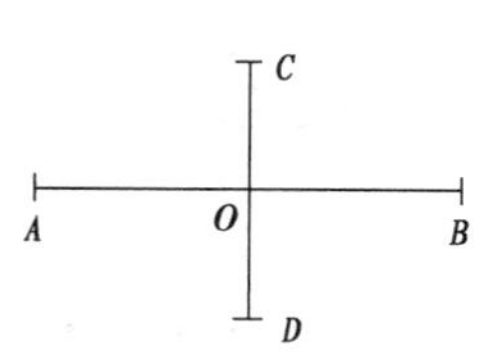

（a）已知椭圆的长轴AB及短轴CD

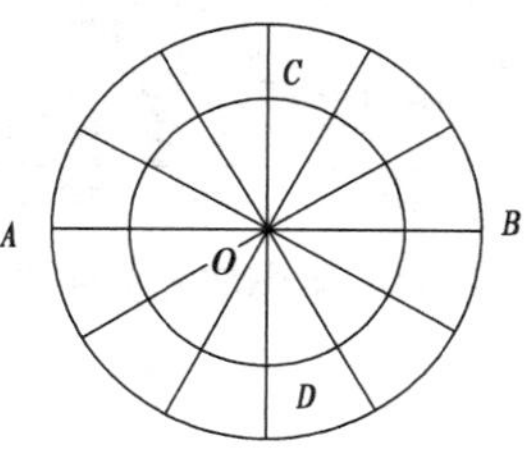

（b）以O为圆心，分别以OA、OC为半径作圆，并将圆十二等分

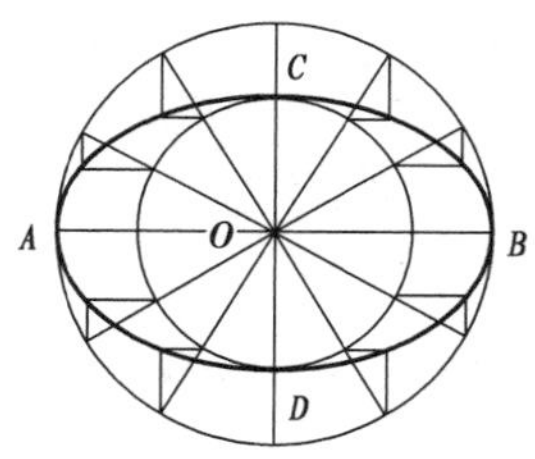

（c）分别过小圆上的等分点作水平线，大圆上的等分点作竖直线，其各对应的交点即为椭圆上的点，依次相连即可

图 1-3-13　同心圆法作椭圆

拓展阅读

梁思成先生被誉为“中国近代建筑之父”，他是建筑历史学家、建筑教育家和建筑师，一生致力于保护和研究中国古代建筑，他曾经设计了人民英雄纪念碑和中华人民共和国国徽，也曾任中央研究院院士。

对于当代建筑学来说，CAD是不可或缺的辅助制图工具，而梁思成绘制工程图时，只能凭借一种叫作鸭嘴笔的工具，但他的建筑图绘制标准、规范，达到了计算机辅助制图的精密程度，并且十分有质感，十分耐看，堪称艺术品，如图1-3-14所示。这与他精准的绘图能力和严谨的硬笔书法有关，同时还需要付出极大的耐心和热情。

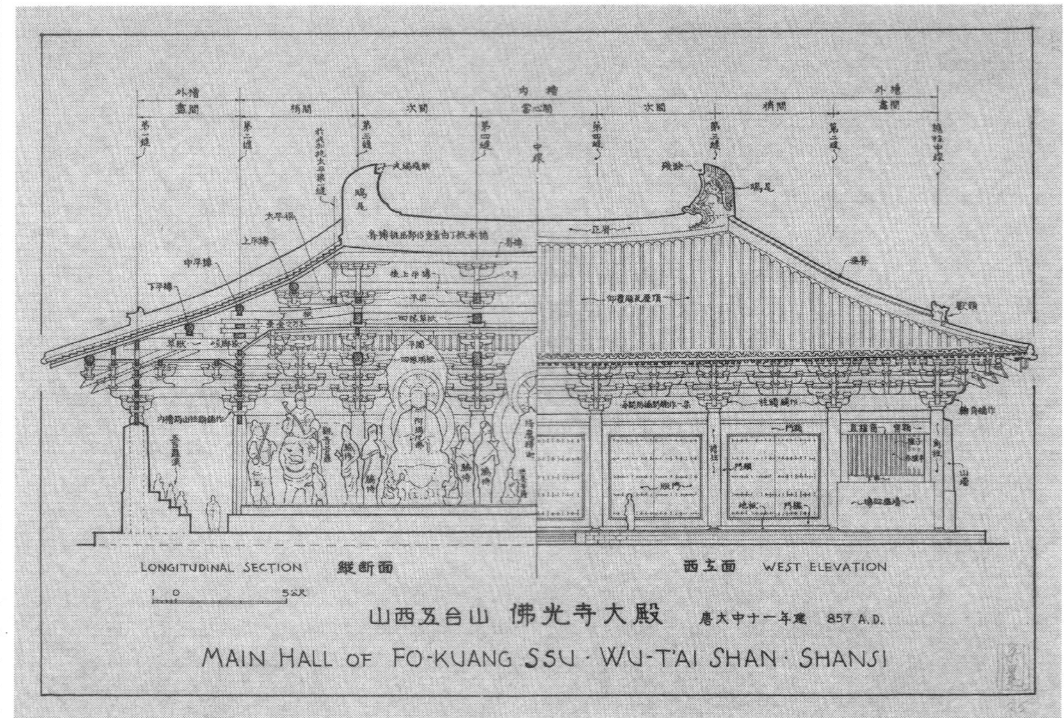

图1-3-14 梁思成先生手稿

思考与练习

请用等分线的方法绘制如图1-3-15所示楼梯平面图中的楼梯踏步线。

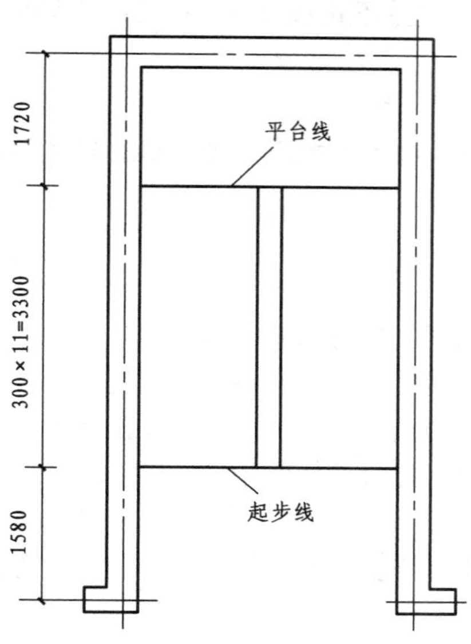

图 1-3-15　楼梯平面图

考核与鉴定一

(一)单项选择题

1. 我国现行《房屋建筑制图统一标准》规定，图纸幅面代号为 A2 的图纸幅面尺寸为(　　)。

A. 841 mm×1 189 mm　　B. 594 mm×841 mm

C. 297 mm×420 mm　　D. 420 mm×594 mm

2. 建筑制图上用到的丁字尺由(　　)两部分组成。

A. 尺身和尺尾　　B. 尺头和尺身　　C. 尺头和尺尾　　D. 水平尺和短尺

3. 下列关于图线相交表达正确的是(　　)。

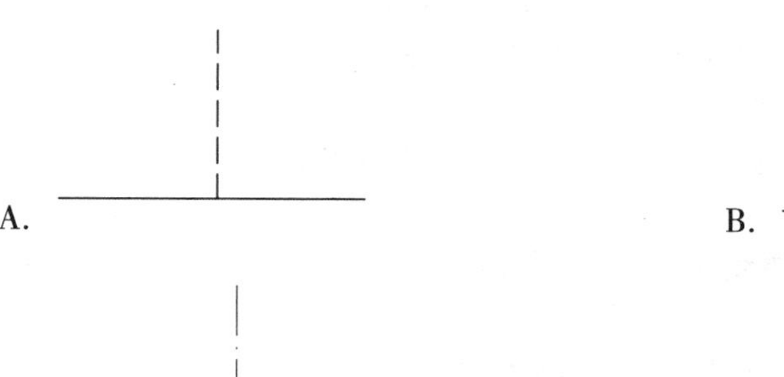

A.　　B.

C.　　D. 以上都正确

4. 建筑工程图中的工程字是用(　　)书写的。

A. 宋体　　B. 长仿宋体　　C. 仿宋体　　D. 手写体

5.【重庆市对口高职考试真题】不论图纸大小,图纸幅面线与图框线装订边的尺寸均留(　　)。

A. 25 mm　　B. 15 mm　　C. 10 mm　　D. 5 mm

6.【重庆市对口高职考试真题】下列关于绘图工具的描述不正确的是(　　)。

A. 图板是固定图纸的

B. 丁字尺是画水平线的

C. 圆规是用来画圆弧的

D. 三角板配合丁字尺可以画出任意角度的斜线

7.【重庆市对口高职考试真题】标题栏应位于图纸的(　　)。

A. 左上角　　B. 右上角　　C. 左下角　　D. 右下角

8.【重庆市对口高职考试真题】尺寸标注中,尺寸界线宜超出尺寸线(　　)。

A. 1 ~2 mm　　B. 2 ~3 mm　　C. 3 ~4 mm　　D. 4 ~5 mm

9.【重庆市对口高职考试真题】在线性标注中,尺寸起止符号倾斜方向与尺寸界线成(　　)。

A. 顺时针 60°　　B. 顺时针 45°　　C. 逆时针 60°　　D. 逆时针 45°

10.【重庆市对口高职考试真题】下列关于图线画法的描述错误的是(　　)。

A. 图线不得与数字重叠　　B. 虚线和虚线应是线段相交接

C. 单点长画线的两端可以是点　　D. 虚线的线段长度和间隔应各自相等

(二)多项选择题

1. 建筑制图中的尺寸标注有四要素,分别是(　　)。

A. 尺寸线　　B. 尺寸界线　　C. 尺寸起止符号

D. 尺寸数字　　E. 尺寸横线

2. 关于尺寸标注的四要素,下列说法正确的有(　　)。

A. 必要时,图样轮廓线可用作尺寸界线

B. 尺寸线用来表示尺寸的方向,用细实线绘制

C. 尺寸线应与被注长度平行,且不宜超出尺寸界线

D. 尺寸线用来表示尺寸的方向,任何图线均不得用作尺寸线

E. 尺字数字应依据其读数方向注写在靠近尺寸线的上方中部

3. 对于图线的绘制,下列说法正确的有(　　)。

A. 相互平行的图线,其间隙不宜小于其中粗实线的宽度,且不宜小于 0.8 mm

B. 单点长画线的两端不应是点

C. 虚线与虚线交接或虚线与其他图线交接时,应采用线段交接

D. 图框线要用粗实线绘制

E. 单点长画线与其他图线相交时,可以是线段部分相交

4. 下列说法正确的有(　　)。

A. 图样的比例是图形与实物相对应的线性尺寸之比

B. 在同一张图纸上,根据情况的不同可采用不同的线宽组

C. 在同一张图纸上,图线可以都画成粗实线

D. 虚线、单点长画线或双点长画线的线段长度和间隔因线型的不同而不同
E. 在同一张图纸内，相同比例的各图样应选用相同的线宽组
5. 下列说法正确的有(　　)。
A. 图纸标题栏简称图标
B. 不论是横式还是竖式图标，均应在图样的右下方
C. 需要缩微复制的图纸，其一个边上应附有一段米制尺度
D. 图纸幅面形式有横式和立式两种
E. 图纸中的会签栏一个不够用时，可增加一个，两个会签栏应并列。不需会签的图纸，可不设会签栏

(三)判断题

1.【重庆市对口高职考试真题】国家制图标准规定，可见的轮廓线用虚线绘制。(　　)
2.【重庆市对口高职考试真题】A3 的图纸尺寸为 297 mm×420 mm。(　　)
3.【重庆市对口高职考试真题】丁字尺是画水平线的工具。(　　)
4.【重庆市对口高职考试真题】定位轴线端部的圆圈可以直接利用擦线板绘制。(　　)
5.【重庆市对口高职考试真题】丁字尺不用时应悬挂保管。(　　)
6. 图纸分为绘图纸和描图纸两种，描图纸又称硫酸纸。(　　)
7. 图样的比例是图形与实物相对应的线性尺寸之比。(　　)
8. 使用丁字尺画线时，尺头应紧靠图板左边，用右手扶尺头，上下移动。(　　)
9. 图样上的尺寸数字表示物体实际尺寸之比，与采用的比例大小无关。(　　)
10. 尺寸线不应超出尺寸界线。(　　)

模块二　认识投影

建筑工程图是指导施工及其相关工作的重要依据，任何工程都必须按图施工，这就要求必须会识读建筑工程图，知道如何绘制建筑工程图。在学习建筑工程图之前，必须先认识投影。本模块的主要任务是认识投影原理及分类，认识点、线、面投影，认识三面正投影。

学习目标

（一）知识目标

1. 能理解投影的基本原理，了解其分类；
2. 能认识点、线、面的正投影及其特性；
3. 能认识点、线、面的三面正投影及其规律。

（二）技能目标

1. 能应用正投影原理作点、线、面正投影图；
2. 能应用点、线、面正投影特点，作点、线、面的三面正投影图。

（三）职业素养

1. 养成主动发现问题、思考问题的习惯；
2. 培养团队协作意识；
3. 提高不同学习环境的适应能力。

任务一 认识投影原理及分类

任务描述与分析

在日常生活中，太阳光、月光或灯光照射到物体，物体就会在墙面或地面上出现影子，如图2-1-1所示。影子是一种自然现象，通过学习可以把这种自然现象抽象反映在纸面上形成图样。

本任务的具体要求是：了解投影的基本概念及其分类，理解投影的基本原理，知道建筑工程图就是利用正投影原理绘制而成的。

图2-1-1 生活中的影子

知识与技能

(一)投影的基本概念

1. 投影的概念

灯光或阳光照射物体，物体就会在墙面或地面上出现影子，将影子进行几何抽象所得的平面图形，称为投影(图2-1-2)。

2. 与投影相关的概念

(1)投影法：用投影表示物体的形态和大小的方法。

(2)投影图：用投影法画出的物体图形。

(3)投射中心：光源(太阳或电灯等)。

(4)投射线：连接投射中心和形体上点的直线。

(5)投影面：接收投影的平面。

(6)投射方向：光线射出的方向。

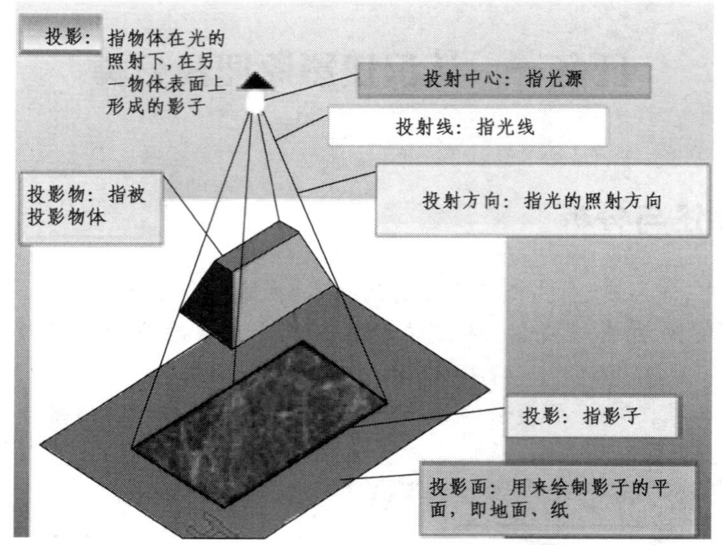

图 2-1-2　投影的形成

（二）投影的分类

按投射光线的形式不同，可将投影法分为中心投影法和平行投影法。

1. 中心投影法

投射线从一点射出，对物体进行投影的方法称为中心投影法（图 2-1-3）。用中心投影法画出的投影图，其大小和原物体不相等，这与投射中心、物体、投影面三者之间的距离有关，因此，用中心投影法画出的投影图不能准确地表示出物体的尺寸，一般不常用。

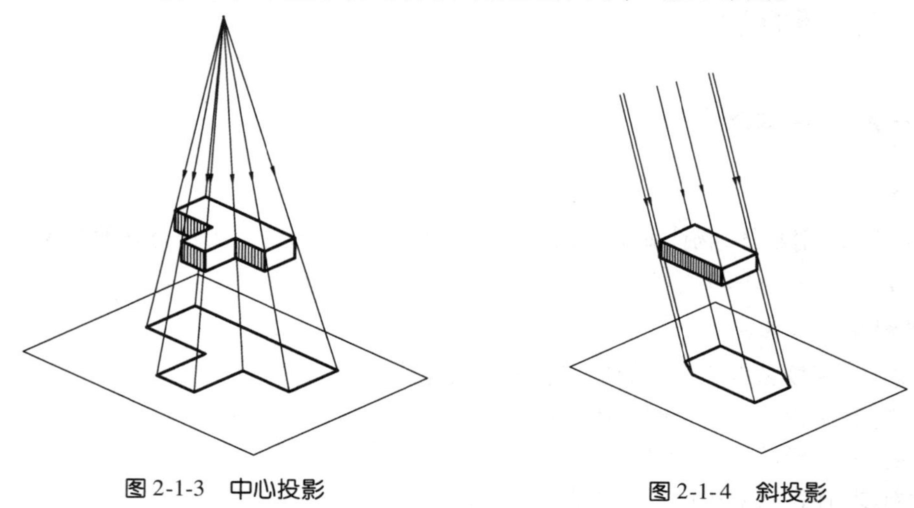

图 2-1-3　中心投影　　图 2-1-4　斜投影

2. 平行投影法

用相互平行的投射线投影的方法称为平行投影法。根据投射线与投影面的角度关系，平行投影又分为斜投影和正投影。

1)斜投影

平行投射线倾斜于投影面所得到的投影,称为斜投影,如图 2-1-4 所示。斜投影不能反映物体的真实形状和大小。

2)正投影

平行投射线垂直于投影面所得到的投影,称为正投影,如图 2-1-5 所示。正投影能够反映物体的真实形状和大小。如果要把物体各面和内部形状特征都反映在投影图中,我们需假设投射线透过物体,用虚线表示看不见的轮廓线,如图 2-1-5(b)所示。运用正投影法绘制的图样称为正投影图,建筑工程图一般采用正投影法绘制。

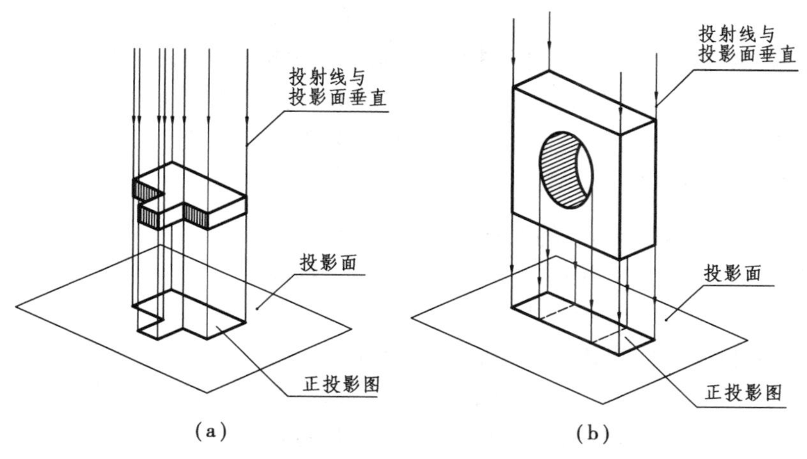

图 2-1-5　正投影

拓展与提高

正投影法

正投影法,是将空间几何元素或几何形体分别投影到相互垂直的两个或两个以上的投影面上,然后按一定的规律将投影面展开形成一个平面,将获得的投影排列在一起,利用多个投影互相补充,来确切、唯一地反映它们的空间位置或形体的一种表达方式。根据正投影法所得到的图形称为正投影图。工程上常用的图样(如土建图、机械图、地形图等)一般都是正投影图。正投影图直观性不强,但能正确反映物体的形状和大小,并且作图简单,度量性好,所以在工程上应用最广。绘制房屋建筑图主要采用正投影法。

思考与练习

(一)单项选择题

1. 日常生活中,太阳光或灯光照射到物体,物体就会在墙面或地面上出现影子。影子是一种自然现象，将影子进行几何抽象所得的平面图形，称为(　　)。

A. 物体的影子　　B. 投影

C. 投影法　　D. 影子法

2. 投射线平行且倾斜于投影面所得到的投影称为(　　)。

A. 正投影　　B. 平行投影

C. 斜投影　　D. 中心投影

3.【重庆市对口高职考试真题】(　　)作出的投影图能真实反映形体的真实形状和大小，且度量性好。

A. 中心投影法　　B. 平行投影法

C. 斜投影法　　D. 正投影法

4.【重庆市对口高职考试真题】用正投影法画出的物体投影图，称为(　　)

A. 中心投影图　　B. 斜投影图

C. 正投影图　　D. 轴测投影图

(二)多项选择题

1. 下列选项中，属于投影形成的要素的有(　　)。

A. 投射中心　　B. 投射线　　C. 物体

D. 投影面　　E. 投射类型

2. 下列对中心投影法的描述中，正确的选项有(　　)。

A. 投射线从一点射出，对物体进行投影的方法称为中心投影法

B. 中心投影法不能准确地表达出物体的真实形状与大小

C. 中心投影法能准确地表达出物体的真实形状与大小

D. 一般的房屋建筑工程图都是用中心投影法绘制

E. 中心投影包括斜投影

3. 下列关于正投影法的描述中，正确的选项有(　　)。

A. 投射线互相平行且垂直于投影面

B. 正投影法不能准确地表达出物体的真实形状与大小

C. 正投影法能准确地表达出物体的真实形状与大小

D. 一般的房屋建筑工程图都是用中心投影法绘制

E. 一般的房屋建筑工程图都是用正投影法绘制

(三)判断题

1. 投影法包括中心投影法和平行投影法。(　　)

2. 中心投影能准确反映出物体的真实形状和大小。(　　)

3. 正投影能反映出物体的真实形状和大小，所以，一般的房屋建筑图都是用正投影法绘制的。(　　)

4.【重庆市对口高职考试真题】投射方向垂直于投影面，所得到的平行投影称为正投影。(　　)

任务二　认识点、线、面投影

任务描述与分析

点、线、面是组成形体的基本元素,不论多么复杂的建筑物,都可以看作是由一些简单的形体所构成(图 2-2-1),因此,要学习建筑工程图,就必须学习点、线、面的正投影。

本任务的具体要求是:了解点、线、面与投影面之间的相对位置关系,进一步认识点、线、面的正投影及其特性,能应用正投影原理作点、线、面的正投影图。

图 2-2-1　点、线、面构成的形体(重庆市人民大礼堂)

知识与技能

(一)点的正投影

(1)准备一颗粒状物体(如粉笔头、小纸团等),假想为一个点,将其放在投影面上方。该点在投影面上得到的投影为一个点。空间点用大写字母表示,其投影用同名小写字母表示,如图 2-2-2(a)所示。

(2)准备两颗粒状物体,假想为两个点,将两个点放在垂直于投影面的同一条直线上,从上往下看,两点在投影面上的投影必定重合。距投影面较远的点为可见点,它的投影用同名小写字母表示;另一个重影点则不可见,被可见点遮挡,它的投影用同名小写字母加括号表示,如图 2-2-2(b)所示。

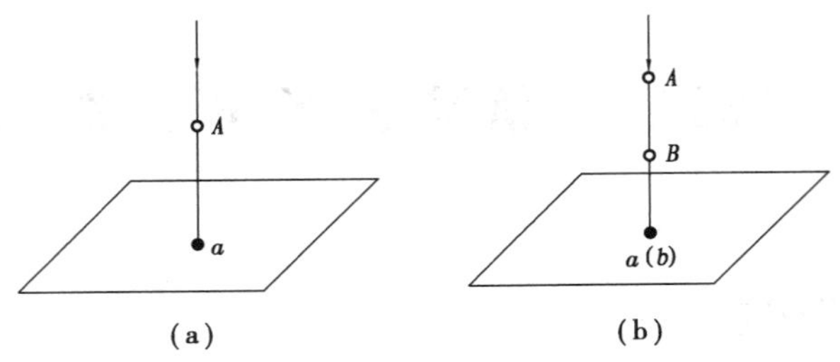

图 2-2-2　点的正投影

(二)直线的正投影

(1)准备一个直线形物体(如铅笔、细棍等),假想其为一条直线。将此直线与投影面平行放置,它在该投影面上的投影是一条等长直线,如图 2-2-3(a)所示。

(2)将直线倾斜于投影面放置,它在该投影面上的投影是一条缩短的直线。此缩短直线在点与等长直线之间变化,其投影长短与直线和投影面之间的倾斜角度有关,如图 2-2-3(b)所示。

(3)将直线垂直于投影面放置,它在该投影面上的投影积聚为一个点,如图 2-2-3(c)所示。

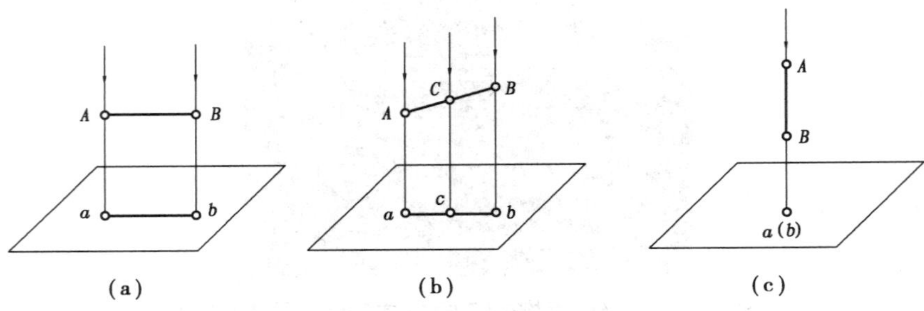

图 2-2-3　直线的正投影

(三)平面的正投影

(1)准备一个面形物体(如一张纸等),假想其为一个平面。将此平面与投影面平行放置,它在该投影面上的投影是一个与原平面大小、形状相等的平面,如图 2-2-4(a)所示。

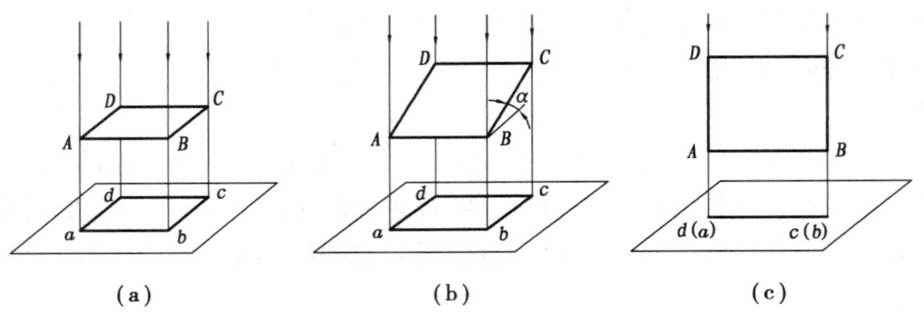

图 2-2-4　平面的正投影

（2）将平面倾斜于投影面放置，它在该投影面上的投影是一个缩小的平面。此缩小的平面在直线与平面的实形之间变化，它的变化大小与平面和投影面之间的倾斜角度 α 有关，如图 2-2-4（b）所示。

（3）将平面垂直于投影面放置，它在该投影面上的投影积聚为一条直线，如图 2-2-4（c）所示。

拓展与提高

正投影的特性

（一）真实性

平行于投影面的直线或平面，在该投影面上的投影反映线段的实长或平面图形的真形，即真实性，如图 2-2-5（a）所示。

（二）积聚性

垂直于投影面的直线或平面，在该投影面上的投影积聚为一点或一直线，即积聚性，如图 2-2-5（b）所示。

（三）类似性

直线或平面倾斜于投影面，在该投影面上的投影长度缩短或是一个比实形小但形状相似、边数相等的图形，即类似性，如图 2-2-5（c）所示。

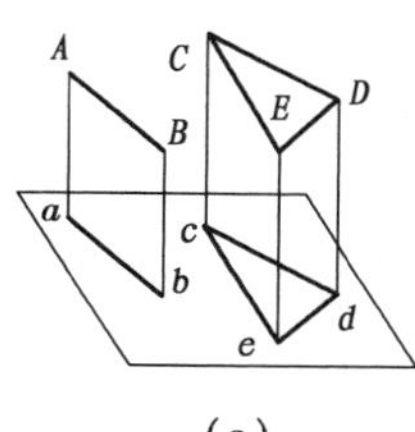

（a）

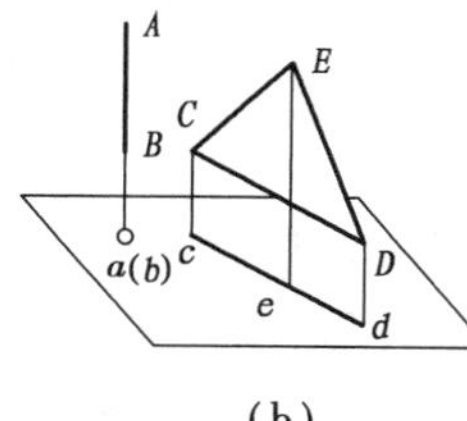

（b）

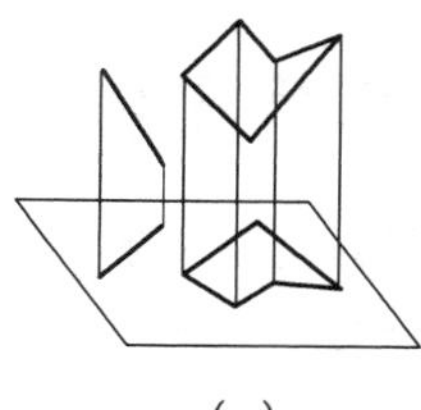

（c）

图 2-2-5　正投影的特性

思考与练习

（一）单项选择题

1. 对点的正投影的描述正确的是（　　）。

A. 空间点用小写字母表示　　B. 投影用大写字母表示

C. 投影始终是一个点　　D. 空间两点的投影是一条直线

2. 若直线平行于投影面，则它在该投影面上的投影是（　　）。

A. 一条等长直线　　B. 积聚为一个点　　C. 缩短的直线　　D. 两条直线

3. 若平面平行于投影面，则它在该投影面上的投影是（　　）。

A. 一个点　　B. 一条直线

C. 一个缩小的面　　D. 与原平面全等的面

（二）多项选择题

1. 对点的正投影的描述正确的有（　　）。

A. 空间点用大写字母表示

B. 投影用大写字母表示

C. 投影始终是一个点

D. 空间两点的投影为一点或两点

E. 投射线通过点且垂直于投影面

2. 直线的正投影可能是（　　）。

A. 一个点　　B. 一条等长直线　　C. 一条缩短的直线

D. 一个面　　E. 一条增长的直线

（三）判断题

1. 点的投影始终是一个点。（　　）

2. 直线上任意一点的投影必定在该直线的投影上。（　　）

任务三　认识三面正投影

任务描述与分析

工程图样绘制的主要方法是正投影法。该方法简单，图样形状真实，能够满足设计与施工的要求。但是一个物体只向一个投影面投影，它只能反映该物体一个面的形状和大小，不能全面、完整地表示出物体的真实形状和大小。因此，要确定物体的形状和大小，通常采用三个投影面（图 2-3-1），然后画出物体的三面正投影图，才能全面、完整地表示出物体的真实形状和大小。

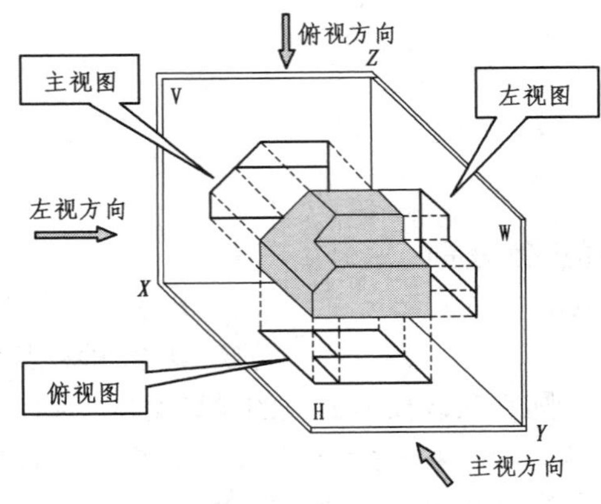

图 2-3-1　形体的三面正投影

本任务的具体要求是：建立三面正投影体系，了解点、线、面与三面正投影体系的相对位置关系，认识点、线、面的三面正投影及其规律，应用正投影原理作点、线、面正投影图。

知识与技能

三面投影体系的形成与展开

（一）三面正投影的形成

1. 三面投影体系

将三个相互垂直的投影面构成三面投影体系，如图 2-3-2 所示。在三面投影体系中，呈水平位置的投影面称为水平投影面，用字母 H 表示，简称水平面，也称 H 面；与水平投影面垂直相交呈正立位置的投影面，称为正立投影面，用字母 V 表示，简称正立面，也称 V 面；与水平投影面和正立投影面同时垂直相交并位于右侧的投影面称为侧立投影面，用字母 W 表示，简称侧立面，也称 W 面。

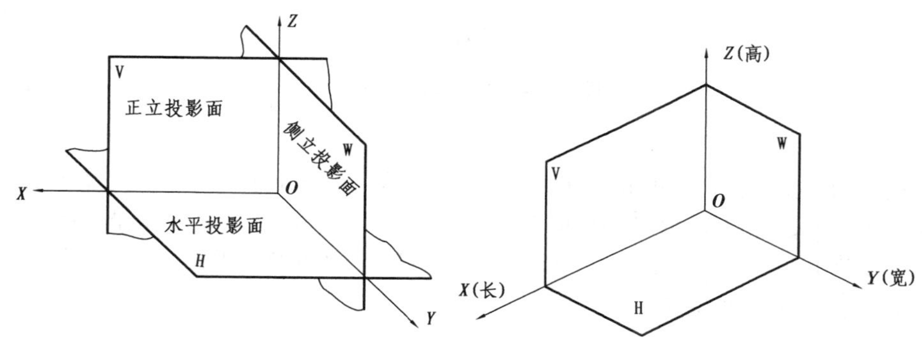

图 2-3-2 三面投影体系

2. 投影轴

在三面投影体系中，投影面彼此垂直，两两相交，其交线即为投影轴（图 2-3-2）。V 面与 H 面相交的线为 OX 轴，表示物体长度方向的信息；V 面与 W 面相交的线为 OZ 轴，表示物体高度方向的信息；W 面与 H 面相交的线为 OY 轴，表示物体宽度方向的信息。OX、OY、OZ 三根投影轴相互垂直交于一点 O，称为原点。

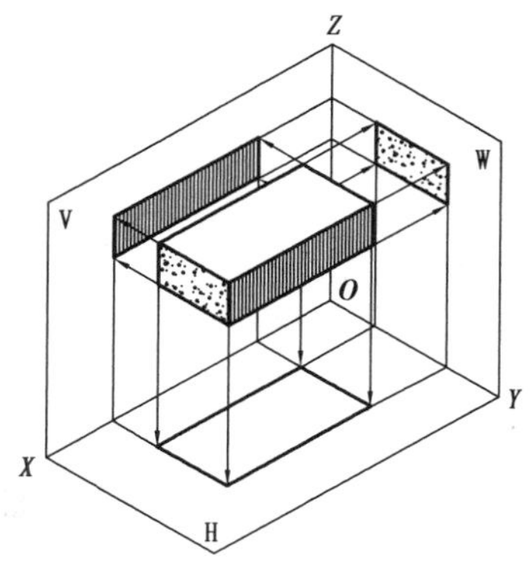

图 2-3-3 砖的三个不同方向的正投影图

3. 三面正投影图

（1）将物体从上向下，向 H 面投射所产生的投影称为水平投影，简称平面图（图 2-3-3）。

（2）将物体从前往后，向 V 面投射所产生的投影称为正面投影，简称正面图（图 2-3-3）。

（3）将物体从左向右，向 W 面投射所产生的投影称为侧面投影，简称侧面图（图 2-3-3）。

(二)三投影面的展开

投影面的展开就是把处于空间位置的 H、V、W 三个投影面展平到同一个平面上。首先我们保持 V 面不动,然后把 OY 轴一分为二,在 H 面上的用 OY_H 表示,在 W 面上的用 OY_W 表示;其次把 H 面绕 OX 轴向下旋转 90°,把 W 面绕 OZ 轴向右旋转 90°,使它们和 V 面处在同一个平面上,展开完成,如图 2-3-4 所示。

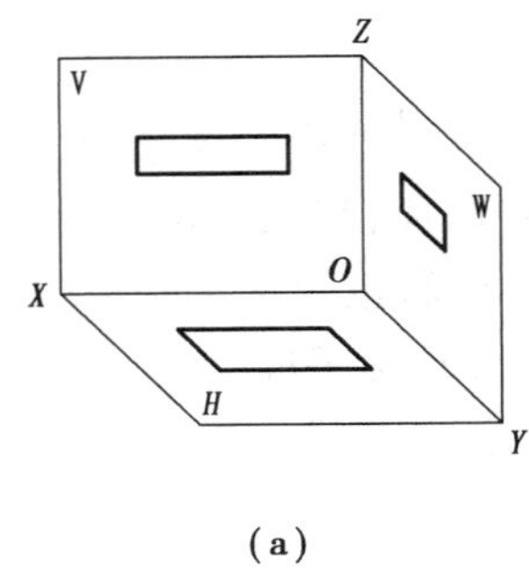

(a)

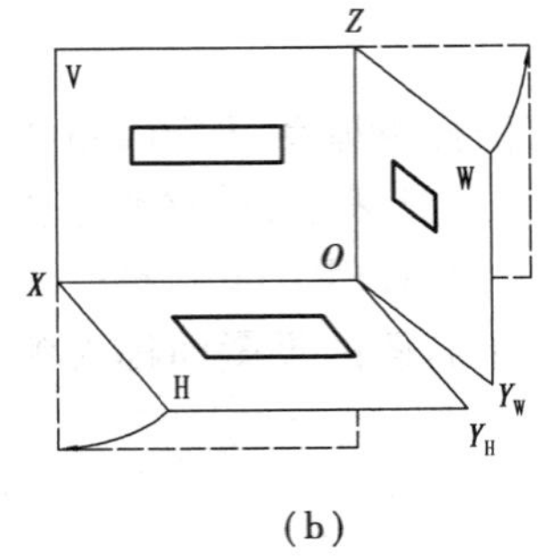

(b)

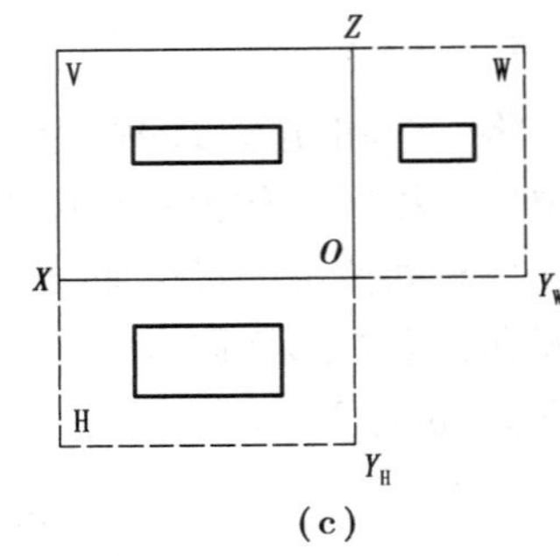

(c)

图 2-3-4 投影面的展开图

1. 三面正投影图的位置关系

水平投影图在正面投影图的正下方,侧面投影图在正面投影图的正右方,如图 2-3-4(c)所示。在用三面投影表达物体的投影时,可以不画出投影面的外框线和坐标轴,但一般三面投影图的位置关系保持不变。若图幅限制,不能保持该关系时,需在变化后的图形下方标注明确。

2. 三面正投影图的三等关系

如图 2-3-5 所示,正面投影图与侧面投影图等高,称"正侧高平齐";正面投影图与水平投影图等长,称"正平长对正";水平投影图与侧面投影图等宽,称"平侧宽相等"。

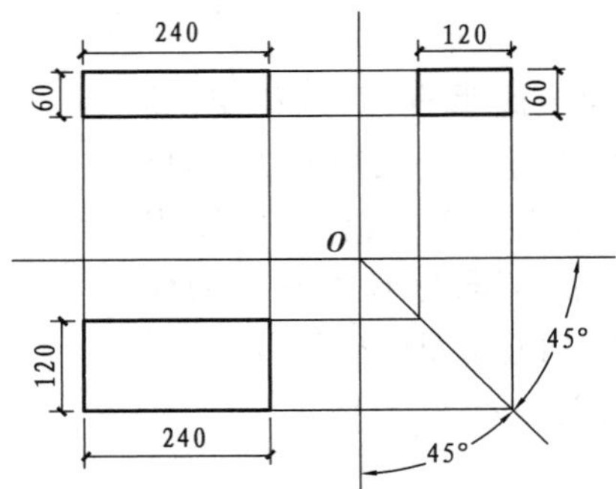

图 2-3-5 三面正投影图的三等关系

(三)点、线、面的三面正投影图

1. 点的三面正投影图

1)表示方法

通常用大写字母表示空间的点,相应的小写字母表示其水平投影,小写字母加一撇表示其正面投影，小写字母加两撇表示其侧面投影。如图 2-3-6 所示，空间点 A 放置在三面投影体系中，过点 A 作垂直于 H 面、V 面、W 面的投影线并得到投影。

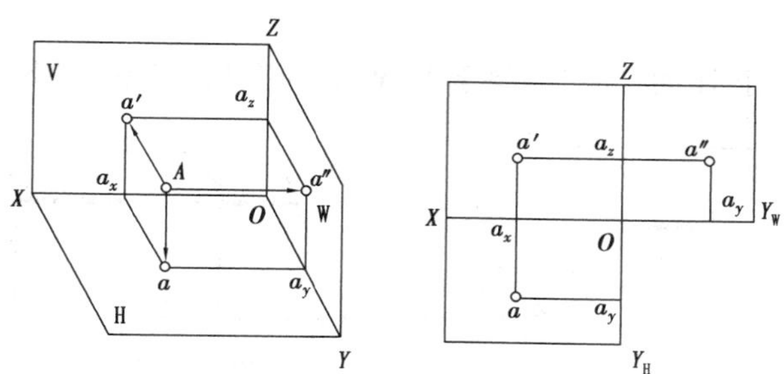

图 2-3-6　点的三面正投影及其展开图

2）点的投影与坐标

引入直角坐标系的概念，点 A 的空间位置可用直角坐标表示为 $A(x,y,z)$，其中 x 表示 A 点到 W 面的距离，y 表示 A 点到 V 面的距离，z 表示 A 点到 H 面的距离。

3）点的三面正投影规律

（1）水平投影和正面投影的连线垂直于 OX 轴，即"正平长对正"；

（2）正面投影和侧面投影的连线垂直于 OZ 轴，即"正侧高平齐"；

（3）水平投影到 OX 轴的距离等于侧面投影到 OZ 轴的距离，即"平侧宽相等"。

4）点的投影特性

（1）点的投影的连线垂直于相应的投影轴；

（2）点的投影到投影轴的距离，反映该点到相应投影面的距离。

【例 2-1】 已知点 $A(14,10,20)$，作其三面正投影图。

【解】 作图步骤如图 2-3-7 所示。

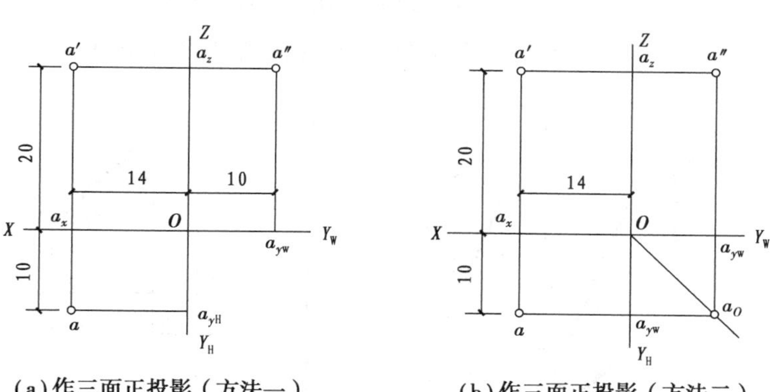

（a）作三面正投影（方法一）　（b）作三面正投影（方法二）

图 2-3-7　已知点求其三面正投影图

2. 直线的三面正投影图

由于直线的投影一般情况下仍为直线，且两点决定一直线，故要获得直线的投影，只需作出已知直线上的两个点的投影，再将它们相连即可。按直线与三个投影面之间的相对位置，将直线分为三类：投影面平行线、投影面垂直线、一般位置直线，前两类统称为特殊位置直线。

1）投影面平行线

（1）定义：平行于一个投影面，同时倾斜于其他两个投影面的直线称为投影面平行线。

（2）分类：

①水平线——平行于 H 面，同时倾斜于 V、W 面的直线，如图 2-3-8 所示。

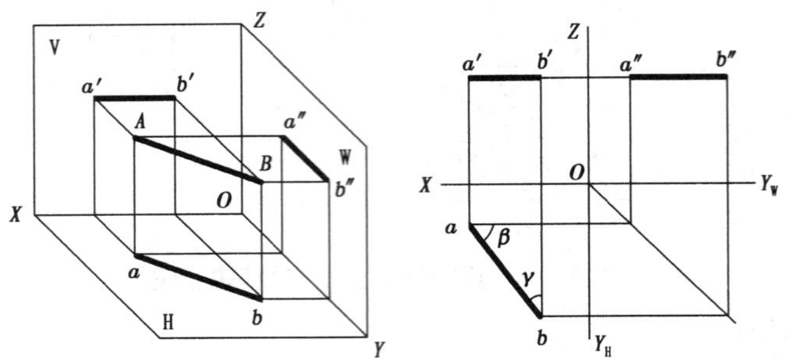

图 2-3-8　水平线的三面正投影及其展开图

②正平线——平行于 V 面，同时倾斜于 H、W 面的直线，如图 2-3-9 所示。

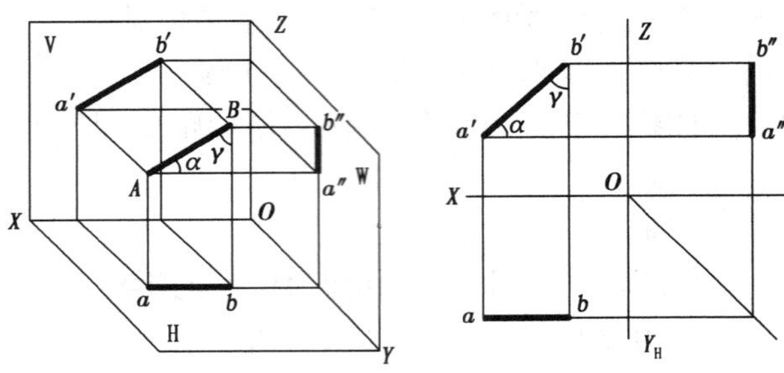

图 2-3-9　正平线的三面正投影及其展开图

③侧平线——平行于 W 面，同时倾斜于 H、V 面的直线，如图 2-3-10 所示。

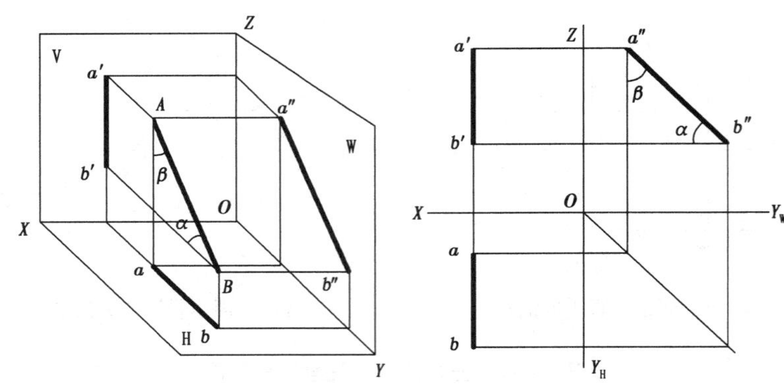

图 2-3-10　侧平线的三面正投影及其展开图

（3）投影特性：

①直线在它平行的投影面上的投影反映实长，并且它与轴线的夹角反映该直线与另两个投影面的夹角。

②另外两面投影平行于直线所平行的投影面的两条投影轴(或均同时垂直于另一投影轴),并且长度都小于实长。

2)投影面垂直线

(1)定义:垂直于一个投影面的直线称为投影面垂直线。

(2)分类:

①铅垂线——垂直于 H 面,同时平行于 V、W 面的直线,如图 2-3-11 所示。

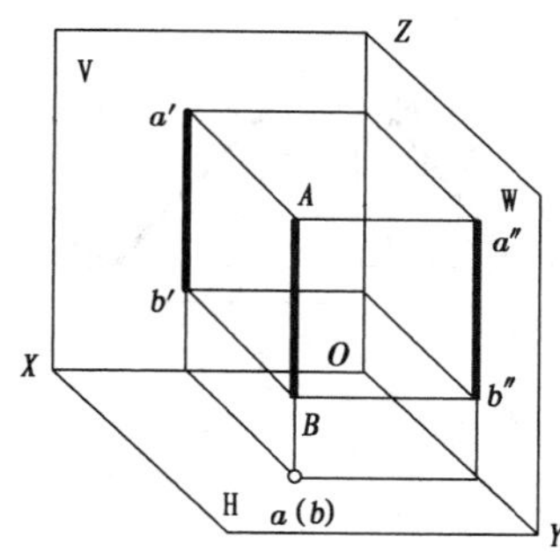

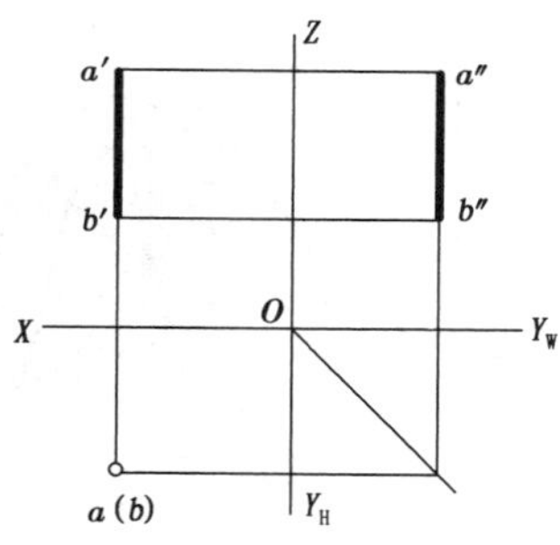

图 2-3-11　铅垂线的三面正投影及其展开图

②正垂线——垂直于 V 面,同时平行于 H、W 面的直线,如图 2-3-12 所示。

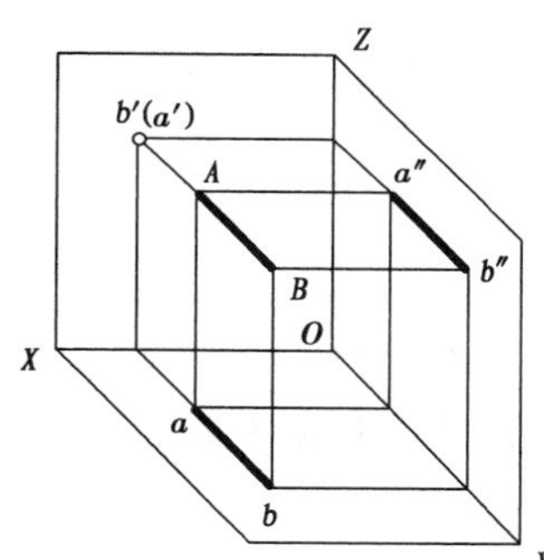

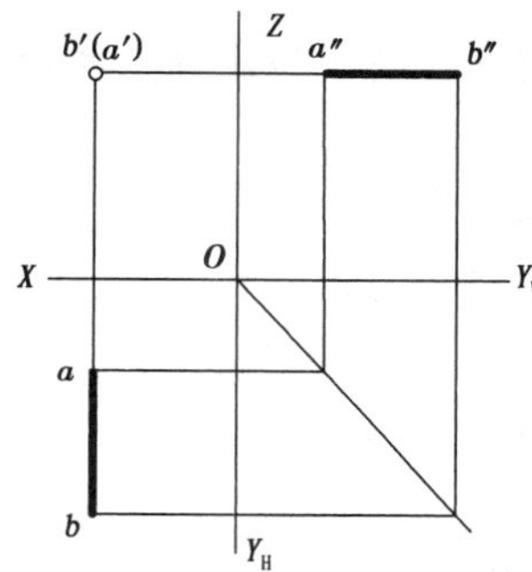

图 2-3-12　正垂线的三面正投影及其展开图

③侧垂线——垂直于 W 面,同时平行于 H、V 面的直线,如图 2-3-13 所示。

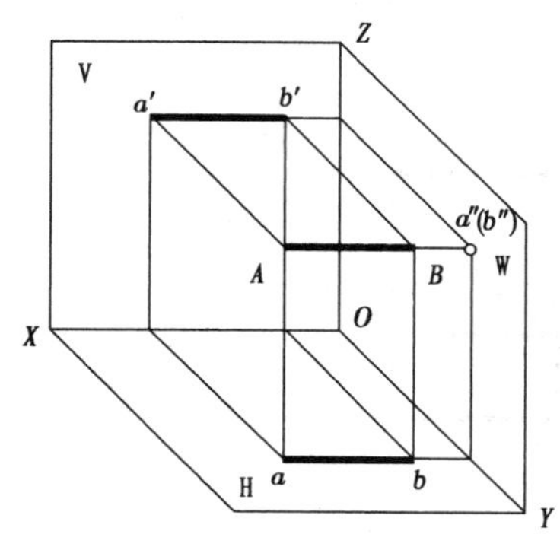

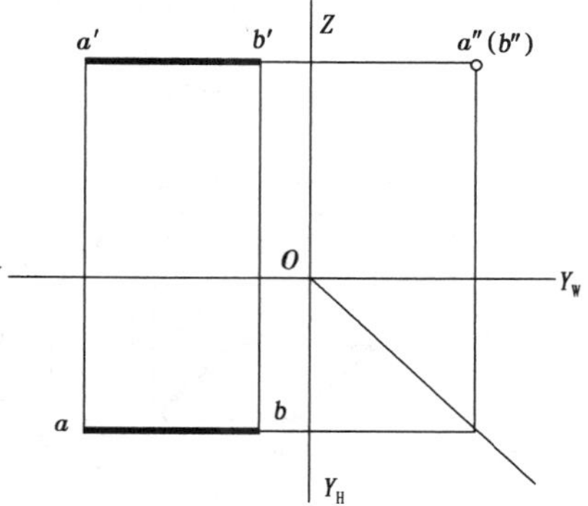

图 2-3-13　侧垂线的三面正投影及其展开图

(3)投影特性:

①直线在它所垂直的投影面上的投影积聚为一个点。

②另外两面投影分别垂直于直线所垂直的投影面的两条投影轴(或均同时平行于另一投影轴),并且反映实长。

3)一般位置直线

(1)定义:对三个投影面都倾斜(既不平行又不垂直)的直线称为一般位置直线,如图 2-3-14 所示。

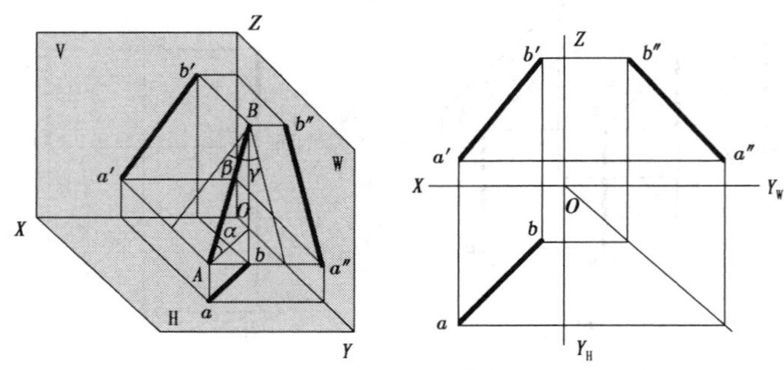

图 2-3-14　一般位置直线的三面正投影及其展开图

(2)投影特性:

①一般位置直线在三个投影面上的投影都倾斜于投影轴,其投影与相应投影轴的夹角不能反映真实的倾角。

②三个投影的长度都小于实长。

3. 平面的三面正投影图

在三面投影体系中,平面与投影面的相对位置关系可以分为三种:平行、垂直、倾斜,即投影面平行面、投影面垂直面、一般位置平面。投影面平行面和投影面垂直面统称为特殊位置平面。

1)投影面平行面

(1)定义:对一个投影面平行,同时垂直于其他两个投影面的平面称为投影面平行面。

(2)分类:

①水平面——平行于 H 面,同时垂直于 V、W 的平面,如图 2-3-15 所示。

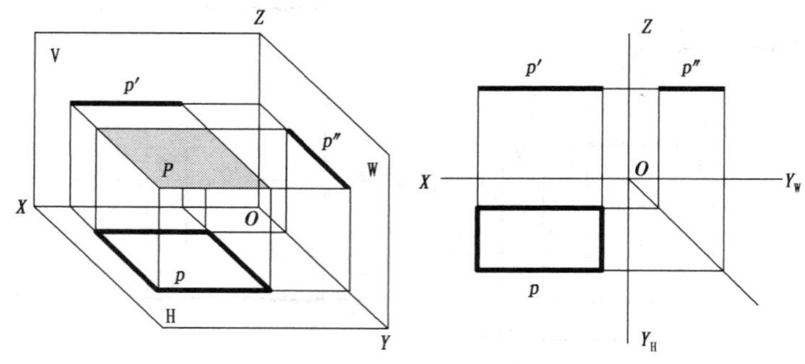

图 2-3-15　水平面的三面正投影及其展开图

②正平面——平行于 V 面，同时垂直于 H、W 的平面，如图 2-3-16 所示。

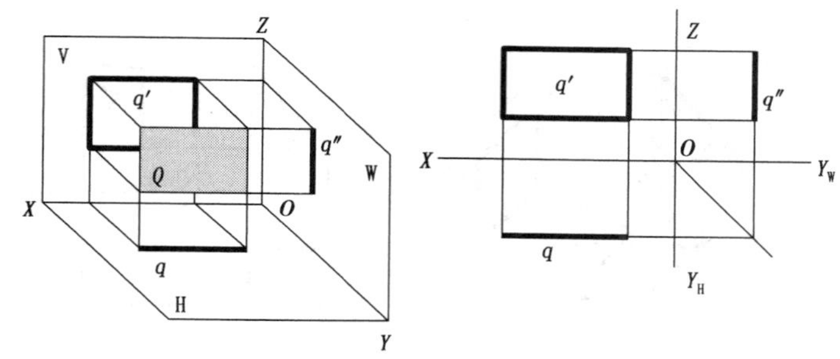

图 2-3-16　正平面的三面正投影及其展开图

③侧平面——平行于 W 面，同时垂直于 H、V 的平面，如图 2-3-17 所示。

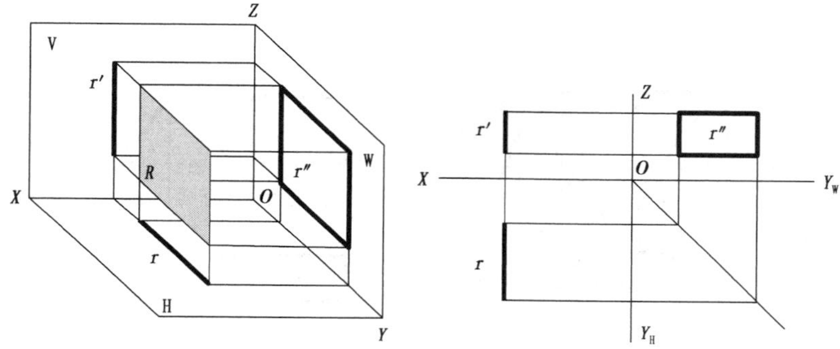

图 2-3-17　侧平面的三面正投影及其展开图

(3)投影特性：

①平面在它所平行的投影面上的投影反映实形。

②另外两个投影均积聚为直线，并且分别平行于平面所平行的投影面的两条投影轴(或同时垂直于另一投影轴)。

2)投影面垂直面

(1)定义：垂直于一个投影面，同时倾斜于其他两个投影面的平面称为投影面垂直面。

(2)分类：

①铅垂面——垂直于 H 面，同时倾斜于 V、W 的平面，如图 2-3-18 所示。

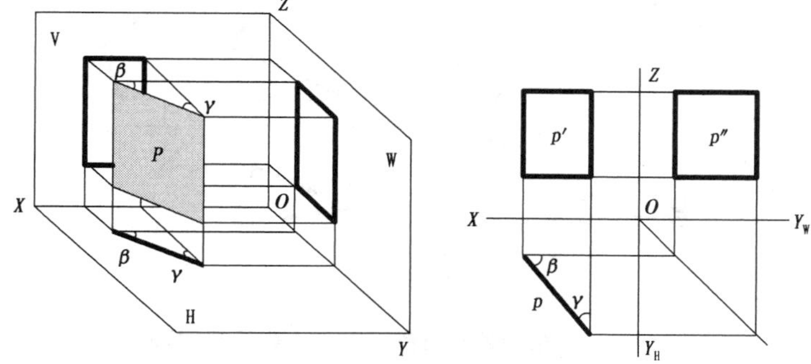

图 2-3-18　铅垂面的三面正投影及其展开图

②正垂面——垂直于 V 面，同时倾斜于 H、W 的平面，如图 2-3-19 所示。

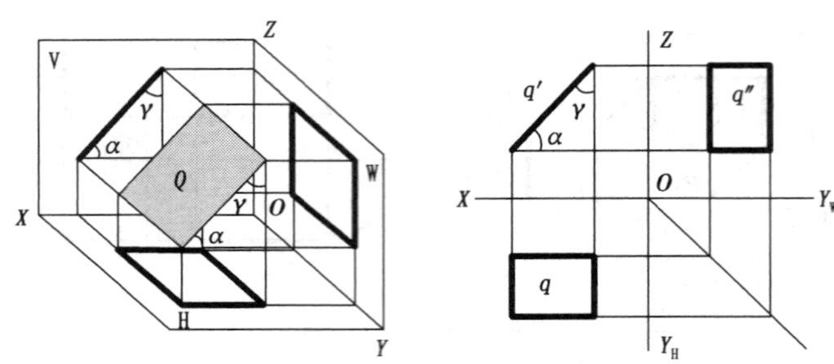

图 2-3-19　正垂面的三面正投影及其展开图

③侧垂面——垂直于 W 面，同时倾斜于 H、V 的平面，如图 2-3-20 所示。

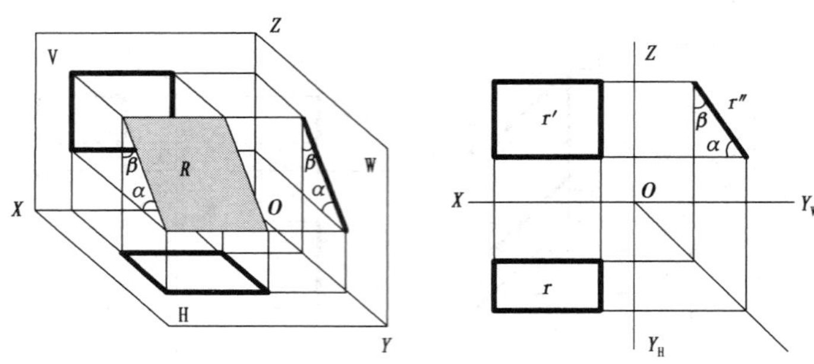

图 2-3-20　侧垂面的三面正投影及其展开图

(3)投影特性：

①平面在它所垂直的投影面上的投影积聚为一条线，并且它与投影轴的夹角反映该平面与另外两个投影面的夹角。

②另外两个投影均为面积缩小的类似形。

3)一般位置平面

(1)定义：与三个投影面都倾斜的平面称为一般位置平面，如图 2-3-21 所示。

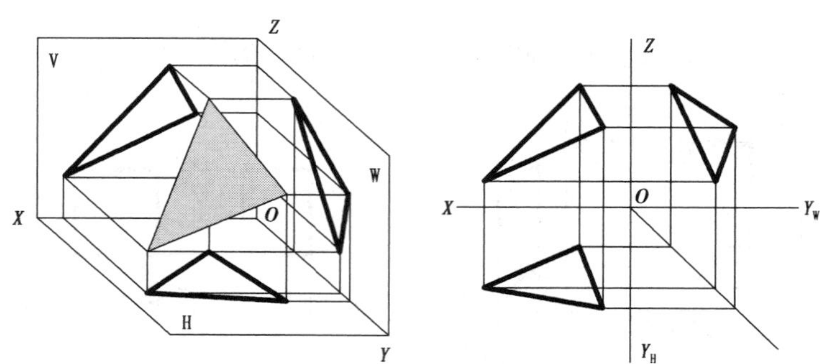

图 2-3-21　一般位置平面的三面正投影及其展开图

(2)投影特性：三个投影均为面积缩小的类似形。

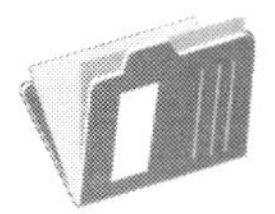

拓展与提高

综观空间直线的投影，有点、与投影轴平行或垂直的直线（这里简称直线）、与投影轴倾斜的直线（这里简称斜线）三种形态，如果：

（一）已知直线的一面投影

（1）若是点：必是投影面垂直线。

（2）若是直线：投影面平行线或投影面垂直线。

（3）若是斜线：投影面平行线或一般位置直线。

（二）已知直线的两面投影

（1）若是点和直线：必是投影面垂直线。

（2）若是两条直线：投影面平行线或投影面垂直线。

（3）若是直线和斜线：必是投影面平行线。

（4）若是两条斜线：一定是一般位置直线。

（三）已知直线的三面投影

（1）若是两直一斜：投影面平行线。

（2）若是两直一点：投影面垂直线。

（3）若是三斜三短：一般位置直线。

思考与练习

（一）单项选择题

1. 点的三面正投影是（　　）。

A. 点　　B. 线　　C. 面　　D. 不一定

2. 线的三面正投影是（　　）。

A. 点　　B. 线　　C. 点或线　　D. 面

3. 面的三面正投影是（　　）。

A. 线　　B. 线或面　　C. 点或线　　D. 面

4.【1+X 证书考试真题】一般位置直线是对三个投影面都（　　）的直线。

A. 平行　　B. 垂直　　C. 倾斜　　D. 相交

5.【1+X 证书考试真题】垂直于 V 面的线称为（　　）线。

A. 正垂　　B. 铅垂　　C. 侧垂　　D. 正平

6.【1+X 证书考试真题】三面投影体系由三个相互（　　）的投影面所组成。

A. 平行　　B. 垂直　　C. 相等　　D. 对称

（二）多项选择题

1. 一个物体的三面投影图，包括下列哪三个面？（　　）

A. H 面　　B. V 面　　C. D 面

D. W 面　　E. B 面

2. 正平线的投影特性有(　　)。

A. 水平投影平行于 *OX* 轴
B. 正面投影反映实长
C. 正面投影是一条缩短的直线
D. 侧面投影平行于 *OZ* 轴
E. 水平投影倾斜于 *OX* 轴

3. 水平面的投影特性有(　　)。

A. 水平投影反映实形
B. 正面投影反映实形
C. 正面投影积聚为一条直线
D. 侧面投影反映实形
E. 侧面投影积聚为一条直线

(三)判断题

1. 点的三面正投影都是一个点。(　　)
2. 直线的三面正投影都是一条直线。(　　)
3. 侧垂线的侧面投影积聚为一个点。(　　)

考核与鉴定二

(一)单项选择题

1.【重庆市对口高职考试真题】当一条线垂直于一个投影面时,必然和另外两个投影面(　　)。

A. 平行　B. 垂直　C. 倾斜　D. 不确定

2.【重庆市对口高职考试真题】平行于水平投影面的正五边形,其在正立投影面上的投影一定是(　　)。

A. 缩小的正五边形
B. 平行于 *OZ* 轴的直线
C. 平行于 *OX* 轴的直线
D. 反映实形的正五边形

3.【重庆市对口高职考试真题】已知点 *A* 坐标为 *A*(12,7,5),则点 *A* 到 *W* 面的距离为(　　)。

A. 12 mm　B. 10 mm　C. 7 mm　D. 5 mm

4.【重庆市对口高职考试真题】点的两面投影的连线必垂直于相应的(　　)。

A. 投影面　B. 投影轴　C. 投影点　D. 空间点

5.【重庆市对口高职考试真题】三面投影为“一点两直线”,则一定是投影面(　　)。

A. 平行线　B. 垂直面　C. 平行面　D. 垂直线

6.【1+X 证书考试真题】平行于 W 面的线称为(　　)线。

A. 水平　B. 铅垂　C. 侧平　D. 正平

7.【1+X 证书考试真题】关于侧垂线的投影规律,下列说法正确的是(　　)。

A. 在 H 面的投影具有积聚性
B. 在 V 面的投影反映实长
C. 在 W 面的投影反映实长
D. 在 V 面投影与 X 轴垂直

8.【1+X 证书考试真题】空间中有一点 *B*,在 W 面的投影如何表示?(　　)

A. B　B. b　C. b'　D. b''

9.【1+X 证书考试真题】点的水平投影到 *OX* 轴的距离等于点的侧面投影到(　　)的距离。

A. *OX* 轴　B. *OY* 轴　C. *OZ* 轴　D. *O* 点

10. 投射线互相平行且垂直于投影面的投影称为(   )。

A. 平行投影 B. 中心投影 C. 斜投影 D. 正投影

11. 若直线垂直于投影面,则它在该投影面上的投影是(   )。

A. 一条等长直线 B. 积聚为一个点 C. 缩短的直线 D. 两条直线

12. 若直线倾斜于投影面,则它在该投影面上的投影是(   )。

A. 一条等长直线 B. 积聚为一个点 C. 缩短的直线 D. 增长的直线

13. 若平面垂直于投影面,则它在该投影面上的投影是(   )。

A. 一个点 B. 一条直线 C. 一个缩小的面 D. 与原平面全等的面

14. 空间某一点的水平投影到 OX 轴的距离等于该点到(   )投影面的距离。

A. 正立面 B. 水平面 C. 侧立面 D. 三个面

15. 对于铅垂线的三面正投影,下列表达正确的为(   )。

A. 正面投影积聚为一个点 B. 水平投影积聚为一个点

C. 侧面投影积聚为一个点 D. 三个投影均积聚为一个点

16. 正平面的三面正投影为(   )。

A. 正面投影反映实形 B. 水平投影反映实形

C. 侧面投影反映实形 D. 三个投影均反映实形

(二)多项选择题

1. 平行投影法包括(   )。

A. 中心投影法 B. 平行投影法 C. 正投影法

D. 斜投影法 E. 轴测投影法

2. 按投射光线的形式不同,投影法可分为(   )。

A. 中心投影法 B. 正投影法 C. 平行投影法

D. 斜投影法 E. 任意投影法

3. 下列对正投影的描述中,错误的选项为(   )。

A. 它不能反映物体的真实形状和大小 B. 它能反映物体的真实形状和大小

C. 一般的房屋建筑图都是用正投影法绘制 D. 正投影属于中心投影的一种

E. 正投影属于平行投影的一种

4. 下列对点的正投影的描述,正确的有(   )。

A. 点的投影始终是一个点

B. 空间点用大写字母表示,其投影用同名的小写字母表示

C. 两点位于某一投影面的同一条垂线上时,两点投影必定重合

D. 空间点用小写字母表示,其投影用同名的大写字母表示

E. 投影重合的点,可见点用同名小写字母表示,不可见点用同名小写字母加括号表示

5. 直线是由无数个点组成的,在直线两端用大写字母表示,下列对直线的正投影规律的描述,正确的有(   )。

A. 直线平行于投影面时,它在该投影面上的投影仍是一条等长的直线

B. 直线垂直于投影面时,它在该投影面上的投影积聚成一个点

C. 直线倾斜于投影面时,它在该投影面上的投影是一条缩短的直线

D. 直线上任意一点的投影必在该直线的投影上

E. 直线垂直于投影面时,它在该投影面上的投影仍是一条等长的直线

6. 平面是由几条线段围成的，下列对平面的投影规律的描述，错误的有（　　）。

A. 平面垂直于投影面时，它在该投影面上的投影积聚成几个点

B. 平面垂直于投影面时，它在该投影面上的投影积聚成一条直线

C. 平面倾斜于投影面时，它在该投影面上的投影为原平面大小相等的实形

D. 平面平行于投影面时，它在该投影面上的投影为原平面大小相等的实形

E. 平面倾斜于投影面时，它在该投影面上的投影为缩小的类似形

7. 将三个相互垂直的投影面构成三面投影体系，下列对三面投影体系的描述，错误的有（　　）。

A. 呈水平位置的投影面称为水平投影面，用字母 V 表示

B. 呈水平位置的投影面称为水平投影面，用字母 H 表示

C. 与水平投影面垂直相交呈正立位置的投影面称为正立投影面，用字母 W 表示

D. 与水平投影面和正立投影面同时垂直相交并位于右侧的投影面称为侧立投影面，用字母 W 表示

E. 与水平投影面垂直相交呈正立位置的投影面称为正立投影面，用字母 V 表示

8. 在三面投影体系中，投影面彼此垂直，两两相交。下列描述中正确的是（　　）。

A. V 面与 H 面相交的线为 *OX* 轴，表示物体长度方向的信息

B. V 面与 W 面相交的线为 *OZ* 轴，表示物体高度方向的信息

C. W 面与 H 面相交的线为 *OY* 轴，表示物体宽度方向的信息

D. 投影轴相互垂直交于一点，称为原点

E. H 面与 W 面相交的线为 *OZ* 轴，表示物体高度方向的信息

9. 下列对三面正投影图的三等关系的描述，正确的是（　　）。

A. 正侧高平齐　　B. 平侧宽相等　　C. 正平长对正

D. 平正宽相等　　E. 正侧宽相等

10. 当你夜晚在路灯下行走时，影子的大小与（　　）有关。

A. 灯光光线的强弱　　B. 光源与人的倾斜角度　　C. 时间

D. 光源与人的距离　　E. 阴天或晴天

（三）判断题

1.【重庆市对口高职考试真题】直线的投影只能是直线。（　　）

2.【重庆市对口高职考试真题】正平面的正面投影积聚为直线。（　　）

3.【重庆市对口高职考试真题】平面的投影不可能是一条直线。（　　）

4. 用投影法画出的物体图形称为投影图。（　　）

5. 平行投影法包括正投影和斜投影。（　　）

6. 平行投影法能准确反映出物体的真实形状和大小。（　　）

7. 两点在同一投影面的投影必定重合。（　　）

8. 直线的投影仍为一条直线。（　　）

9. 若平面垂直于投影面，它在该投影面上的投影为一条直线。（　　）

10. 侧面投影图上的点到 *OZ* 轴的距离等于这个空间点到正投影面的距离。（　　）

11. 水平线的正面投影是一条反映实长的直线。（　　）

12. 面的三面正投影都是一个面。（　　）

（四）作图题

1. 作出点 $A(30,20,10)$ 的投影。

2. 已知点 A 在 H 面之上 25 mm，B 点在 V 面之前 20 mm，请补全 A、B 两点的三面投影。

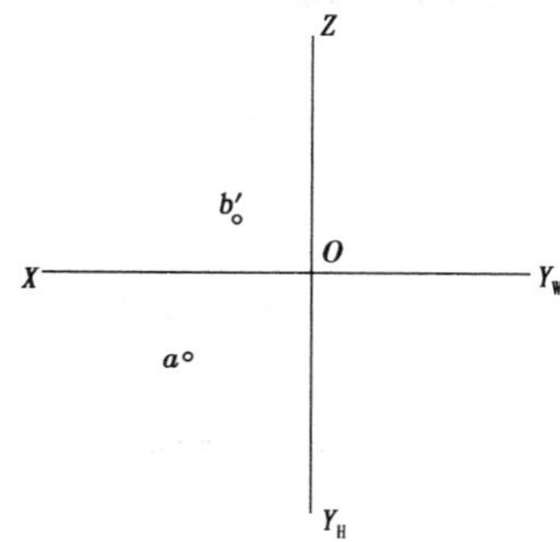

3. 补直线 AB 的 W 面投影。

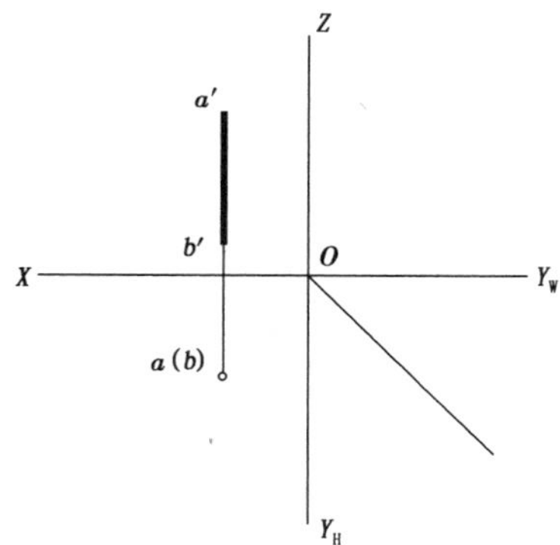

4. 补平面 ABC 的 W 面投影。

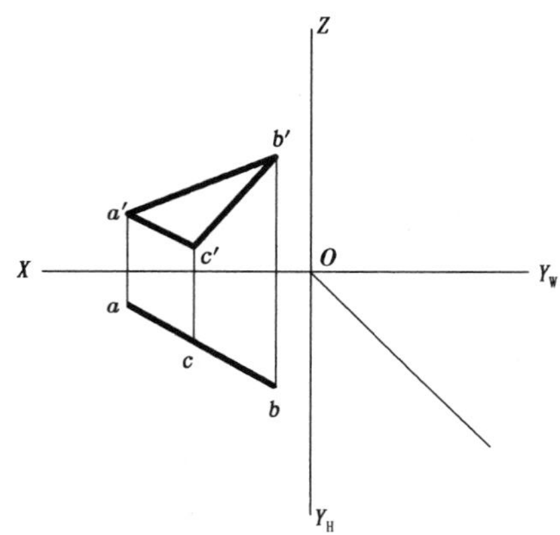

模块三　绘制基本投影图

建筑工程形体的几何形状比较复杂，但是我们可以将这些复杂的形体看成是由一些简单的形体组成，而这些简单的形体又可以看成是由一些基本的几何体组合而成的。本模块主要学习绘制基本投影图，有三个任务，即绘制形体的投影、绘制轴测图、绘制剖面图与断面图。

学习目标

(一)知识目标

1. 能认识基本几何体的三面正投影；
2. 能理解简单组合体的三面正投影；
3. 能记住轴测图的基本要素；
4. 能理解剖视图的形成；
5. 能识别剖面图与断面图的主要不同。

(二)技能目标

1. 能独立作基本几何体的三面正投影；
2. 能独立作简单组合体的三面正投影；
3. 能由简单三视图作形体的轴测图；
4. 能应用相关知识作形体的剖面图或断面图。

(三)职业素养

1. 具有勤学好问的精神，以及相互探究的合作意识；
2. 养成自主学习的良好习惯，具有创新意识；
3. 学会从不同方面分析问题和解决问题；
4. 发现物体的形体美，并学会欣赏美。

任务一　绘制形体的投影

任务描述与分析

“万丈高楼平地起”的依据是建筑工程图，要画出建筑工程图，就需要对建筑物进行投影，也就是对形体（图 3-1-1）进行投影。

本任务的具体要求是：了解常见的几种基本几何体，理解它们的三面正投影的画法；掌握简单组合体的三面投影图；会绘制简单组合体的三面正投影图。

图 3-1-1　形体示意图

知识与技能

（一）基本形体

1. 平面体

由多个平面围成的几何体称为平面体。常见的平面体有长方体、正方体、棱柱、棱锥等，如图 3-1-2 所示。平面体的表面均是平面，平面与平面的交线均是直线，直线又是由点构成的，因此，平面体的投影实质上就是点、线、面的投影。

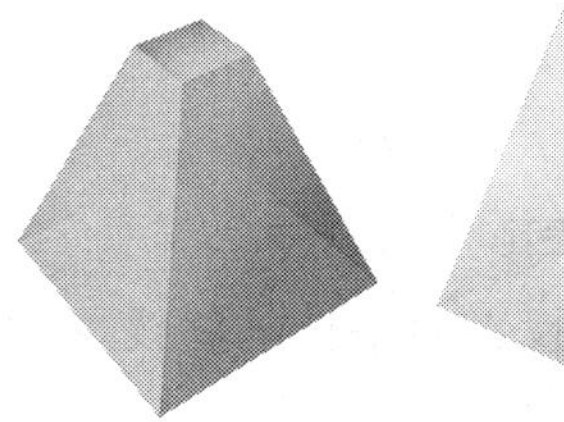

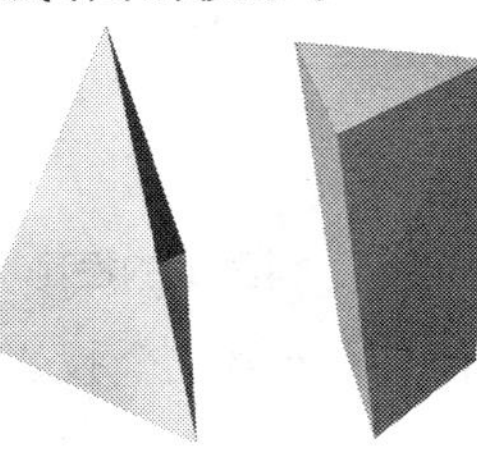

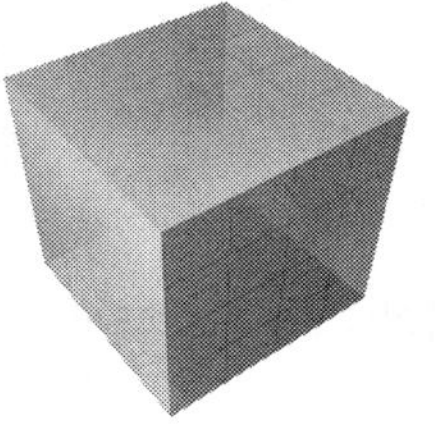

图 3-1-2　平面体

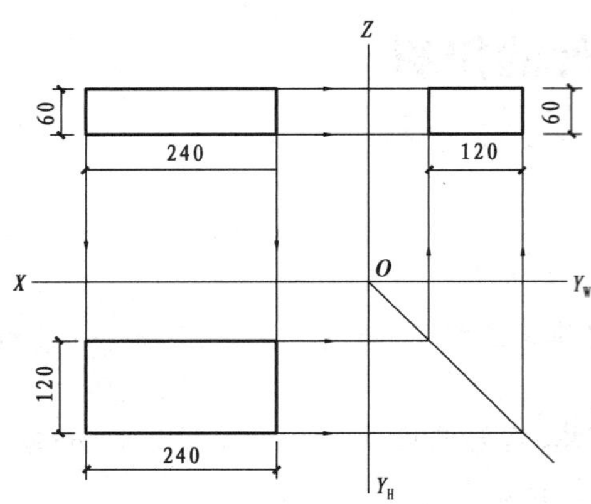

图 3-1-3　长方体的三面正投影图

1)长方体

长方体表面是由 6 个长方形的平面所围成,它们的对边相互平行且相等。把长方体放在三面投影体系中,它的三面正投影图分别为三个长方形。图 3-1-3 所示为长方体 240×120×60 的三面正投影图。

2)斜面体

斜面体是指带有斜面的平面体。在绘制斜面体的三视图时,如何去判断斜面体的哪些面、线相对于哪个投影面倾斜是非常重要的。图 3-1-4(a)为一倒立的三棱柱,其中 P、Q 为斜面,在侧立面和水平面上的投影为长方形,在正立面上的投影为直线。图 3-1-4(c)为一四棱台被削掉了一角。

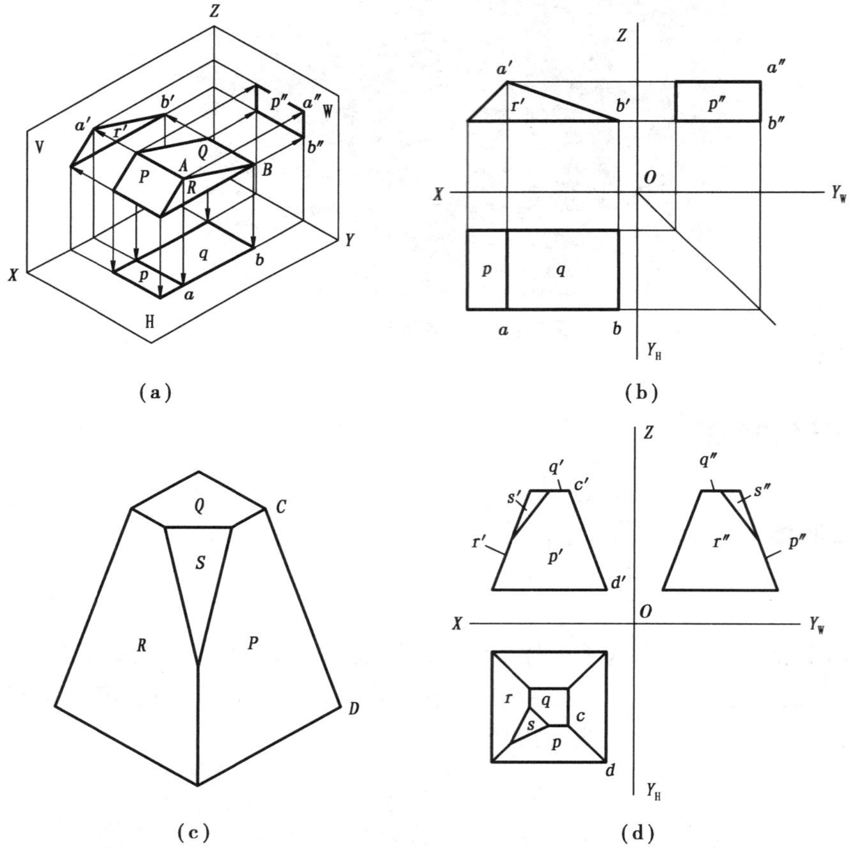

(a)

(b)

棱柱、棱锥的投影

(c)

(d)

图 3-1-4　斜面体的投影

(1)一般斜线:与任意两个投影面倾斜,与第三个投影面平行的斜线,如图 3-1-4(a)中的线段 AB。

（2）任意斜线：与三个投影面都倾斜的斜线，如图 3-1-4（c）中的线段 *CD*。

斜线与投影面倾斜，投影为一缩短的直线；斜线与投影面平行，投影为一等长的直线。

（3）一般斜面：与任意两个投影面倾斜，与第三个投影面垂直的斜面，如图 3-1-4（a）中的斜面 *P*、*Q*。

（4）任意斜面：与三个投影面都倾斜的斜面，如图 3-1-4（c）中的斜面 *S*。

斜面与投影面倾斜，投影为一个缩小的类似面；斜面与投影面垂直，投影为一条直线。

2. 曲面体

由平面与曲面或均由曲面组成的物体称为曲面体。常见的曲面体有圆柱、圆锥、圆台等，如图 3-1-5 所示。

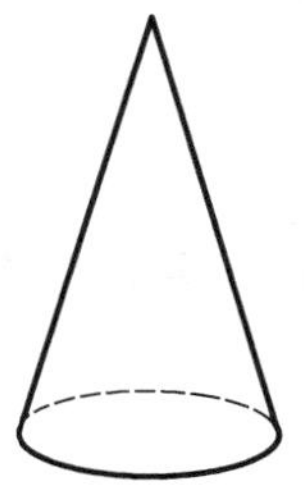

图 3-1-5　曲面体

1）圆柱体

圆柱体是由一个矩形绕矩形的一条边旋转而成的回转体。其底面的投影为一个重合的圆，而正立面和侧立面均为等大的长方形，如图 3-1-6 所示。

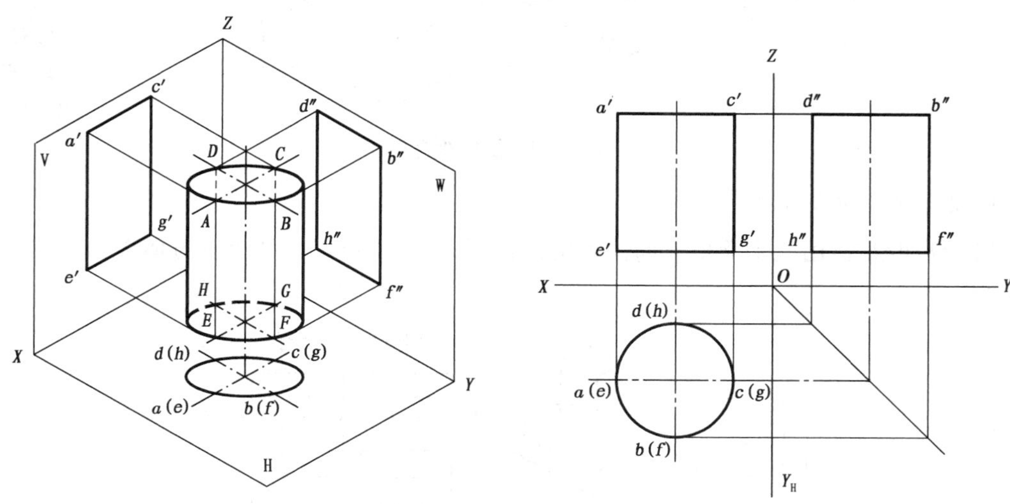

图 3-1-6　圆柱体的投影图

圆柱、圆锥和球体的投影

2）圆锥体

圆锥体是一直角三角形绕其直角边旋转而成的回转体。其底面在其平行的投影面上为一个圆，而侧立面和正立面均为等腰三角形，如图 3-1-7 所示。

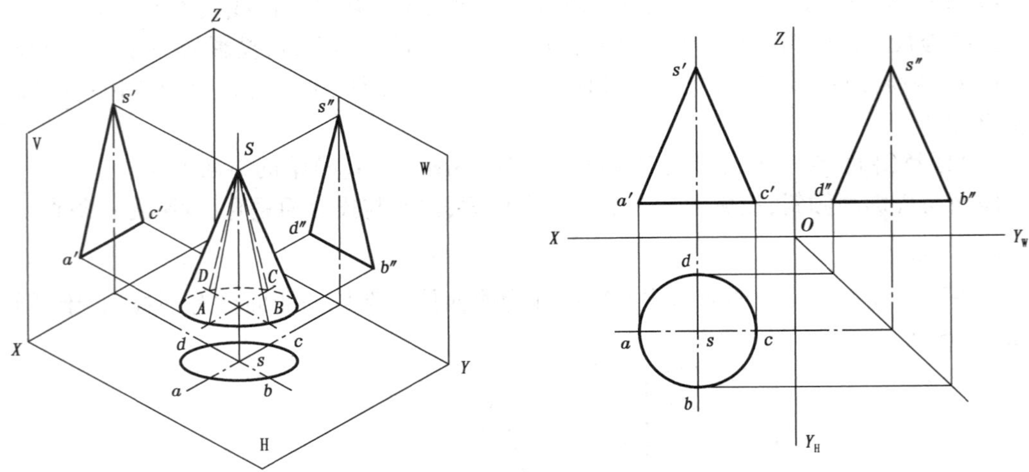

图 3-1-7　圆锥体的投影图

(二)简单组合体

简单组合体是由两个或两个以上的基本形体组成的物体,如图 3-1-8 所示。

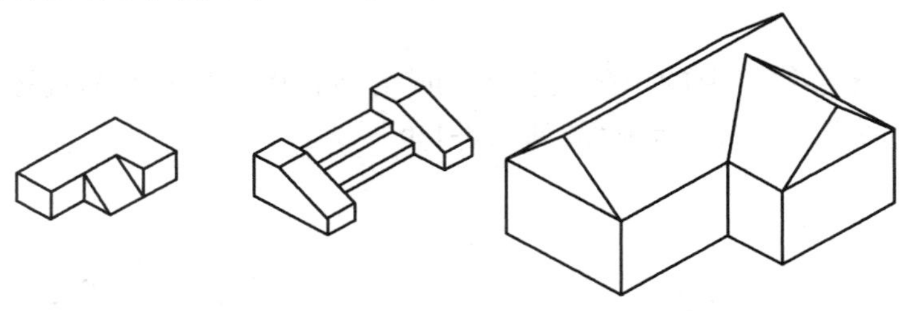

图 3-1-8　简单组合体

1. 组合体的组合方式

(1)叠加组合:由几个简单几何体堆砌拼合而成。图 3-1-9 由两个长方体叠加而成。

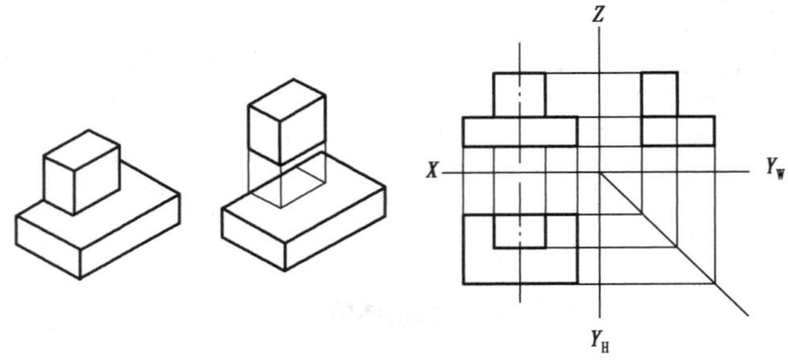

图 3-1-9　叠加组合体的正投影图

(2)切割组合:由一个简单几何体切除某些部分而成。图 3-1-10 为一长方体切割掉两部分所形成。

(3)综合组合:既叠加又切割而成,如图 3-1-11 所示。

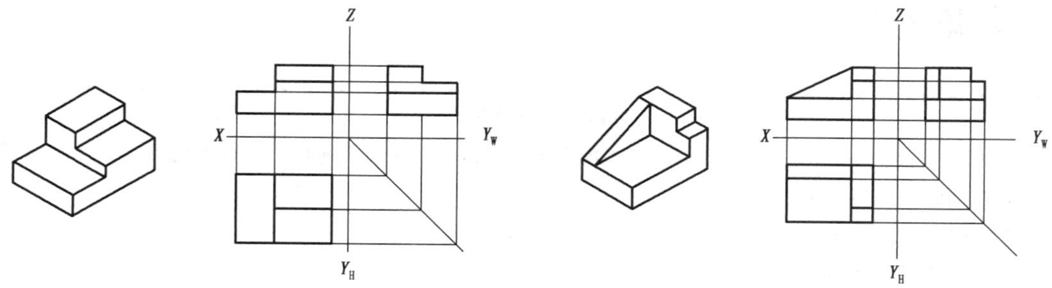

图 3-1-10　切割组合体的正投影图　　图 3-1-11　综合组合体的正投影图

2. 组合体的投影

组合体投影图的识读

首先,将复杂的物体(整体)分解为若干个简单的几何体(局部);其次,分析组合体各个面与投影面的相对位置;最后,分析局部与局部、局部与整体之间的相对位置关系。作图时,先作出各个简单的几何体的正投影图,然后按照它们相互间的位置关系连接起来,就得到组合体的正投影图,如图 3-1-11 所示。

(三)绘制方法与步骤

1. 基本形体

三面正投影图的绘制

(1)绘出三面投影体系的展开图。

(2)在 V 面画出物体的正面投影图,向下引铅垂线,向右引水平线。

(3)在 H 面按照物体的宽度尺寸,画出水平投影图,并向右引出水平线至 45°斜线处,再转向上画出侧立面投影等宽线。

(4)在 W 面用等高线与等宽线相交绘出侧立面投影图。

(5)检查图线,无误后进行加深。

2. 简单组合体

组合体投影图的绘制

(1)形体分析。将组合体分解成若干个基本形体,并确定它们的组合形式,以及相邻表面间的位置关系。

(2)确定主视图(正立面图)。主视图是最重要的视图,也是画图的关键。选择主视图的原则是:首先,物体要放正,主要平面平行或者垂直某一投影面;其次,选择最能反映形状特征和相对位置的那个面;最后,选择的视图中虚线尽量要少。

(3)选比例,定图幅。尽量选用 1 ∶ 1 的比例,这样便于直接估量组合体的大小,也便于画图。

(4)布置视图,画基准线。

(5)依次画出各形体的三视图。

(6)检查无误后加深图线。

拓展与提高

形体的表面连接

“形体分析法”画组合体投影图时,必须正确表示各形体之间的表面连接。形体之间的表面连接可归纳为以下四种情况:

(1)两形体表面相交时,两表面投影之间应画出交线的投影;

(2)两形体表面共面时,两表面投影之间不应画线;

(3)两形体表面相切时,由于光滑过渡,两表面投影之间不应画线;

(4)两形体表面不共面时,两表面投影之间应该有线分开。

思考与练习

(一)单项选择题

1.(　　)就是表面由平面与曲面组成的物体。

A.曲面体　　B.斜面体　　C.平面体　　D.圆柱体

2.由几个简单几何体堆砌拼合而成的组合体是(　　)。

A.综合组合　　B.切割组合　　C.叠加组合　　D.随意组合

3.由一个简单几何体切除某些部分而成的组合体是(　　)。

A.综合组合　　B.切割组合　　C.叠加组合　　D.随意组合

(二)多项选择题

1.常见的平面体有(　　)。

A.长方体　　B.圆柱　　C.圆锥

D.四棱台　　E.圆台

2.组合体的常见组合方式有(　　)。

A.轴测组合　　B.叠加组合　　C.切割组合

D.综合组合　　E.平行组合

3.常见的曲面体有(　　)。

A.圆柱　　B.棱锥　　C.圆锥

D.圆台　　E.棱台

(三)判断题

1.长方体、三棱柱、三棱锥都是平面体。(　　)

2.带有斜面的平面体,称为斜面体。(　　)

3.由几个简单几何体堆砌拼合而成的组合体是切割组合体。(　　)

(四)作图题

1.【重庆市对口高职考试真题】已知物体的轴测图,按1∶1画出其三面正投影图。(尺寸

直接从图上量取）

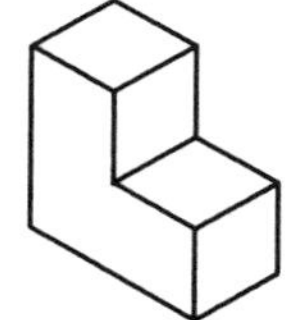

2.【重庆市对口高职考试真题】已知物体的轴测图，按 1：1 画出其三面正投影图。（尺寸直接从图上量取）

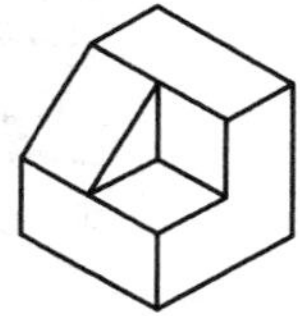

3.【重庆市对口高职考试真题】如下图所示正等轴测图，按 1：1 画出其三面正投影图。（尺寸直接从图上量取）

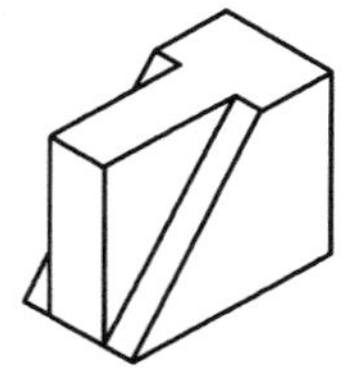

任务二　绘制轴测图

任务描述与分析

形体的三面正投影图能够完整、准确地反映物体的形状和大小［图 3-2-1(a)］，在工程上得到了广泛的应用。但三面正投影图缺乏立体感，必须将多个图联系起来才能想象出形体的全貌，为了解决这一问题，工程上采用了一种立体图——轴测图［图 3-2-1(b)］。

本任务的具体要求是：了解轴测图的形成及分类，记住轴测图的基本要素，能画轴测轴，会绘制形体的轴测投影图。

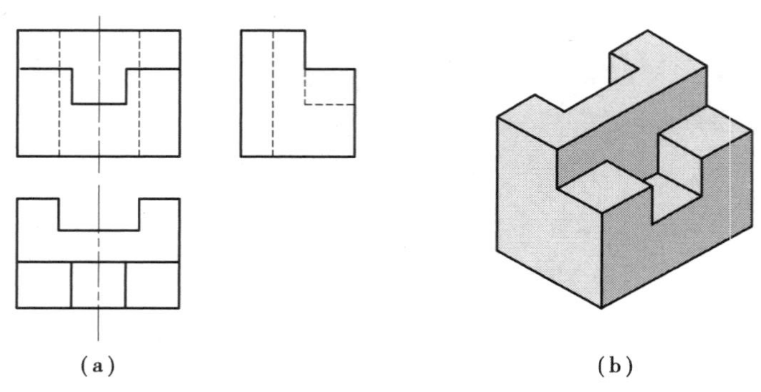

图 3-2-1　三投影图与轴测图对比

知识与技能

(一)轴测投影的形成及主要特点

1. 轴测投影的形成

用平行投影法,将物体连同确定该物体空间位置的直角坐标系一起,沿不平行于任一坐标平面的方向,投射到一个单一的投影面上,所得到的具有立体感的图形,称为轴测投影图,简称轴测图。这个单一的投影面称为轴测投影面。轴测投影的形成如图 3-2-2 所示。

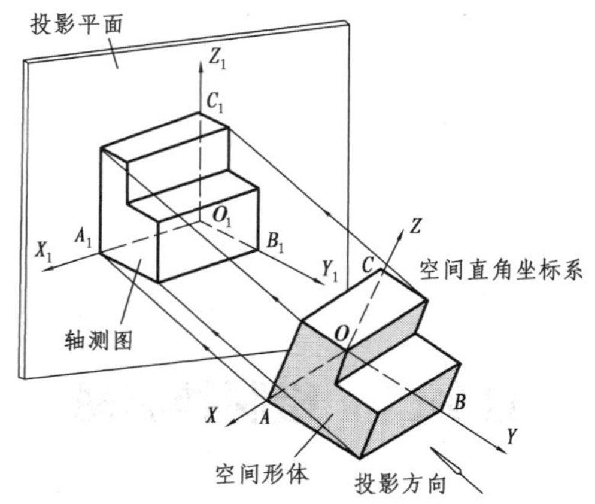

图 3-2-2　轴测投影的形成

2. 轴测投影的特点

(1)平行性:物体上互相平行的线段,在轴测图上仍互相平行。

(2)定比性:物体上两平行线段或同一直线上的两线段长度之比,这个比在轴测图上保持不变。

与三个坐标轴倾斜的直线,画图时不能直接沿轴的方向量取,而要先画出斜线两端点的轴测投影位置,连接这两端点的投影即为该斜线的轴测投影。

(3)实形性:物体上平行于轴测投影面的直线和平面,在轴测图上反映实长和实形。

轴测图能同时反映物体三个方向的信息，具有较强的立体感，但它不能直接反映物体的真实形状和大小，因此工程中只能作为辅助图样。

（二）轴测投影的分类

1. 正轴测投影

投射方向垂直于轴测投影面的轴测投影（即正投影），称为正轴测投影，如图 3-2-3 所示。正轴测投影分为正等轴测投影、正二轴测投影、正三轴测投影。在建筑工程中常用正等轴测投影，故本书主要讲述正等轴测投影。

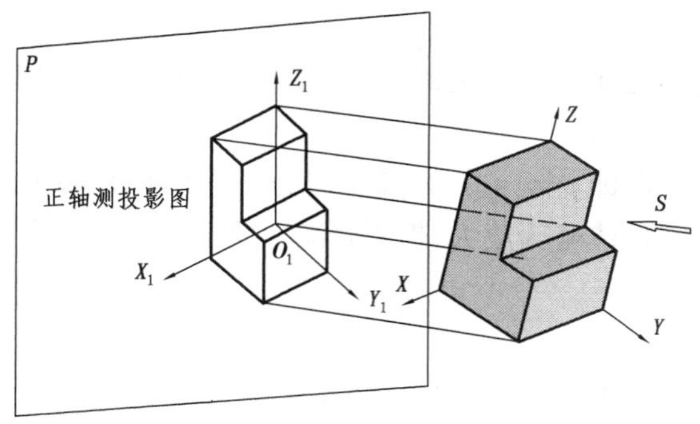

图 3-2-3　正轴测投影

2. 斜轴测投影

投射方向倾斜于轴测投影面的轴测投影（S 投射线，即斜投影），称为斜轴测投影，如图 3-2-4 所示。斜轴测投影分为斜等轴测投影、斜二轴测投影、斜三轴测投影。在建筑工程中常用斜二轴测投影，故本书主要讲述斜二轴测投影。

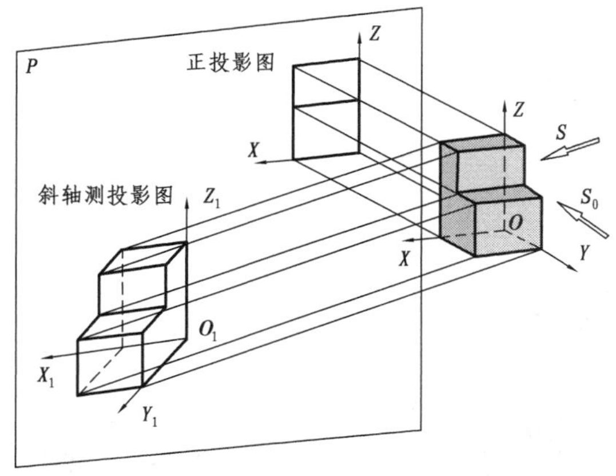

图 3-2-4　斜轴测投影

（三）轴测投影的基本要素

轴测投影的基本要素包括轴测轴、轴间角、轴向伸缩系数。

• 轴测轴：确定物体空间位置的坐标轴在轴测投影面上的投影，如图 3-2-2 所示的 O_1X_1、O_1Y_1、O_1Z_1 轴。

• 轴间角：两根轴测轴之间的夹角，如图 3-2-2 所示的 $\angle X_1O_1Y_1$、$\angle Y_1O_1Z_1$、$\angle Z_1O_1X_1$。

• 轴向伸缩系数：轴测图中平行于轴测轴 O_1X_1、O_1Y_1、O_1Z_1 的线段，与对应的空间物体平行于坐标轴 OX、OY、OZ 的线段长度之比，称为轴向伸缩系数，也称轴向变形系数，分别用 p、q、r 表示，即 $p=\frac{O_1X_1}{OX}$、$q=\frac{O_1Y_1}{OY}$、$r=\frac{O_1Z_1}{OZ}$。

1. 正等轴测投影的基本要素

1）轴间角

三个轴间角 $\angle X_1O_1Y_1=\angle Y_1O_1Z_1=\angle Z_1O_1X_1=120°$，其中 O_1Z_1 轴规定画成铅垂方向。

2）轴向伸缩系数

三个轴向伸缩系数相等，即 $p=q=r=0.82$。但为了作图简便，均简化为 1，即 $p=q=r=1$。因此，画出的轴测图比实际形体略为放大，但不影响效果，在实际工作中以轴测图上标注的尺寸为准。

3）作图

作图时，将 O_1Z_1 轴竖直画出，O_1X_1、O_1Y_1 与水平线各成 30°夹角，O_1Z_1 向下为俯视，向上为仰视，画法如图 3-2-5 所示。

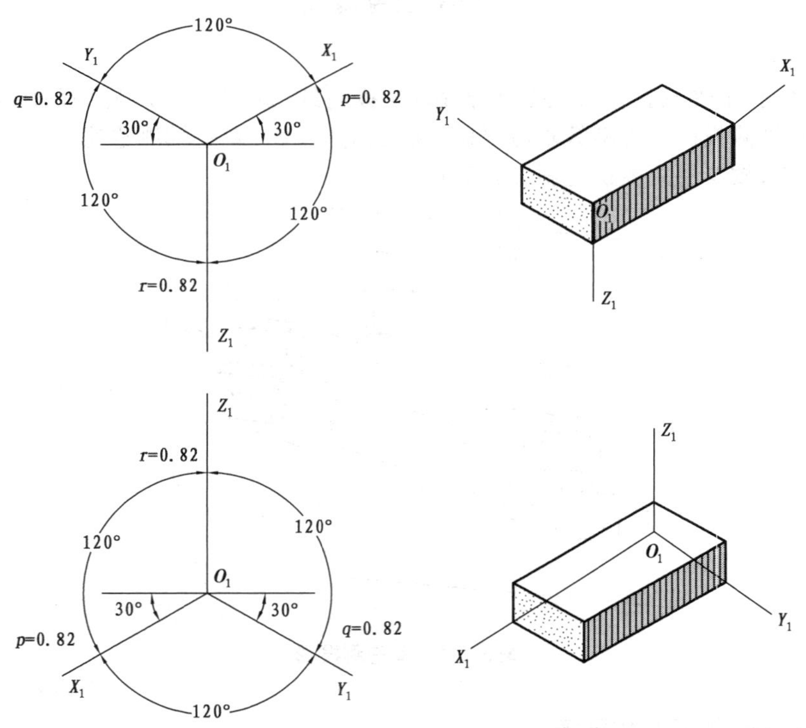

图 3-2-5　正等轴测的轴测轴画法

2. 斜二轴测投影的基本要素

1）轴间角

空间物体的两个方向的直角坐标轴 OX、OZ 与轴测投影面平行，即 O_1X_1 轴为水平线，O_1Z_1 轴竖直画出，因此轴间角 $\angle X_1O_1Z_1$ 为 90°；O_1Y_1 轴为斜线，与水平线之间的夹角为 45°，即 $\angle X_1O_1Y_1=45°$（$\angle Y_1O_1Z_1=135°$）或 $\angle X_1O_1Y_1=\angle Y_1O_1Z_1=135°$。

2）轴向伸缩系数

空间物体的坐标轴 OX、OZ 轴与轴测投影面平行，其投影不变，轴向伸缩系数 $p=r=1$；OY 轴与轴测投影面倾斜，轴向尺寸缩短，轴向伸缩系数 $q=0.5$。

3. 作图

作图时，将 O_1Z_1 轴竖直画出，O_1X_1 轴水平画出，斜二轴测轴 O_1Y_1 与水平线的夹角为 45°，有向左或向右两种画法，如图 3-2-6 所示。

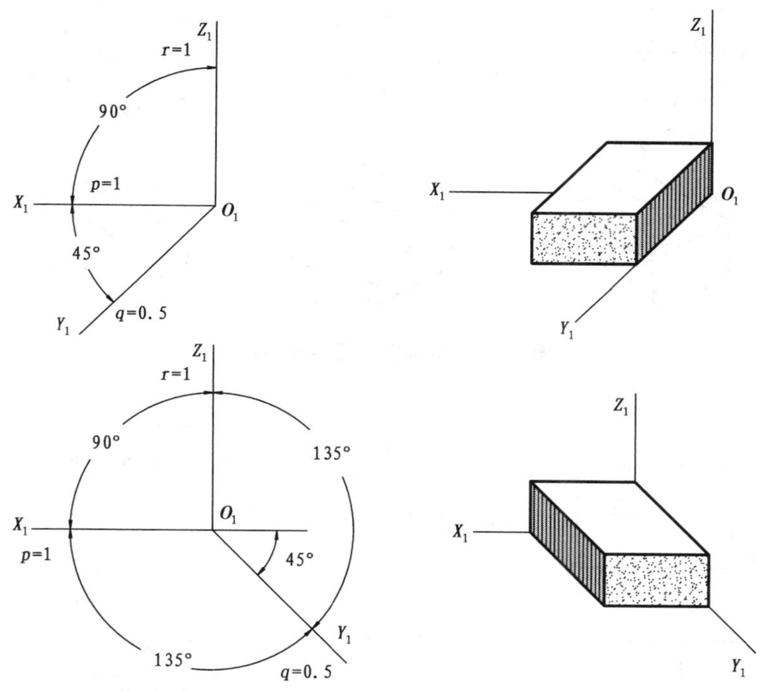

图 3-2-6　斜二轴测的轴测轴画法

（四）轴测投影的绘制

1. 画轴测投影图的基本步骤

（1）对所画物体进行形体分析，搞清原体的形体特征，选择适当的轴测图。对比较简单而规则的物体，选用正等轴测投影；对比较复杂或带有曲线的物体，选用斜二轴测投影。

（2）在原投影图上确定坐标轴和原点。

（3）绘制轴测图。画图时，先画轴测轴，作为坐标系的轴测投影，然后再逐步画出。

（4）选定比例，沿轴量取物体的尺寸，按比例在轴测图中相应位置截取相应的长度，根据空间平行线在轴测投影中仍平行的特性，确定图线方向，按关系连接所作的平行线，即完成轴测图底稿（底稿应轻、细、准）。

（5）加深轮廓线，擦去辅助线，即完成轴测图。

轴测图中一般只画出可见部分，必要时才画出不可见部分。

正等轴测图的绘制

2. 常用作图方法

1）坐标法

坐标法，即根据物体表面特征点的三个坐标量，按轴向伸缩系数的大小，在轴测投影面中画出各特征点，然后依次连接各点画出整个图形的方法，如图 3-2-7、图 3-2-8 所示。

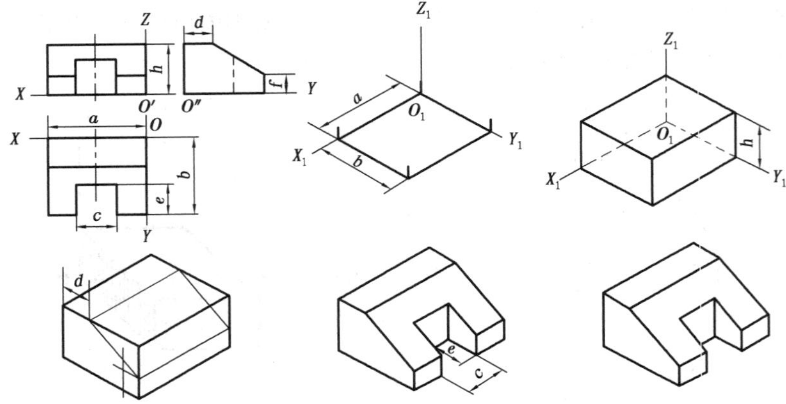

图 3-2-7　坐标法作正等轴测图

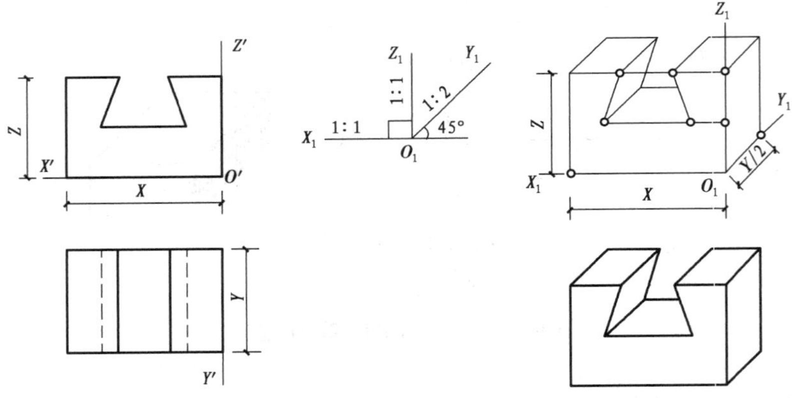

图 3-2-8　坐标法作斜二轴测图

2）叠加法

对于叠加型物体，将物体分成几个简单的形体，然后根据各形体之间的相对位置依次画出各部分的轴测图，这种画轴测图的方法称为叠加法。画这类物体的轴测图时，通常自下而上（从大到小）依照位置关系逐个叠加，如图 3-2-9 所示。

3）切割法

对于切割型物体，首先将物体看成一定形状的整体，并画出其轴测图，然后再按照物体的形成过程，逐一切割，相继画出被切割后的形状，这种方法称为切割法，如图 3-2-10 所示。

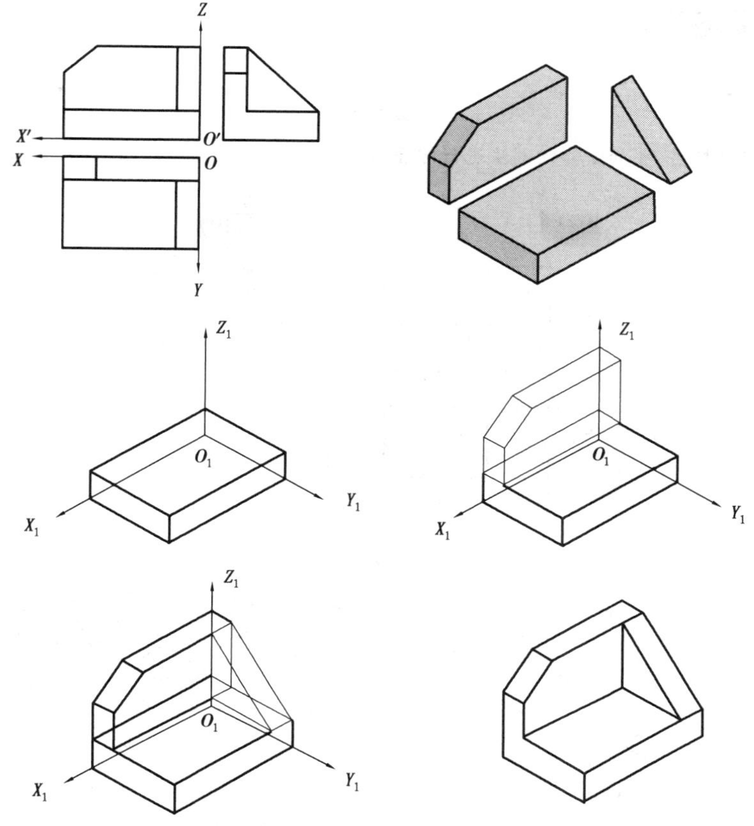

图 3-2-9　叠加法作组合体正等轴测图

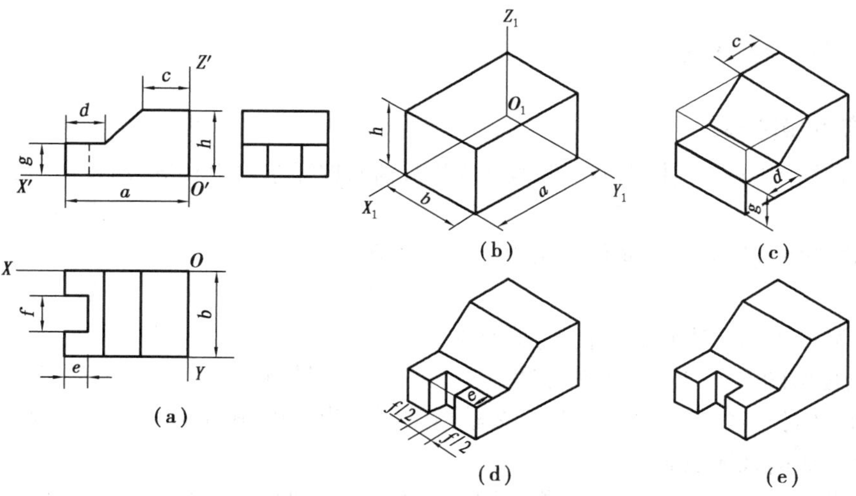

图 3-2-10　切割法作组合体正等轴测图

拓展与提高

综合法

综合法是用坐标法、叠加法和切割法进行综合作图,来绘制物体的轴测投影图,如图 3-2-11 所示。

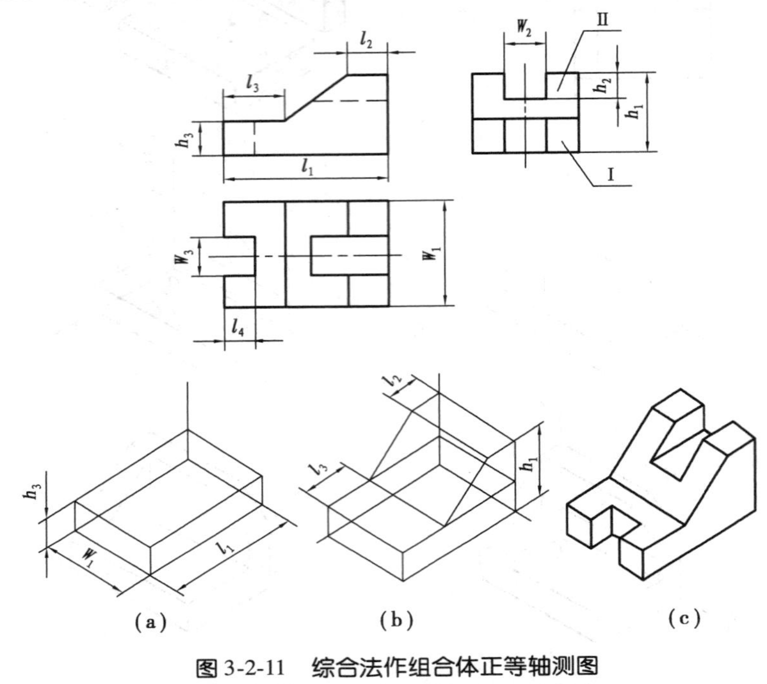

图 3-2-11 综合法作组合体正等轴测图

思考与练习

(一)单项选择题

1. 正等轴测图的三个轴间角相等,均为 120°,轴向伸缩系数也相等,通常简化为(　　)。

A. 1　　B. 2　　C. 3　　D. 4

2. 在斜二轴测投影中,轴向伸缩系数(　　)相等。

A. p、q　　B. p、r　　C. p、q、r　　D. q、r

3. 用轴测投影的方法画成的投影图,称为(　　)。

A. 轴测投影图　　B. 正轴测图　　C. 斜轴测图　　D. 正立面图

4. 当物体的长、宽、高三个方向的坐标轴与轴测投影面的倾斜角度相等,投射线与轴测投影面垂直所形成的轴测投影,称为(　　)。

A. 轴测投影图　　B. 正轴测投影图　　C. 斜轴测投影图　　D. 正立面图

（二）多项选择题

1. 下列对轴测投影的描述，正确的有（　　）。

A. 轴测图能同时反映物体三个方向的信息

B. 轴测投影分为中心投影和斜投影

C. 直线的分段比例在轴测投影中比例保持不变

D. 正等轴测的轴向伸缩系数为0.82，通常简化为1

E. 轴测图具有较强的立体感

2. 正等轴测投影的基本要素有（　　）。

A. 三个轴间角均为120°

B. 三个轴间角分别为90°、135°、135°

C. 轴向伸缩系数相等，均为0.82

D. 轴向伸缩系数相等，均为1

E. 轴向伸缩系数 $p=r=1, q=0.5$

3. 轴测投影分为（　　）。

A. 正轴测投影　　B. 斜轴测投影　　C. 平行投影

D. 中心投影　　E. 正投影

（三）判断题

1. 正等轴测的轴向伸缩系数为0.75。（　　）

2. 轴测投影图具有较强的立体感。（　　）

3. 空间平行的直线，其轴测投影不一定平行。（　　）

（四）作图题

请绘出下列图形的轴测图。

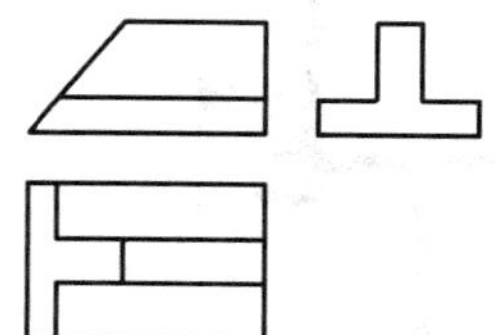

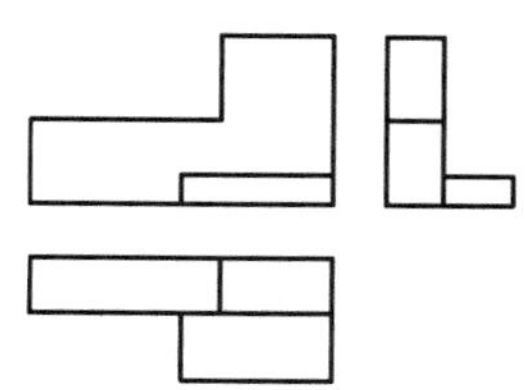

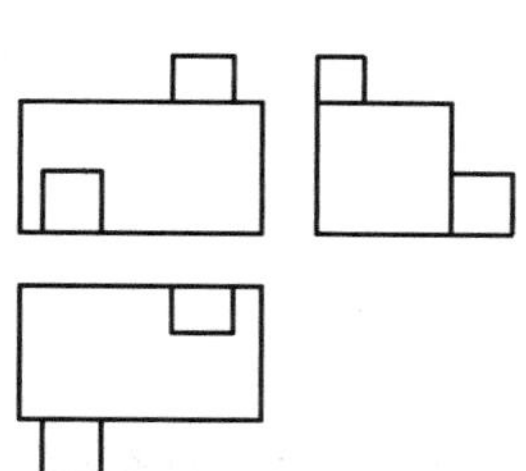

任务三　绘制剖面图与断面图

任务描述与分析

三面正投影图主要表达物体的外部形状和大小，但是物体内部的孔洞以及被外部遮挡的轮廓线则需要用虚线来表示。当形体内部的形状较复杂时，在投影中就会出现很多虚线，且虚线互相重叠或交叉，既不便于看图，又不利于标注尺寸，而且难以表达出形体的材料。在工程中，为了解决这个问题，常采用将形体剖开，然后再投影画出投影图（剖视图）的方法，如图 3-3-1 所示。

本任务的具体要求是：了解剖视图的形成及分类；理解剖面图、断面图的形成及分类；记住剖面图、断面图的剖切符号的组成、图线和线型的要求以及图名的注写；会绘制并识读形体的剖面图和断面图。

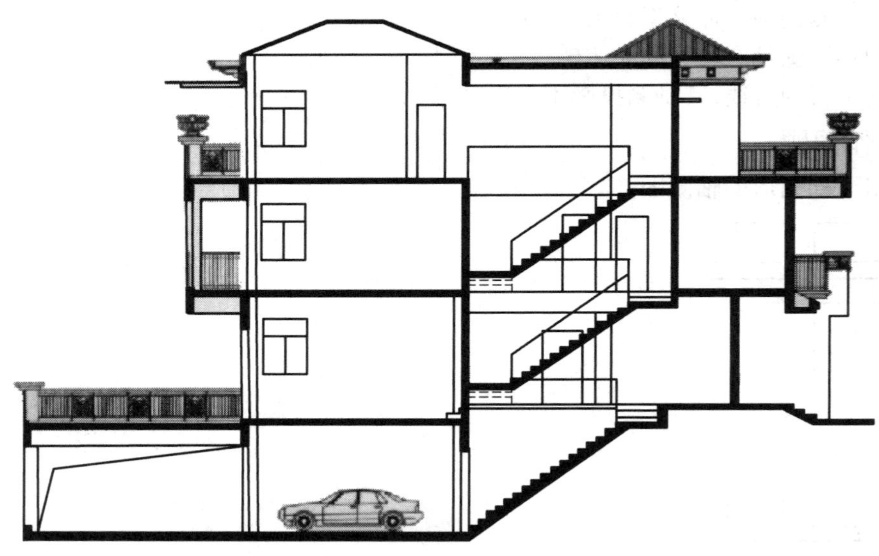

图 3-3-1　建筑物剖视图

知识与技能

（一）剖视图的形成及分类

1. 剖视图的形成

假想用一个剖切面剖开物体，将位于观察者和剖切面之间的部分移去，然后对剩余部分进行投影，这种方法称为剖视，如图 3-3-2(a)所示。用剖视方法画出的正投影图称为剖视图，如图 3-3-2(b)所示。

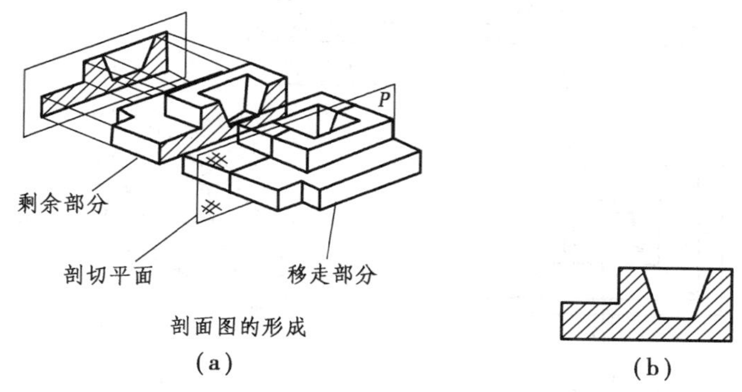

图 3-3-2　剖视图

2. 剖视图的分类

按表达的内容不同，剖视图分为剖面图和断面图。

(二)剖面图

1. 剖面图的形成

假想用一个剖切平面在物体的适当部位将物体剖切开，移去观察者和剖切平面之间的部分，对剩余部分向平行于剖切平面的投影面投影，所得到的图形称为剖面图，如图 3-3-2(b)所示。

2. 剖面图的类型

(1)全剖面图：用一个剖切平面将物体全部剖开所得到的剖面图称为全剖面图，如图 3-3-3 所示。

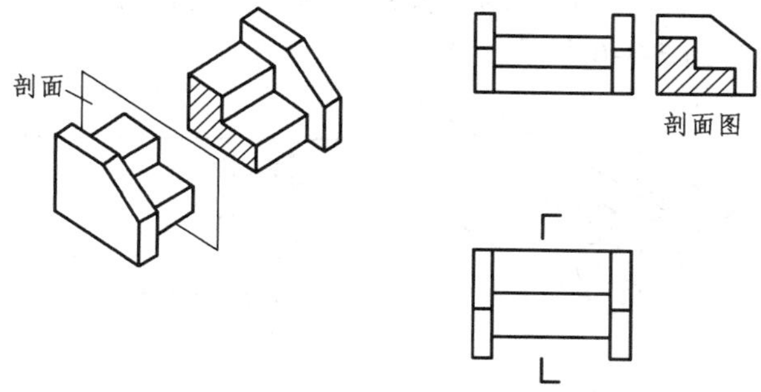

图 3-3-3　全剖面图

(2)半剖面图：对于对称物体，以图形对称轴为界限，一半直接画投影图，另一半画剖面图，这样构成的图形称为半剖面图，如图 3-3-4 所示。

(3)阶梯剖面图：用两个或两个以上相互平行的剖切面剖切物体所得到的剖面图称为阶梯剖面图，如图 3-3-5 所示。

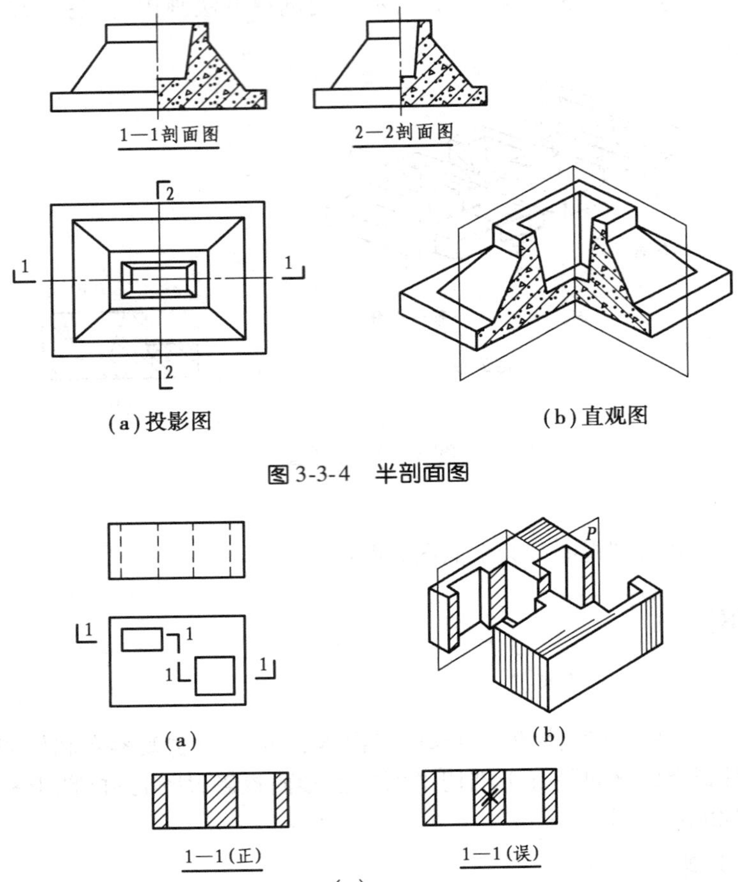

图 3-3-4　半剖面图

图 3-3-5　阶梯剖面图

(4)局部剖面图:保留原物体投影的部分外部形状,只将局部地方画成剖面图,这样的剖面图称为局部剖面图,如图 3-3-6 所示。

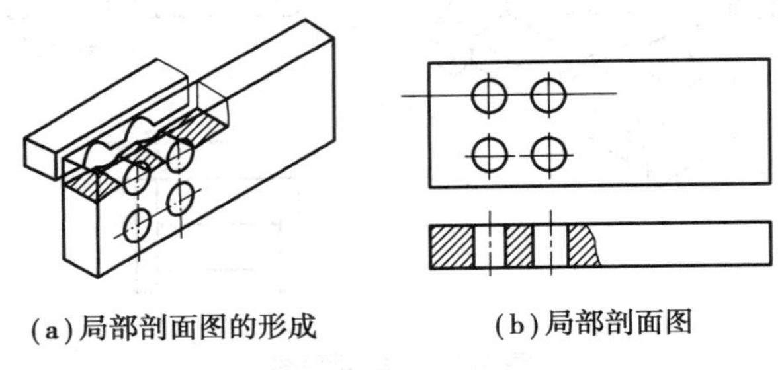

图 3-3-6　局部剖面图

3.剖切符号的组成

(1)剖切位置线:用一组不穿越其他图线的短粗实线表示剖切线,线段长度一般为 6 ~ 10 mm,如图 3-3-7 所示。

（2）剖视方向线：在剖切线的两端用另一组垂直于剖切位置线的短粗实线表示投射方向，线段长度一般为 4 ~6 mm，如图 3-3-7 所示。

（3）剖面图编号：在短线方向用阿拉伯数字注写剖切符号的编号，按剖切顺序由左至右、由下向上连续编排，如 1—1、2—2、3—3 等，如图 3-3-7 所示。

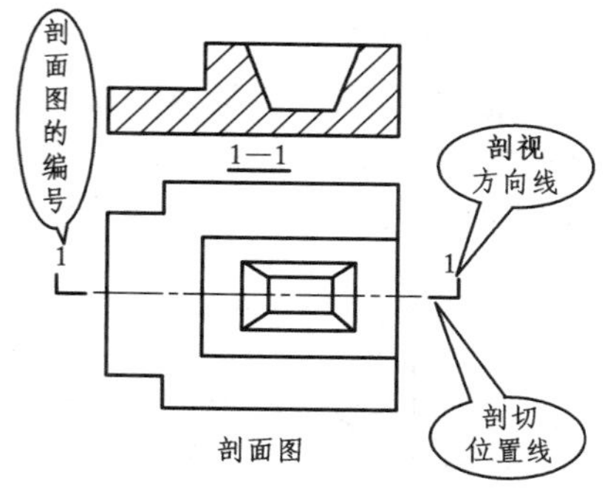

图 3-3-7　剖切符号的组成

4. 剖面图中的图线和线型要求

（1）因剖切而形成的新轮廓线，用粗实线表示；未剖切到但仍在剖视方向的可见轮廓线，用中粗实线表示；不可见的线不应画出。

（2）被剖切到的部分，按物体组成的材料画出剖面图例（以区分剖切到和未剖切到的部分），图例的画法按《房屋建筑制图统一标准》（GB/T 50001—2017）规定的常用建筑材料图例（见表 4-2-3），未注明物体材料的用 45°等间距细实线表示，不同物体用相反的 45°斜线区分。

5. 剖面图的图名注写

剖面图的图名是以剖面的编号来命名的，数字中间用 3 ~5 mm 短线连接，在下面画一粗实线表示，注写在剖面图的正下方，如图 3-3-4 所示 1—1 剖面图。

（三）断面图

断面图的形成

1. 断面图的形成

假想用一个剖切平面将物体剖切后，仅画出剖切平面与形体接触的部分的正投影图，称为断面图，简称断面，也称截面图。图 3-3-8 为钢筋混凝土 T 形梁的断面图。

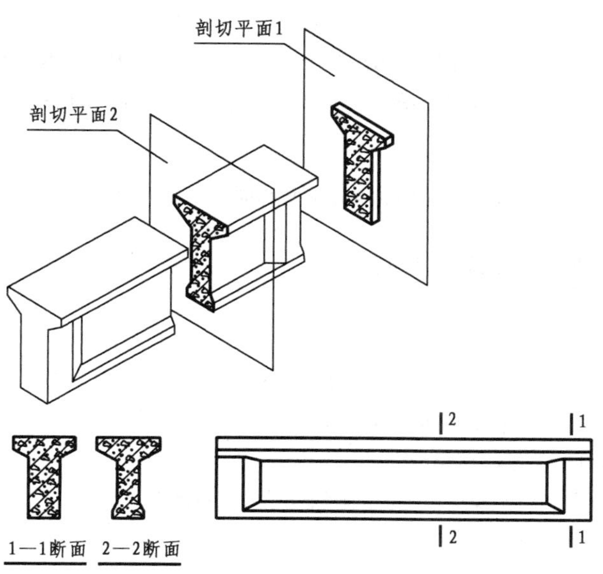

图 3-3-8　钢筋混凝土 T 形梁断面图

2. 断面图的种类

(1)移出断面图:将形体剖切后所形成的断面图,画在原投影图的外侧,如图 3-3-9 所示。

(2)重合断面图:将断面图直接画于投影图中,从左向右重合侧倒在原投影图上。当截面尺寸较小时,可以用 45°斜线或涂黑代替材料剖切图例,如图 3-3-10 所示。

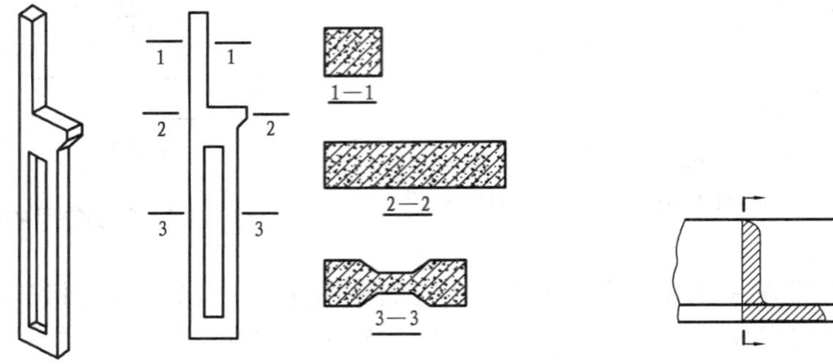

图 3-3-9　牛腿柱移出断面图　　图 3-3-10　重合断面图

(3)中断断面图:对于单一的长向构件,可在构件投影图的某一处用折断线断开,然后将断面图画于其中,不必画出断面剖切符号,但杆件按原长度尺寸标注,如图 3-3-11 所示。

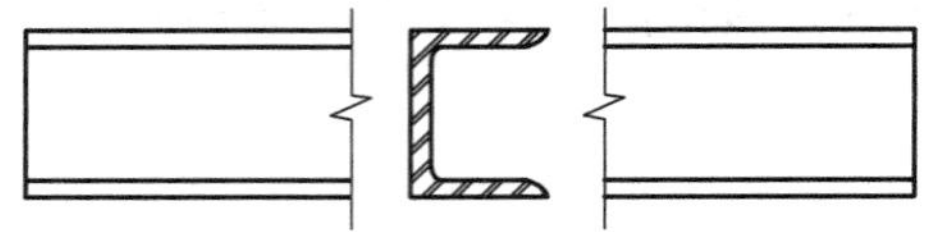

图 3-3-11　中断断面图

3. 断面图的标注

(1)断面剖切符号:断面的剖切符号应只用剖切位置线表示,剖切位置线用一组不穿越其他图线的粗实线表示,长度一般为 6 ~ 10 mm。

(2)断面图编号:断面剖切符号的编号一般采用阿拉伯数字,按顺序连续编排,并应注写在剖切位置线的一侧,编号所在的一侧应为该断面的剖视方向,如图 3-3-8 所示。

4. 断面图中的图线和线型要求

断面图的图线、线型、图名注写和材料图例的画法等,与剖面图相同。

(四)剖视图的绘制方法与步骤

剖面图的绘制

1. 画剖视图的方法

利用正投影方法对切割后的形体进行投影即可。

(1)画剖面图:不仅要画出物体与剖切面接触处的断面图形,还要画出剖视方向能见到的其他可见轮廓线的投影。

断面图的绘制

(2)画断面图:只画出物体与剖切面接触处的断面图形。

2. 画剖视图的基本步骤

(1)由剖视方向画出所有轮廓线的投影底稿(底稿应轻、细、准);

（2）根据剖面图和断面图的要求，擦去多余的线条，加深需要的线条；
（3）根据材料画出图例或45°斜线；
（4）标注图名、比例等相关信息，即完成画图过程。

拓展与提高

剖面图与断面图的联系

（一）剖面图与断面图的相同点

（1）都要画出物体与剖切面接触处的断面图形。

（2）图线、线型、图名注写和材料图例的画法相同。

（二）剖面图与断面图的不同点

（1）断面图只画出物体与剖切面接触处的断面图形；剖面图不仅要画出物体与剖切面接触处的断面图形，还要画出剖视方向能见到的其他可见轮廓线的投影，如图3-3-12所示。

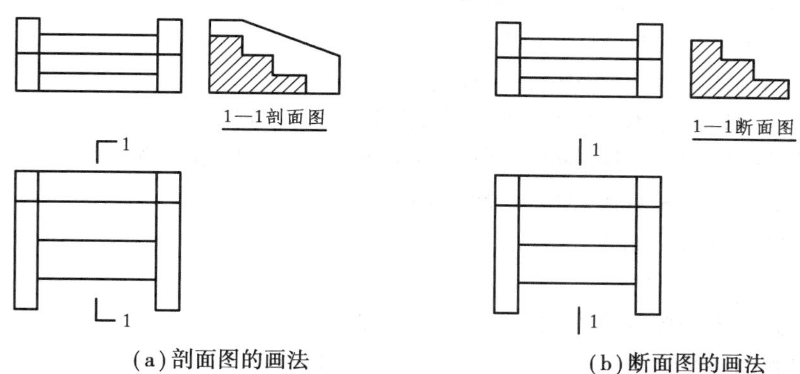

（a）剖面图的画法　　（b）断面图的画法

图3-3-12　剖面图与断面图的对比图

（2）剖切符号的表达不同。剖面图用剖切位置线、剖视方向线和编号来表示；断面图则只画剖切位置线和编号，用编号的注写位置来代表投射方向。

（3）剖面图可用两个或两个以上的剖切平面进行剖切；断面图的剖切平面通常只能是单一的。

思考与练习

（一）单项选择题

1. 剖面图剖切到的外轮廓线用（　　）表示。

A. 细实线　　B. 粗实线　　C. 点画线　　D. 45°斜线

2. 把物体某一部分剖切后画在原投影图外侧的断面图，称为（　　）。

A. 移出断面图　　B. 重合断面图　　C. 中断断面图　　D. 变形断面图

3. 把物体剖切后所形成的断面，从左向右重合侧倒在原投影图上，称为（　　）。

A. 移出断面图　　B. 重合断面图　　C. 中断断面图　　D. 变形断面图

(二)多项选择题

1. 剖面图的类型有(　　)。

A. 全剖面图　　B. 半剖面图　　C. 局部剖面图

D. 中断剖面图　　E. 阶梯剖面图

2. 下列关于剖切符号的叙述,正确的有(　　)。

A. 剖面图的剖切符号由剖切位置线、剖视方向线和剖面图编号组成

B. 断面图的剖切符号由剖切位置线和断面编号表示

C. 剖切面的编号只能用阿拉伯数字注写

D. 剖切符号不应与其他图线接触

E. 断面图的剖切符号由剖切位置线和剖视方向线组成

3. 下列属于断面图的有(　　)。

A. 局部剖面图　　B. 中断断面图　　C. 重合断面图

D. 移出断面图　　E. 阶梯断面图

4. 下列关于剖切符号的描述,错误的有(　　)。

A. 断面图的剖切符号由剖切位置线和剖视方向线组成

B. 断面图的剖切符号编号应注写在该断面剖视方向一侧

C. 需要转折的剖切位置线,应在转角处外侧加注与该符号相同的编号

D. 剖面图的剖切符号只用剖切位置线表示

E. 剖切符号可以与其他图线接触

5. 下列叙述正确的有(　　)。

A. 断面图只画出物体与剖切面接触处的投影图

B. 断面图的剖切符号包括剖切位置线和剖视方向线

C. 剖面图只画出物体与剖切面接触处的投影图

D. 剖面图不仅要画出物体与剖切面接触处的投影图,还要画出剖视方向能见到的其他可见轮廓线的投影

E. 剖面图的剖切符号不包括剖视方向线

(三)判断题

1. 全剖面图就是用一个剖切平面将物体全部剖开所得到的剖面图。(　　)

2. 剖面图的剖视方向用 6 ~ 10 mm 的粗实线表示。(　　)

3. 剖切符号可以与其他图线相交接触。(　　)

考核与鉴定三

(一)单项选择题

1. 由两个或两个以上的简单几何体组成的物体称为(　　)。

A. 整合体　　B. 组合体　　C. 混合体　　D. 曲面体

2. 既叠加又切割而成的组合体称为(　　)。

A. 综合组合　　B. 切割组合　　C. 叠加组合　　D. 随意组合

3. 画简单几何体的正投影图时,应(　　)。

A. 先小后大,先上后下　　B. 先大后小,先下后上

C. 先小后大,先下后上　　D. 先大后小,先上后下

4. 关于组合体投影图中交线的问题,下列说明中错误的是(　　)。

A. 两个形体连接在一起,它们之间产生的交线,其投影图中必然也有交线

B. 当两个平面接成一个平面时,它们之间就没有交线

C. 平面组合体各形体之间的交线,其投影规律与直线的投影规律相同

D. 当组合体投影图中的交线为不可见时,应该用虚线绘制

5. 当物体两个方向的坐标轴与轴测投影面平行,投射线与轴测投影面倾斜所形成的轴测投影,称为(　　)。

A. 轴测投影图　　B. 正轴测投影图　　C. 斜轴测投影图　　D. 正立面图

6. (　　)是根据物体表面特征点的三个坐标量,按轴向伸缩系数的大小在轴测投影面中画出各特征点,然后依次连接各点画出整个图形的方法。

A. 坐标法　　B. 叠加法　　C. 切割法　　D. 重合法

7. 某些物体常常是由若干个简单几何体叠加组合而成,画这类物体的轴测图时,把几个物体自下而上依照位置关系依次叠加添画的方法,称为(　　)。

A. 坐标法　　B. 叠加法　　C. 切割法　　D. 重合法

8. 将组合体视为一个完整的简单几何体,先画出它的轴测图,然后依照位置和尺寸将多余部分切割掉得到组合体的轴测图的方法,称为(　　)。

A. 坐标法　　B. 叠加法　　C. 切割法　　D. 重合法

9. 断面图是物体被剖切后对断面的(　　)。

A. 中心　　B. 平行　　C. 正投影　　D. 斜投影

10.【1+X 证书考试真题】由曲面或由曲面和平面围成的立体称为(　　)。

A. 棱柱体　　B. 曲面体　　C. 圆台体　　D. 球体

11.【1+X 证书考试真题】在轴测投影中,轴测轴与空间直角坐标轴单位长度之比称为(　　)。

A. 变形值　　B. 变形系数　　C. 轴间角　　D. 变形率

12.【1+X 证书考试真题】通常断面图的剖切位置线绘制成粗实线,长度宜为(　　)mm。

A. 2 ~ 4　　B. 4 ~ 6　　C. 6 ~ 10　　D. 10 ~ 12

(二)多项选择题

1. 平面体包括(　　)。

A. 长方体　　B. 圆柱　　C. 曲面体　　D. 斜面体

E. 矩形

2. 下列属于常见曲面体的有(　　)。

A. 圆台　　B. 圆柱　　C. 圆锥　　D. 四棱台

E. 圆

3. 在轴测图的画法中,常用的作图方法是(　　)。

A. 坐标法　B. 叠加法　C. 综合法　D. 切割法

4.【1+X 证书考试真题】由若干平面围成的立体称为平面体，工程上常见的平面体有(　　)等。

A. 圆柱体　B. 棱柱体　C. 棱锥体　D. 棱台体

5.【1+X 证书考试真题】为便于分析，按形体组合特点，可将组合体分为(　　)。

A 切割型　B. 综合型　C. 组合型　D. 叠加型

6.【1+X 证书考试真题】轴测投影分为(　　)。

A. 正轴测投影　B. 正二测投影

C. 斜轴测投影　D. 正三测投影

7.【1+X 证书考试真题】剖面图的剖切方法要根据形体的内部和外部形状来选择，一般有(　　)等四种。

A. 全剖面图　B. 阶梯剖面图

C. 半剖面图　D. 局部剖面图

8.【1+X 证书考试真题】在画全剖面图时，要标注出(　　)等内容。

A. 剖切位置线　B. 投射方向线　C. 编号　D. 位置

9.【1+X 证书考试真题】根据断面图布置位置不同，可将断面图分为(　　)。

A. 移出断面图　B. 重合断面图　C. 全断面图　D. 中断断面图

(三)判断题

1. 圆柱属于平面体。(　　)

2. 四棱台属于平面体。(　　)

3. 由两个或两个以上的简单几何体组成的物体称为混合体。(　　)

4. 斜二轴测投影的三个轴间角均为 120°。(　　)

5.【1+X 证书考试真题】由曲面围成的立体称为曲面体，如圆柱体、圆锥体、球体等。(　　)

6.【1+X 证书考试真题】识读组合体投影图的要领是：必须将几个投影图联系起来看，必须掌握投影图上每条图线、每个线框的含义。(　　)

7.【1+X 证书考试真题】识读组合体投影图的方法是形体分析法。(　　)

8.【1+X 证书考试真题】形体上平行于轴测投影面的平面，在轴测投影图中不反映实形。(　　)

9.【1+X 证书考试真题】在剖面图和断面图中，要将被剖切的断面部分画上材料图例表示材质。(　　)

(四)作图题

1. 绘出三棱锥的三面投影图。

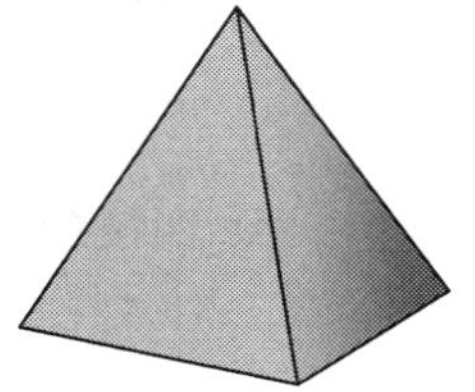

2. 请分别画出下图的三面正投影图。

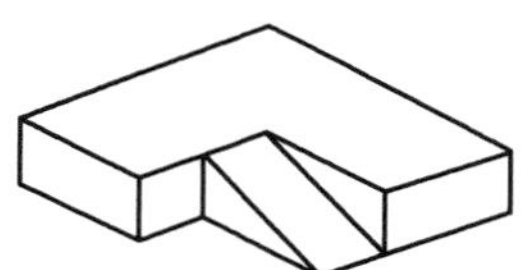

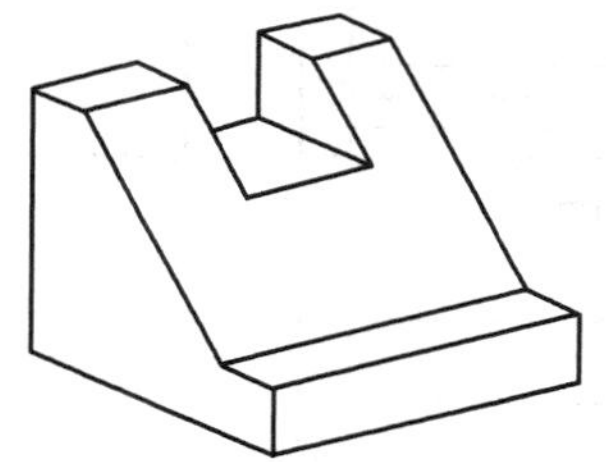

3. 根据投影图画出正等轴测图。

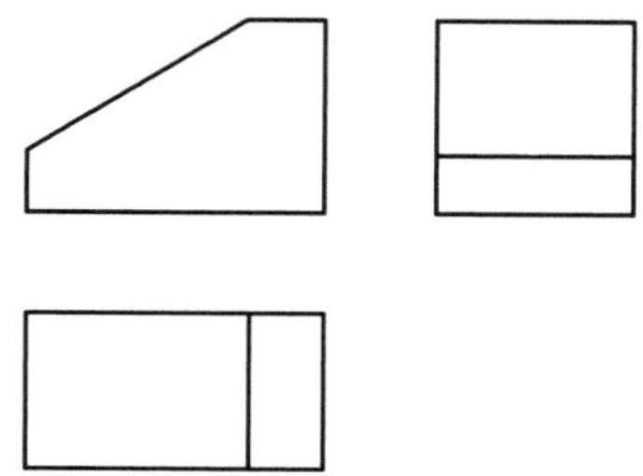

4. 根据投影图画出斜二轴测图。

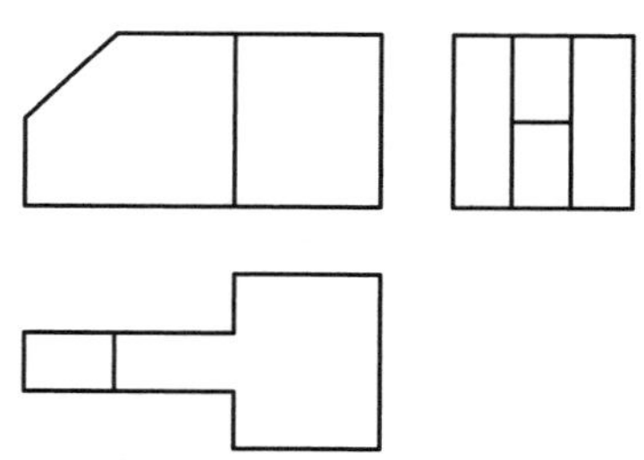

5. 补全下面的三面投影图,然后再画出正等轴测图。

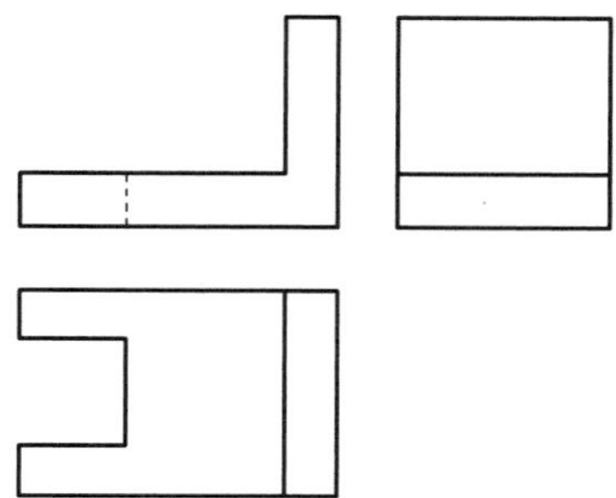

6. 画出下图 1—1 的断面图。

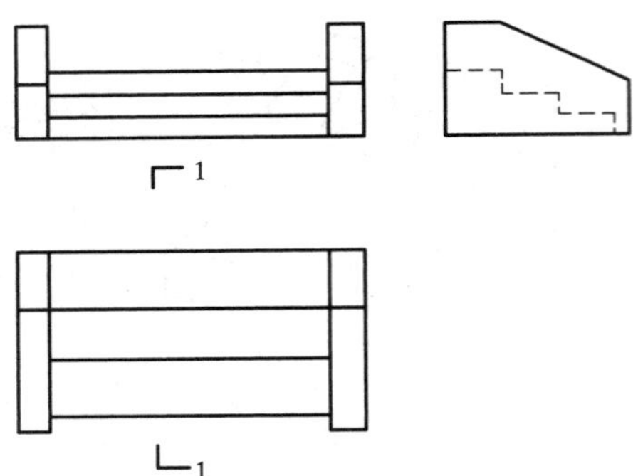

7. 画出下图 1—1、2—2 的剖面图。

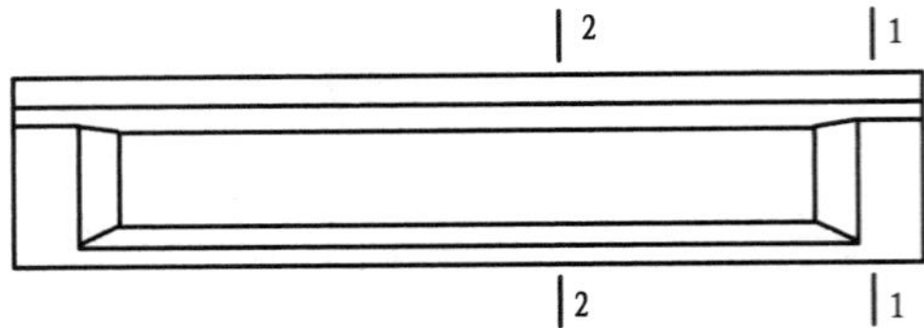

8. 根据下图作 2—2 的剖面图和断面图。

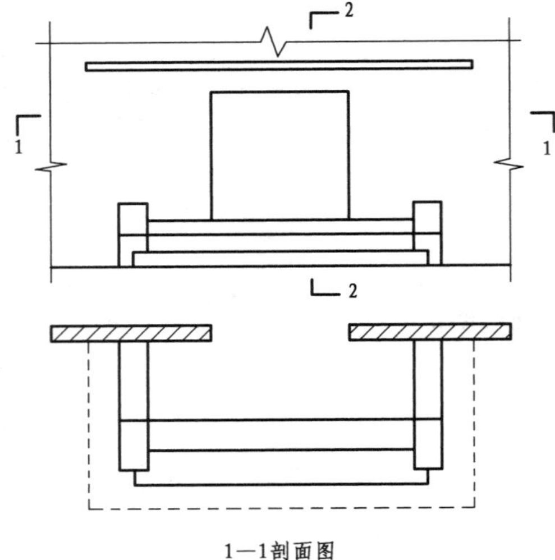

1—1剖面图

模块四　了解建筑工程图

绘制一套完整的建筑工程图，需要遵循各种制图标准，才能保证所绘制出的图样规范、准确，才能准确无误地识读工程图，也才能保证工程施工各个环节的质量。本模块主要学习建筑工程图的相关知识，主要有三个任务，即认识建筑工程图的形成与分类，了解建筑工程图的图例符号，了解建筑工程图的识读方法。

学习目标

(一)知识目标

1. 了解建筑工程图的形成、分类和作用；
2. 了解建筑工程图的识读方法。

(二)技能目标

能识读建筑工程图的常用材料图例和符号。

(三)职业素养目标

1. 养成科学合理、统筹安排的学习及工作习惯；
2. 培养科学严谨对待专业知识的意识。

任务一　认识建筑工程图的形成与分类

任务描述与分析

建筑物是人们生产、生活、工作和学习等各种活动的场所，与人类的生活密切相关。建造一栋房屋是一个复杂的工程，需要经过设计和施工两个阶段。图 4-1-1 和图 4-1-2 为重庆国泰艺术中心的效果图和总平面图。那么建筑工程图究竟是怎么来的呢？本任务主要学习建筑工程图的形成与分类，要求学生理解并能描述建筑工程图的形成、分类和作用。

图 4-1-1　重庆国泰艺术中心效果图

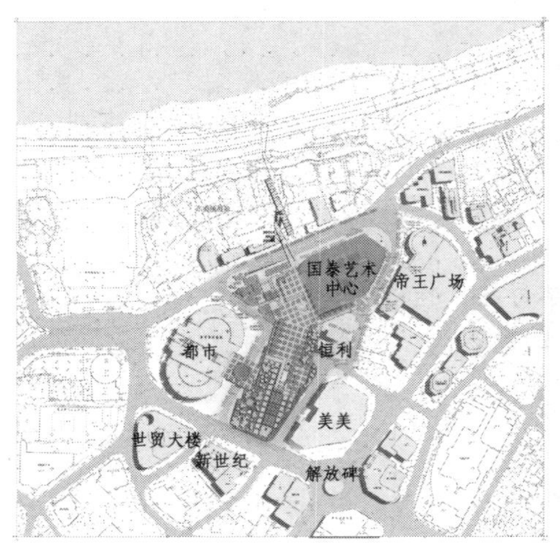

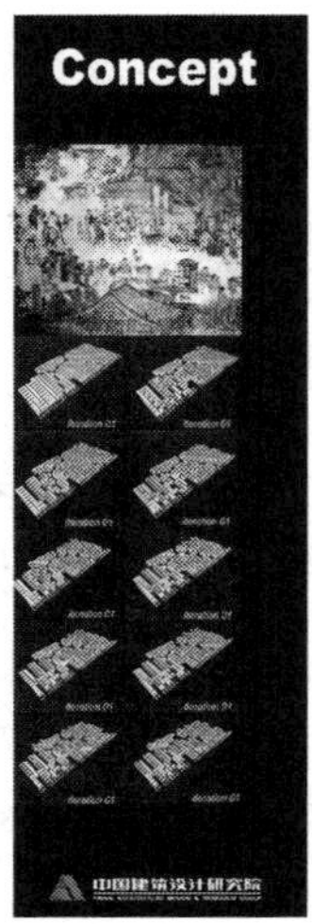

图 4-1-2　重庆国泰艺术中心总平面图

知识与技能

(一)建筑工程图的形成

建筑工程图是建筑设计人员把将要建造的房屋的造型和构造情况，经过合理的布置、计算，各个工种之间进行协调配合而画出的施工图纸。

根据《建筑工程设计文件编制深度规定》(2016 版)，建筑工程一般分为方案设计、初步设计和施工图设计三个阶段；对于技术要求相对简洁的民用建筑工程，当有关主管部门在初步设计阶段没有审查要求，且合同中没有做初步设计的约定时，可在方案设计审批后直接进入施工图设计。

1. 方案设计阶段

方案设计阶段的主要任务是提出设计方案，即根据设计任务书的要求和收集到的必要基础资料，结合基地环境，综合考虑技术经济条件和建筑艺术的要求，对建筑总体布置、空间组合进行可行与合理的安排，提出两个或多个方案供建设单位选择。

方案设计文件有：

(1)设计说明书：主要包括设计依据、设计要求及主要技术经济指标，总平面设计说明，建筑、结构、电气、暖通等各专业设计说明，以及投资估算文件等。

(2)总平面设计图纸：包括场地的区域位置，场地的范围，场地内及四邻环境的反映，场地内拟建道路、停车场、广场、绿地及建筑物的布置，拟建主要建筑物的名称、出入口位置、层数、建筑高度、设计标高，以及主要道路、广场的控制标高，指北针或风玫瑰图、比例，根据需要绘制反映方案特性的分析图，如功能分区、交通分析、日照分析等。

(3)建筑设计图纸：包括建筑平面图、立面图、剖面图，主要反映建筑总尺寸，开间、进深尺寸，结构受力体系中的柱网、承重墙位置和尺寸，主要使用房间的名称，各层楼地面标高、屋面标高，建筑立面处理等。

(4)设计委托或设计合同中规定的透视图、鸟瞰图、模型等。

2. 初步设计阶段

建筑初步设计需要在保证方案设计效果的前提下，统筹解决结构、水电、设备、暖通、消防、幕墙以及绿建这七大方面与设计方案平面、立面上的冲突问题，以使设计方案具有很好的可实施性，并把需要进行方案调整的内容都在初步设计阶段完成。目标是尽力保证施工图绘制阶段顺利进行，并在此阶段不再调整设计方案，减少施工图绘制过程中的无效工作量。

初步设计文件有：

(1)设计说明书：包括设计总说明、各专业设计说明。对于涉及建筑节能、环保、绿色建筑、人防、装配式建筑等，其设计说明应有相应的专项内容。

(2)有关专业的设计图纸，如建筑、结构、电气专业图纸等。

(3)主要设备或材料表。

(4)工程概算书。

(5)有关专业计算书(计算书不属于必须交付的设计文件,但应按本规定相关条款的要求编制)。

3. 施工图设计阶段

施工图设计阶段的主要任务是满足施工要求,即在初步设计的基础上,综合建筑、结构、设备各工种,相互交底、核实核对,深入了解材料供应、施工技术、设备等条件,把满足工程施工的各项具体要求反映在图纸中,做到整套图纸齐全统一、明确无误。

施工图设计文件有:

(1)建筑施工图中的总平面图、平面图、立面图、剖面图、建筑详图等。

(2)结构施工图中的基础平面图及详图、楼层平面图及详图、结构构造节点详图等。

(3)给水排水施工图、采暖通风施工图、电气施工图等。

(4)建筑、结构及设备等的说明书。

(5)结构及设备计算书。

(6)工程预算书等。

(二)建筑工程图的分类及作用

一套完整的建筑工程图,除了图纸目录、设计总说明等外,应包括以下图纸:

1. 建筑施工图

建筑施工图(简称建施图)主要表明建筑物的外部形状、内部布置、装饰、构造、施工要求等。它包括首页图、总平面图、平面图、立面图、剖面图和建筑详图(楼梯、墙身、门窗等详图)等。

2. 结构施工图

结构施工图(简称结施图)主要表明建筑物的承重结构构件的布置和构造情况。它包括基础结构施工图、楼(屋)盖结构施工图、构件详图等。

3. 设备施工图

设备施工图(简称设施图)包括给水排水施工图、采暖通风施工图、电气照明施工图等。它一般由平面图、系统图和详图等组成。

拓展与提高

建筑 BIM 正向设计应用

传统建筑设计都是依靠纸张或计算机软件制作建筑二维施工图,需要相关人员有较强的识图能力,对施工人员的要求较高。工程施工过程中多个专业都受施工现场、专业协调、技术差异等因素的影响,缺乏协调性和良好的配合度,或因图纸错误、施工人员水平等原因导致很多难以预见的问题接踵而至。施工进度、施工质量受到较大影响,建造成本也相应增加。

区别于传统建筑设计，建筑 BIM 正向设计利用 BIM 技术平台（广泛应用 AutoDesk 公司的 Revit 软件），各专业协同建立模型和共享模型信息，具有可视化、参数化、智能化的特征。例如，应用净高控制检查、精确预留预埋，并对施工过程进行模拟，可以事先协调各种问题，减少返工，节约成本；同时，减少因沟通造成的协调问题，实现建筑企业经济效益的最大化。

建筑 BIM 正向设计的项目模型也能够达到施工图出图要求，能随时根据需要导出相应的施工图，并且其成图精度和规范程度远高于基于二维设计的传统施工图。随着我国科学技术的不断发展与进步，BIM 技术已经被广泛应用到建筑施工图设计中，并取得了良好的效果。

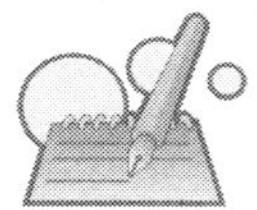

思考与练习

（一）单项选择题

1. 建筑设计通常分为方案设计、（　　）和施工图设计三个阶段。

A. 施工图设计　　B. 技术设计　　C. 规划设计　　D. 初步设计

2. 在初步设计阶段做出来的图纸可以作为（　　）的依据。

A. 预算　　B. 概算　　C. 决算　　D. 施工

3. 在施工图设计阶段做出来的图纸可以作为（　　）的依据。

A. 预算　　B. 概算　　C. 决算　　D. 施工

（二）多项选择题

1. 对于建筑工程图的设计阶段，表达正确的是（　　）。

A. 进行两阶段设计是不复杂的建筑物

B. 对于较为复杂的建筑物都要进行三阶段设计

C. 施工图设计阶段和方案设计阶段在设计中是必不可少的

D. 不管复杂与否，建筑工程图都必须按三阶段设计

E. 以上都正确

2. 下列属于建筑施工图的有（　　）。

A. 建筑总平面图　　B. 立面图　　C. 构件详图

D. 剖面图　　E. 建筑平面图

（三）判断题

1. 在初步设计阶段做出来的图纸可以作为预算的依据。（　　）

2. 初步设计不能作为施工的依据。（　　）

3. 施工图设计阶段的图纸可以和初步设计阶段的图纸在平面布置上有所不同。（　　）

4. 一套完整的建筑工程图纸，除了图纸目录、设计总说明外，还应有建筑施工图、结构施工图和设备施工图。（　　）

任务二 了解建筑工程图的图例符号

任务描述与分析

建筑工程图(图4-2-1、图4-2-2)中有许多符号,也有许多类型的图线,不同的图线和符号都有它们特定的意义,为了保证图面质量,提高制图与识图的效率,国家制图标准对这些图线和符号都进行了规范。因此,要制图与识图就必须先了解国家制图标准的规定。

本任务的具体要求是:能识别建筑工程图中常用的符号以及图例,并能较为准确地将这些常用符号和图例绘制出来。

图4-2-1 施工现场

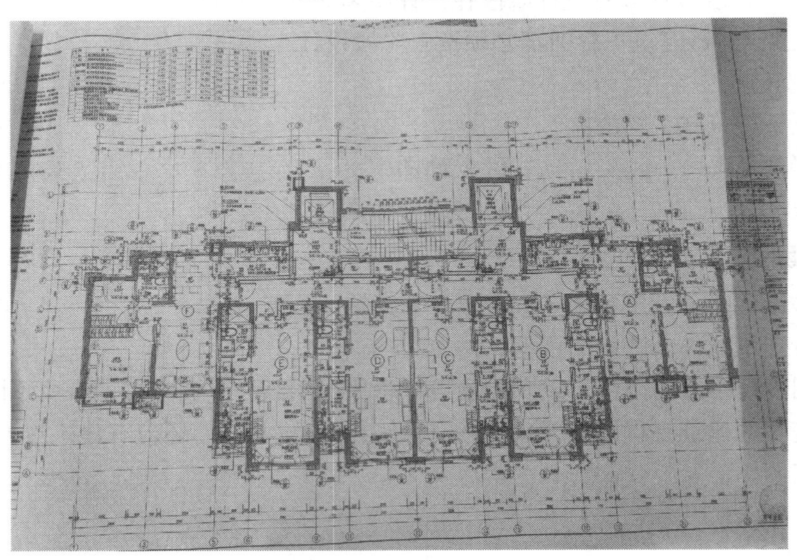

图4-2-2 建筑工程图

知识与技能

绘制建筑施工图的基本规定

(一)图线

建筑工程图对图线的具体要求,见表4-2-1。

表4-2-1　图线及用途(GB/T 50104—2010)

名　称		线　型	线　宽	用　途
实线	粗		b	1. 平、剖面图中被剖切的主要建筑构造(包括构配件)的轮廓线; 2. 建筑立面图或室内立面图的外轮廓线; 3. 建筑构造详图中被剖切的主要部分的轮廓线; 4. 建筑构配件详图中的外轮廓线; 5. 平、立、剖面的剖切符号
	中粗		$0.7b$	1. 平、剖面图中被剖切的次要建筑构造(包括构配件)的轮廓线; 2. 建筑平、立、剖面图中建筑构配件的轮廓线; 3. 建筑构造详图及建筑构配件详图中的一般轮廓线
	中		$0.5b$	小于$0.7b$的图形线、尺寸线、尺寸界线、索引符号、标高符号、详图材料做法引出线、粉刷线、保温层线、地面、墙面的高差分界线等
	细		$0.25b$	图例填充线、家具线、纹样线等
虚线	中粗		$0.7b$	1. 建筑构造详图及建筑构配件不可见的轮廓线; 2. 平面图中的起重机(吊车)轮廓线; 3. 拟建、扩建建筑物轮廓线
	中		$0.5b$	投影线、小于$0.5b$的不可见轮廓线
	细		$0.25b$	图例填充线、家具线等
单点长画线	粗		b	起重机(吊车)轨道线
	细		$0.25b$	中心线、对称线、定位轴线
折断线	细		$0.25b$	部分省略表示时的断开界线
波浪线	细		$0.25b$	1. 部分省略表示时的断开界线,曲线形构间断开界线; 2. 构造层次的断开界线

注:地平线宽可用$1.4b$。

(二)比例

建筑工程图中常用的比例见表 4-2-2。

表 4-2-2 常用比例

图 名	比 例
总平面图	1∶500、1∶1 000、1∶2 000
建筑物或构筑物的平面图、立面图、剖面图	1∶50、1∶100、1∶150、1∶200、1∶300
建筑物或构筑物的局部放大图	1∶10、1∶20、1∶25、1∶30、1∶50
配件及构造详图	1∶1、1∶2、1∶5、1∶10、1∶15、1∶20、1∶25、1∶30、1∶50

(三)定位轴线

1. 定位轴线的线型与编号

定位轴线是设计和施工中定位、放线的依据,应用 0.25b 线宽的单点长画线绘制。

定位轴线应编号,编号应注写在轴线端部的圆内。圆应用 0.25b 线宽的实线绘制,直径宜为 8~10 mm。定位轴线圆的圆心应在定位轴线的延长线上或延长线的折线上。除较复杂需采用分区编号或圆形、折线形外,平面图上定位轴线的编号宜标注在图样的下方及左侧,或在图样的四面标注。横向编号应用阿拉伯数字,从左至右顺序编写;竖向编号应用大写英文字母,从下至上顺序编写,如图 4-2-3 所示。

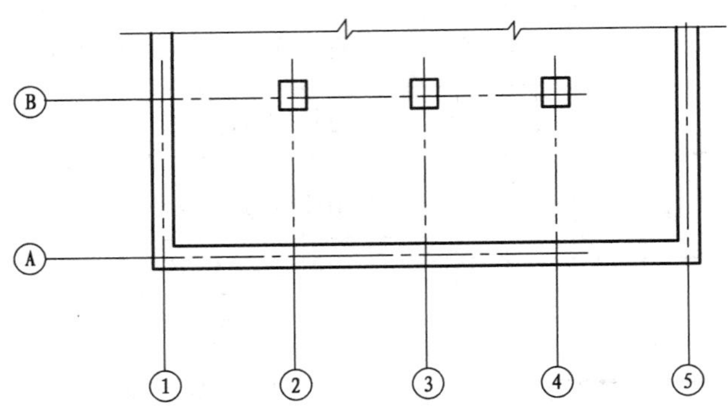

图 4-2-3 定位轴线的编号顺序

英文字母作为轴线号时,应全部采用大写字母,不应用同一个字母的大小写来区分轴线号。英文字母的 I、O、Z 不得用作轴线编号。当字母数量不够使用时,可增用双字母或单字母加数字注脚。

组合较复杂的平面图中,定位轴线也可采用分区编号。编号的注写形式应为"分区号-该分区定位轴线编号"。分区号宜采用阿拉伯数字或大写英文字母表示,如图 4-2-4 所示。

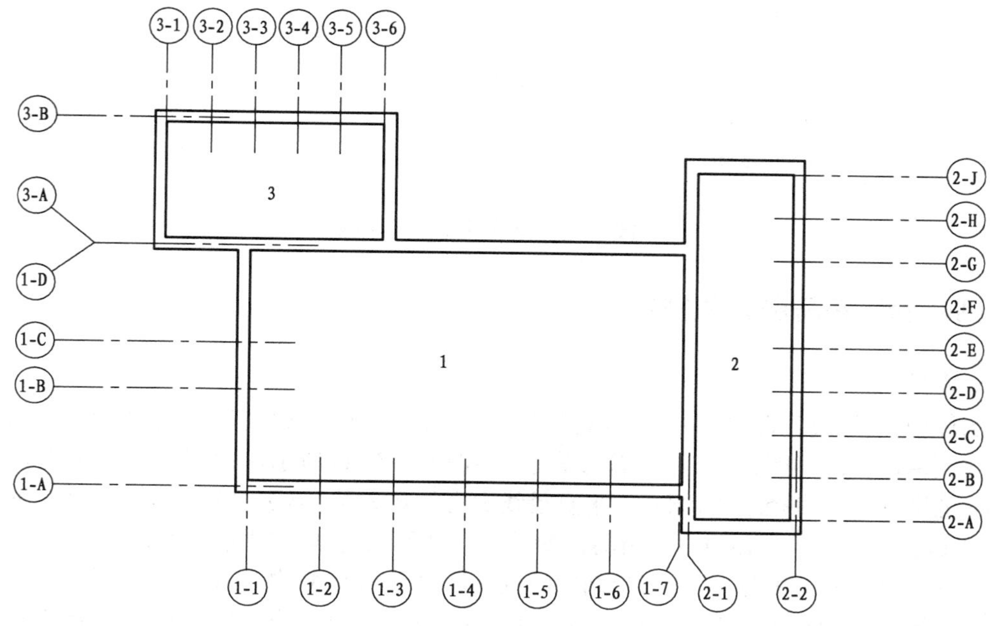

图 4-2-4　定位轴线的分区编号

2. 附加定位轴线

对于非承重墙及次要的承重构件,有时用附加定位轴线表示其位置。附加定位轴线的编号应以分数形式表示,并应符合下列规定:

(1)两根轴线间的附加轴线,应以分母表示前一轴线的编号,分子表示附加轴线的编号,编号宜用阿拉伯数字顺序编写,如图 4-2-5 所示。

(2)1 号轴线或 A 号轴线之前的附加轴线的分母应以 01 或 0A 表示,如图 4-2-5 所示。

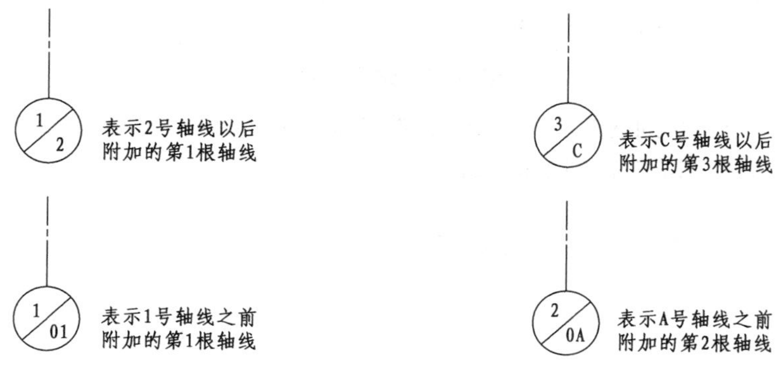

图 4-2-5　附加定位轴线

3. 详图中的定位轴线

一个详图适用于几根轴线时,应同时注明各有关轴线的编号,如图 4-2-6 所示。

另外,通用详图中的定位轴线,应只画圆,不注写轴线编号。

图 4-2-6　详图中的定位轴线

(四)索引符号和详图符号

1. 索引符号

图样中的某一局部或构件无法表达清楚时,通常需要将原图样用大比例放大成详图,为了快速找到原图样的详图,应以索引符号索引,如图 4-2-7(a)所示。索引符号应由直径为 8 ~ 10 mm 的圆和水平直径组成,圆及水平直径线宽宜为 0.25b。索引符号应按下列规定编写:

(1)索引出的详图,如与被索引的详图同在一张图纸内,应在索引符号的上半圆中用阿拉伯数字注明该详图的编号,并在下半圆中间画一段水平细实线,如图 4-2-7(b)所示。

(2)索引出的详图,如与被索引的详图不在同一张图纸内,应在索引符号的上半圆中用阿拉伯数字注明该详图的编号,在索引符号的下半圆中用阿拉伯数字注明该详图所在图纸的编号,如图 4-2-7(c)所示。数字较多时,可加文字标注。

(3)索引出的详图,如采用标准图,应在索引符号水平直径的延长线上加注该标准图集的编号,如图 4-2-7(d)所示。需要标注比例时,文字应在索引符号右侧或延长线下方,与符号下对齐。

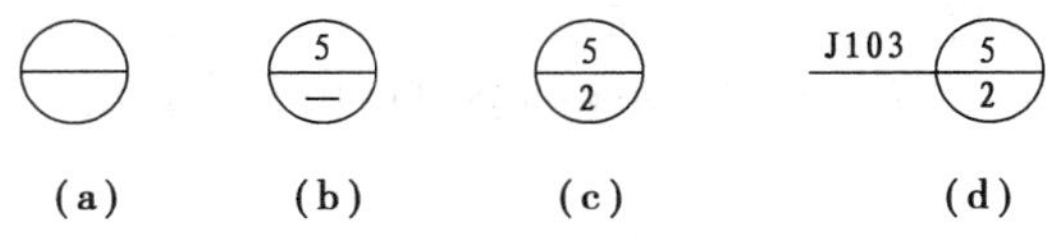

图 4-2-7　索引符号

索引符号如用于索引剖视详图,应在被剖切的部位绘制剖切位置线,并以引出线引出索引符号,引出线所在的一侧应为剖视方向,如图 4-2-8 所示。

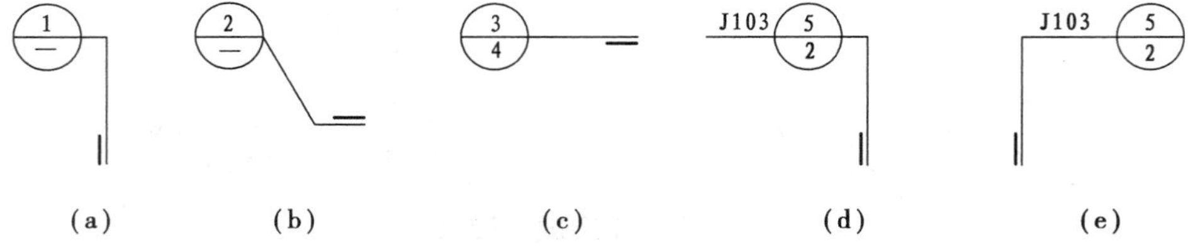

图 4-2-8　剖视索引符号

零件、钢筋、杆件及消火栓、配电箱、管井等设备的编号宜以直径为 4 ~ 6 mm 的圆表示,圆线宽为 0.25b,同一图样应保持一致,其编号应用阿拉伯数字按顺序编写,如图 4-2-9 所示。

5

图 4-2-9　零件、钢筋等的编号

2. 详图符号

详图的位置和编号应以详图符号表示。详图符号的圆直径应为 14 mm，线宽为 b。详图应按下列规定编号：

（1）详图与被索引的图样同在一张图纸内时，应在详图符号内用阿拉伯数字注明详图的编号，如图 4-2-10(a)所示。

（2）详图与被索引的图样不在同一张图纸内时，应用细实线在详图符号内画一水平直径，在上半圆中注明详图编号，在下半圆中注明被索引的图纸的编号，如图 4-2-10(b)所示。

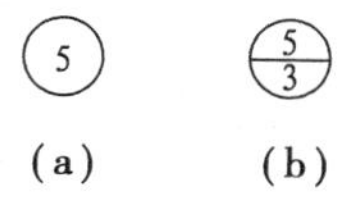

5
5
3
(a)
(b)

图 4-2-10　详图符号

(五)标高

（1）标高符号应以直角等腰三角形表示，按图 4-2-11(a)所示形式用细实线绘制，如标注位置不够，也可按图 4-2-11(b)所示形式绘制。标高符号的具体画法如图 4-2-11(c)、(d)所示。

≈3 mm
45°
l
h
≈3 mm
45°
(a)
(b)
(c)
(d)

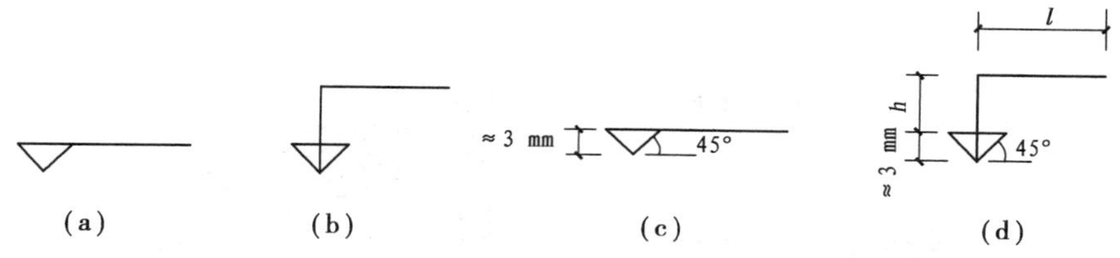

图 4-2-11　标高符号

l—取适当长度注写标高数字；h—根据需要取适当高度

（2）总平面图室外地坪标高符号宜用涂黑的三角形表示，具体画法如图 4-2-12 所示。

（3）标高符号的尖端应指至被注高度的位置。尖端宜向下，也可向上。标高数字应注写在标高符号的上侧或下侧，如图 4-2-13 所示。

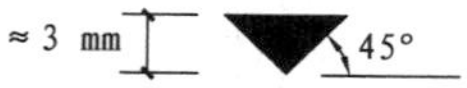

≈3 mm
45°

图 4-2-12　室外地坪标高符号

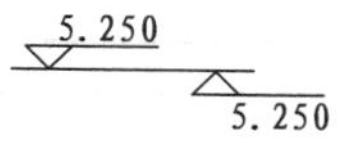

5.250
5.250

图 4-2-13　标高符号标注位置

（4）标高数字应以米为单位，注写到小数点以后第三位。在总平面图中，可注写到小数点以后第二位。

（5）零点标高应注写成±0.000，正数标高不注“+”，负数标高应注“-”，例如 3.000、-0.600。

（6）在图样的同一位置需表示几个不同标高时，标高数字可按图 4-2-14 所示的形式注写。

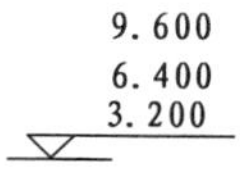

9.600
6.400
3.200

图 4-2-14　同一位置注写多个标高数字

(六)引出线

引出线线宽应为 0.25b，宜采用水平方向的直线，或与水平方向成 30°、45°、60°、90°的直线，并经上述角度再折成水平线。文字说明宜注写在水平线的上方[图 4-2-15(a)]，也可注写在水平线的端部[图 4-2-15(b)]。索引详图的引出线,应与水平直径线相连接[图 4-2-15(c)]。

同时引出的几个相同部分的引出线,宜互相平行[图 4-2-16(a)],也可画成集中于一点的放射线[图 4-2-16(b)]。

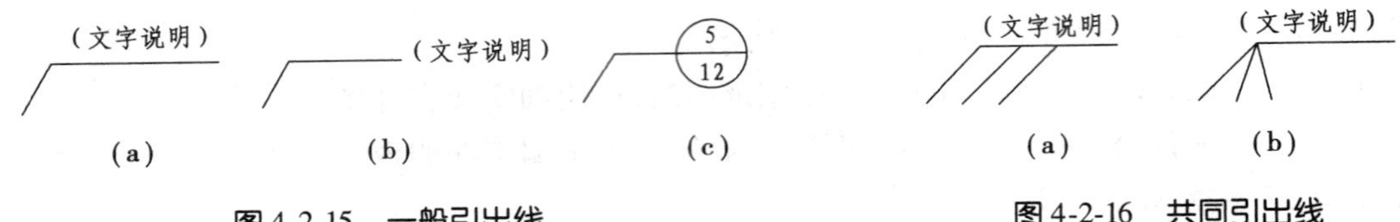

图 4-2-15　一般引出线

图 4-2-16　共同引出线

多层构造或多层管道共用引出线,应通过被引出的各层,并用圆点示意对应各层次。文字说明宜注写在水平线的上方,或注写在水平线的端部,说明的顺序应由上至下,并应与被说明的层次对应一致;如层次为横向排序,则由上至下的说明顺序应与由左至右的层次对应一致,如图 4-2-17 所示。

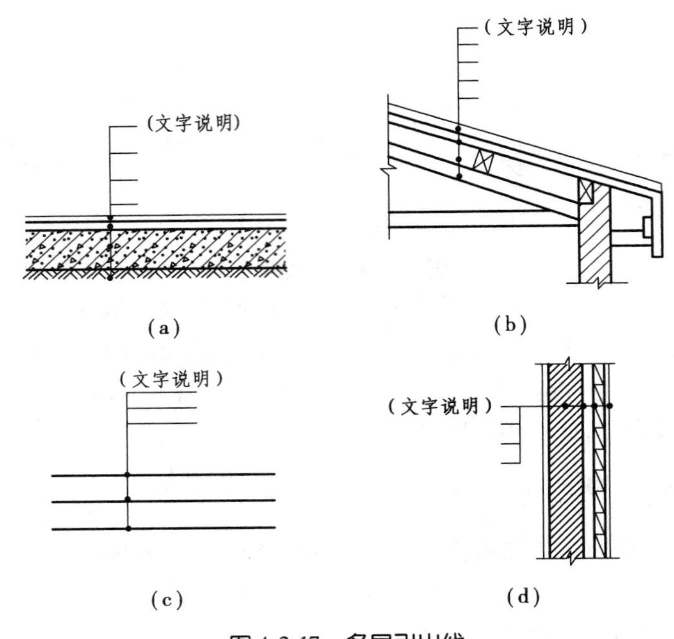

图 4-2-17　多层引出线

(七)其他符号

1. 对称符号

对称符号(图 4-2-18)由对称线和两端的两对平行线组成。对称线用单点长画线绘制,线宽宜为 0.25b;平行线用细实线绘制,其长度宜为 6 ~ 10 mm,每对的间距宜为 2 ~ 3 mm,线宽宜为 0.5b;对称线应垂直平分于两对平行线,两端超出平行线宜为 2 ~ 3 mm。

2. 连接符号

连接符号(图 4-2-19)应以折断线表示需连接的部分。两部位相距过远时,折断线两端靠图样一侧应标注大写英文字母表示连接编号。两个被连接的图样应用相同的字母编号。

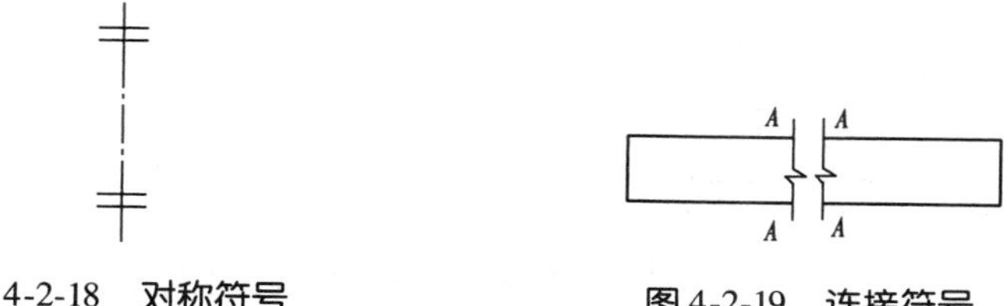

图 4-2-18　对称符号　　图 4-2-19　连接符号

3. 指北针

指北针的形状应符合图 4-2-20 的规定，其圆的直径宜为 24 mm，用细实线绘制；指针尾部的宽度宜为 3 mm，指针头部应注“北”或“N”字。需用较大直径绘制指北针时，指针尾部的宽度宜为直径的 1/8。

4. 云线

对图纸中局部变更部分宜采用云线，并宜注明修改版次，如图 4-2-21 所示。修改版次符号宜为边长 0.8 cm 的正等边三角形，修改版次应采用数字表示。变更云线的线宽宜按 0.7b 绘制。

图 4-2-20　指北针　　图 4-2-21　变更云线

(八) 常用建筑材料图例

常用建筑材料图例见表 4-2-3。

表 4-2-3　常用建筑材料图例

序号	名　称	图　例	备　注
1	自然土壤		包括各种自然土壤
2	夯实土壤		—
3	砂、灰土		—
4	砂砾石、碎砖三合土		—
5	石材		—

续表

序号	名　称	图　例	备　注
6	毛石	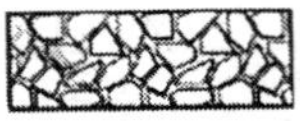	—
7	实心砖、多孔砖	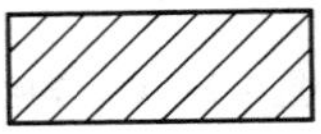	包括普通砖、多孔砖、混凝土砖等砌体
8	耐火砖	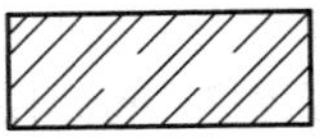	包括耐酸砖等砌体
9	空心砖、空心砌块	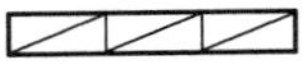	包括空心砖、普通或轻骨料混凝土小型空心砌块等砌体
10	加气混凝土	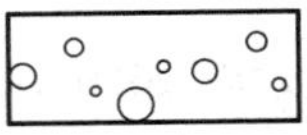	包括加气混凝土砌块砌体、加气混凝土墙板及加气混凝土材料制品等
11	饰面砖	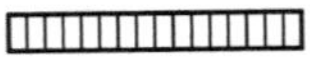	包括铺地砖、马赛克、陶瓷锦砖、人造大理石等
12	焦渣、矿渣	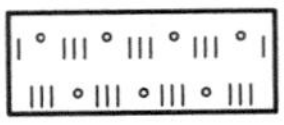	包括与水泥、石灰等混合而成的材料
13	混凝土		1. 包括各种强度等级、骨料、添加剂的混凝土 2. 在剖面图上绘制表达钢筋时，则不需绘制图例线 3. 断面图形较小，不易绘制表达图例线时，可填黑或深灰（灰度宜为70%）
14	钢筋混凝土	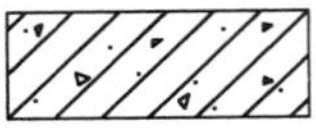	
15	多孔材料	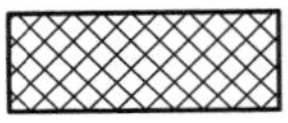	包括水泥珍珠岩、沥青珍珠岩、泡沫混凝土、软木、蛭石制品等
16	纤维材料	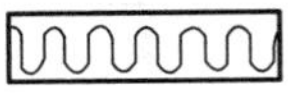	包括矿棉、岩棉、玻璃棉、麻丝、木丝板、纤维板等
17	泡沫塑料材料	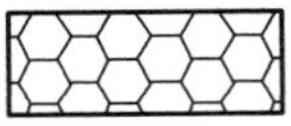	包括聚苯乙烯、聚乙烯、聚氨酯等多聚合物类材料
18	木材		1. 上图为横断面，左上图为垫木、木砖或木龙骨 2. 下图为纵断面
19	胶合板		应注明为×层胶合板
20	石膏板	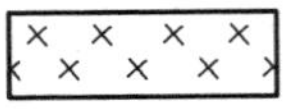	包括圆孔或方孔石膏板、防水石膏板、硅钙板、防火石膏板等

续表

序号	名 称	图 例	备 注
21	金属		1. 包括各种金属 2. 图形较小时,可填黑或深灰(灰度宜为 70%)
22	网状材料		1. 包括金属、塑料网状材料 2. 应注明具体材料名称
23	液体		应注明具体液体名称
24	玻璃		包括平板玻璃、磨砂玻璃、夹丝玻璃、钢化玻璃、中空玻璃、夹层玻璃、镀膜玻璃等
25	橡胶		—
26	塑料		包括各种软、硬塑料及有机玻璃等
27	防水材料		构造层次多或绘制比例大时,采用上面图例
28	粉刷		本图例采用较稀的点

注:①本表中所列图例通常在 1∶50 及以上比例的详图中绘制表达。

②如需表达砖、砌块等砌体墙的承重情况时,可通过在原有建筑材料图例上增加填灰等方式进行区分,灰度宜为 25%左右。

③序号 1、2、5、7、8、14、15、21 图例中的斜线、短斜线、交叉线等均为 45°。

拓展与提高

(一)绝对标高和相对标高

我国把青岛附近黄海的平均海平面定为绝对标高的零点,其他各地的标高都以它作为基准。建筑工程图中,一般只有总平面图中的室外地坪标高称为绝对标高;标高的基准面(即零点标高±0.000)都是根据工程需要而各自选定的标高,称为相对标高。通常把新建建筑物的底层室内地面作为相对标高的基准面。

(二)建筑标高和结构标高

标注在建筑物装饰面层处的标高称为建筑标高,标注在梁底、板底等处的标高称为结构标高,如图 4-2-22 所示。

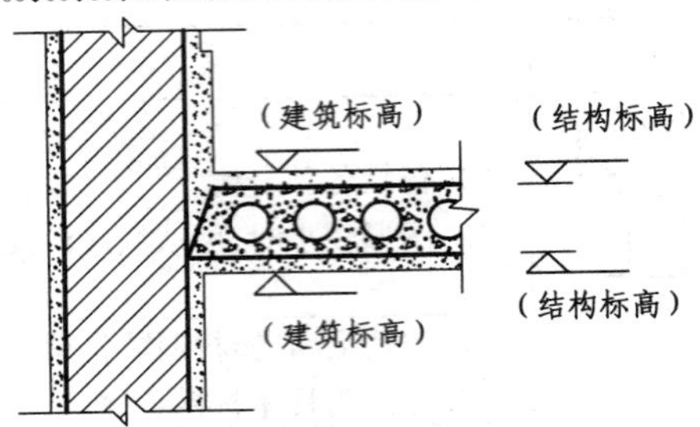

图 4-2-22　建筑标高和结构标高

(三)风向玫瑰图

风向玫瑰图(简称风玫瑰图)也称为风向频率玫瑰图,它是根据某一地区多年平均统计的各个风向和风速的百分数值,并按一定比例绘制,一般多用 8 个或 16 个罗盘方位表示,因其形状酷似玫瑰花朵而得名。

由于风向玫瑰图也能表明房屋和地物的朝向情况,所以在已经绘制了风向玫瑰图的图样上则不必再绘制指北针。在建筑总平面图上,通常应绘制当地的风向玫瑰图。没有风向玫瑰图的城市和地区,则在建筑总平面图上绘制指北针。风向频率最大的方位为该地区的主导风向。图 4-2-23 是重庆等四个不同城市的风玫瑰图。

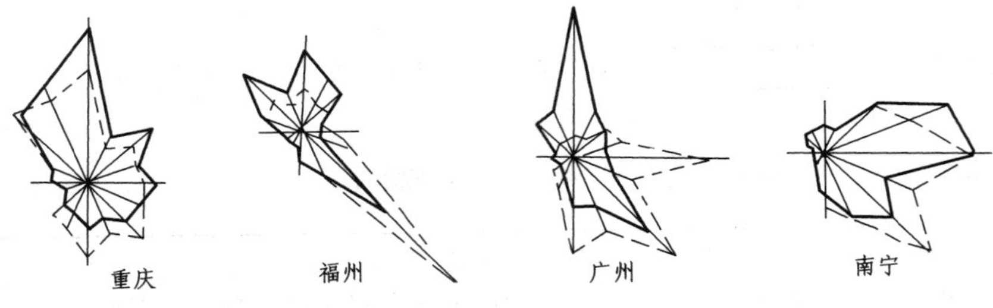

图 4-2-23　四个城市的风玫瑰图

思考与练习

(一)单项选择题

1. 建筑平面图的常用比例为(　　)。

A. 1 ∶ 100　　B. 1 ∶ 50　　C. 1 ∶ 1 500　　D. 1 ∶ 500

2. 建筑详图符号的圆圈直径为(　　)。

A. 10 mm　　B. 8 mm　　C. 14 mm　　D. 12 mm

3. 指北针的圆圈直径为(　　)。

A. 10 mm　　B. 24 mm　　C. 14 mm　　D. 12 mm

4. 引出线应以(　　)绘制。

A. 粗实线　　B. 中粗实线　　C. 中实线　　D. 细实线

5. 索引符号是由直径为(　　)的圆和水平直径组成。

A. 8 ~ 10 mm　　B. 6 ~ 10 mm　　C. 7 ~ 9 mm　　D. 10 ~ 12 mm

6.【重庆市对口高职考试真题】在建筑施工图中,标高的单位是(　　)。

A. mm　　B. cm　　C. m　　D. km

7.【重庆市对口高职考试真题】绘制对称线用(　　)。

A. 粗实线　　B. 细虚线　　C. 波浪线　　D. 细单点长画线

8.【重庆市对口高职考试真题】标高符号的三角形为等腰直角三角形,其高为(　　)。

A. 2 mm　　B. 3 mm　　C. 4 mm　　D. 5 mm

(二)多项选择题

1. 下列不属于粗实线的用途的是(　　)。

A. 平面图中的墙体轮廓线　　B. 看不见的轮廓线

C. 被剖切到的轮廓线　　D. 未被剖切到但可见的轮廓线

E. 定位轴线

2. 下列关于标高的说法,正确的是(　　)。

A. 标高符号应以等腰三角形表示

B. 标高符号应用细实线绘制

C. 总平面图室外地坪标高符号宜用涂黑的三角形表示

D. 标高符号的尖端只能向下,不能向上

E. 标高数字应以毫米为单位

(三)判断题

1. 在建筑施工图中,定位轴线通常都用细实线表示。　　(　　)

2. 波浪线和折断线都表示断开界线。　　(　　)

3. 正数标高应注“+”,负数标高应注“-”。　　(　　)

4. 图例 可表示加气混凝土。　　(　　)

任务三　了解建筑工程图的识读方法

任务描述与分析

读懂建筑工程图是建筑工程从业人员必备的基本职业技能,要又快又准确地读出建筑工程图中的内容,必须用正确的识读方法来读图。

本任务的具体要求是:能够理解并描述建筑工程图识读的方法和读图步骤,理解识读单页图纸的步骤。

知识与技能

(一)读图的方法

读图的方法一般是“先粗后细,从大到小,建施、结施相互对照”。同时,还必须掌握扎实的基本功,即掌握正投影的原理,熟悉构造知识和施工方法,了解结构的基本概念。

(二)读图的步骤

1. 清理图纸

拿到一套图纸后,首要工作是认真清理图样。其方法是根据图样目录清查总共有多少张,各类图样分别有多少张。对有残缺或模糊不清的图纸,应及时查明原因并补齐。

2. 粗看一遍

认真清理图样后,可先粗略地看一遍。一般按图样目录的先后次序进行阅读。

3. 对照阅读

当对本工程有了基本了解之后,就可以进行深入细致的阅读。一般是先看建筑施工图,然后看结构施工图,再看水、电、暖通等施工图。阅读中要特别注意对照阅读。图纸会审时,只有反复对照审查图样,研究和讨论施工图中存在的问题,才能提出修改意见;施工前反复对照读图,才能控制好施工的各个技术环节,确保工程得以顺利进行。

4. 检验读图成效

检验的方法,主要看在我们的头脑中是否能将施工图中的平面图形看成具有立体感的建筑形象。如果对图中任何一个构件或配件均可指出它的部位和构造做法,对图中局部构件与整体的连接方法、相互关系已了解得一清二楚,对图中分散在各张图样上的图形已能连成一个整体的形象,那么就证明我们已经看懂了这套施工图。

(三)识读单页图纸的步骤

单页图纸的识读顺序:先看图纸标题栏,明确工程名称、比例等信息;再总体识读全图,了解本页图纸总体内容;然后局部细读;对于本页图纸未表达出来的内容,要对照查阅其他图纸;最后对重点内容进行仔细识读。

拓展与提高

建筑工程图纸的编排顺序

《房屋建筑制图统一标准》(GB 50001—2017)中规定:

(1)工程图纸应按专业顺序编排,应为图纸目录、设计说明、总图、建筑图、结构图、给水排水图、暖通空调图、电气图等。

(2)各专业的图纸,应按图纸内容的主次关系、逻辑关系进行分类排序。

上述可以理解为全局性的图纸在前,局部的图纸在后;先施工的在前,后施工的在后;重要的图纸在前,次要的图纸在后。

思考与练习

(一)单项选择题

1. 识读一套建筑工程图的一般方法是(　　)。

A. 先粗后细,从大到小,建施、结施对照看

B. 先看建筑施工图,后看结构施工图,两图不一样,没有什么必然联系

C. 先看结构施工图,因为先挖基础

D. 给排水施工图最后看,因为和建筑工程基本没有关系

2. 识读时,一般是先看(　　)。

A. 建筑施工图　　B. 结构施工图

C. 给排水施工图　　D. 暖通施工图

(二)多项选择题

下列描述中,属于识读单页图纸的方法与步骤的有(　　)。

A. 先粗后细,从大到小

B. 先总体后局部

C. 先标题后内容

D. 先看细部,再看全局

E. 先左后右

(三)判断题

1. 拿到一套图纸后,首要工作是认真清理图样。　　(　　)

2. 一般按图样目录的先后次序阅读一套图纸。　　(　　)

3. 图纸编排的顺序和它们的重要与否有关系。　　(　　)

考核与鉴定四

(一)单项选择题

1. (　　)是表示建筑物各承重构件的布置、形状、尺寸、材料、构造及其相互关系的图样。

A. 建筑施工图　　B. 结构施工图　　C. 设备施工图　　D. 给排水施工图

2. (　　)是表示建筑物的总体布局、外部造型、内部布置、细部构造与内外装饰等的图样。

A. 建筑施工图　　B. 结构施工图　　C. 设备施工图　　D. 给排水施工图

3. 下列施工图编排顺序,正确的是(　　)。

A. 首页图、建筑施工图、结构施工图、设备施工图
B. 首页图、结构施工图、设备施工图、建筑施工图
C. 建筑施工图、首页图、结构施工图、设备施工图
D. 首页图、设备施工图、建筑施工图、结构施工图

4. 通常按(　　)的先后顺序对施工图进行识读。

A. 设计　　B. 施工　　C. 预算　　D. 施工图纸

5. 一套完整的房屋施工图,根据其复杂程度,图纸数量有所不同。当我们识读施工图时,必须相互对照识读。下列对相互对照识读的描述,正确的是(　　)。

A. 平面图与剖面图对照
B. 建筑施工图与结构施工图对照
C. 建筑施工图与设备施工图以及相关的任意两个图之间的对照
D. 以上三项都包括

6. 定位轴线的作用是定位放样。在标注时,英文字母(　　)不能用于轴线编号。

A. H、J、K　　B. I、O、Z　　C. A、B、C　　D. 0、1、2

7. 施工图中的定位轴线,水平方向的编号采用(　　),由左至右依次注写。

A. 英文字母　　B. 希腊字母
C. 阿拉伯数字　　D. 大写汉语拼音字母

8. 施工图中的定位轴线,垂直方向的编号采用(　　),由下至上依次注写。

A. 英文字母　　B. 希腊字母
C. 阿拉伯数字　　D. 大写汉语拼音字母

9. 不属于建筑施工图的内容的是(　　)。

A. 底层平面图　　B. 立面图　　C. 构件详图　　D. 门窗详图

(二)多项选择题

1. 下列说法正确的有(　　)。

A. 详图符号和索引符号是需要对照查阅的
B. 详图符号的圆圈直径为 10 mm
C. 索引符号的圆圈直径为 10 mm
D. 详图符号的圆圈直径为 14 mm
E. 详图符号的圆圈需要用粗实线绘制

2. 设备施工图一般由(　　)等组成。

A. 首页图和建筑施工图　　B. 平面图
C. 系统图　　D. 详图
E. 立面图

3. 建筑工程施工图按照专业分工的不同可分为三类,下列表述错误的有(　　)。

A. 建筑施工图、结构施工图和详图　　B. 建筑施工图、结构施工图和设备施工图
C. 建筑平面图、立面图和剖面图　　D. 水电施工图和暖通施工图
E. 平面图和剖面图

4. 识读图例符号,以下是某图某处的地面标高,其中表述正确的有(　　)。

9.600
6.400
3.200

A. 同一位置表示多个标高
B. 表示这个地方要做成三种高度
C. 表示每一层地面高差为3.2 m
D. 是标注错误

(三)判断题

1. 建筑工程图上,除了标高和总平面图以米为单位外,其余均以毫米为单位。（　　）
2. 建筑平面图中外墙尺寸一般分两道标注。（　　）
3. 指北针圆圈的直径为24 mm,用细实线表示。（　　）
4. 在建筑工程图上,如果图线与文字符号等发生混淆时,应首先保证文字等的清晰。（　　）
5. 对简单的设计项目,方案设计后可直接进入施工图设计阶段。（　　）
6. 在建筑工程图上,不需要会签的图纸可不设会签栏。（　　）
7. 在建筑制图中,所有看不见的轮廓线通常都用细实线表示。（　　）
8. 表示夯实土壤。（　　）
9. 表示实心砖、多孔砖。（　　）
10. 指北针符号针尖指向北。（　　）

模块五　识读与绘制建筑施工图

在满足设计任务书要求的前提下，根据现行房屋建筑制图标准，将建筑物的总体布局、内部房间的布置、外部形状、内外装修、建筑各细部构造、材料及做法等规范地表达出来的图纸，就是建筑施工图。它是房屋建筑施工的主要依据，也是结构、设备等设计的基本依据。因此，明确建筑施工图的重要地位并熟悉建筑施工图所表达的内容是工程人员必备的专业素养，识读和绘制建筑施工图并能按图施工是工程人员必备的专业技能。

本模块主要学习识读与绘制建筑施工图，主要有5个任务，即识读建筑总平面图，识读并绘制建筑平面图，识读并绘制建筑立面图，识读并绘制建筑剖面图，识读楼梯详图。

学习目标

（一）知识目标

1. 了解建筑施工图制图标准；
2. 熟悉建筑平、立、剖面图所表达的内容；
3. 掌握建筑相关专业术语及图例表达方式。

（二）技能目标

1. 能识读建筑施工图；
2. 能抄绘建筑平、立、剖面图及构造详图；
3. 能联合识读建筑总平面图、平面图、立面图、剖面图及构造详图。

（三）职业素养目标

1. 培养规则意识，具有实事求是、精益求精的职业精神；
2. 培养文化自信，具有系统思维和大局观；
3. 培养对比分析的能力，具有勇于探索的精神。

任务一　识读建筑总平面图

任务描述与分析

拟建建筑物所在的位置、朝向、周围的概况等信息从何而来？这就要从建筑总平面图中获取，附图1所示为某地某工程项目20#幼儿园总平面图。

本任务的具体要求是：从建筑总平面图上了解拟建建筑物的平面形状、位置、朝向、层数、高程以及与周围地形、地物的关系。

知识与技能

建筑总平面图

建筑总平面图是用正投影方法表达整个建设区域的平面图，简称总平面图或总图。总平面图反映的是一个工程的总体布局。它主要表示原有房屋和新建房屋的位置、标高、道路布置、构筑物、地形、地貌等，作为新建房屋定位、施工放线、土方施工以及施工总平面布置的依据。总平面图相关规定如下：

（一）比例

建筑总平面图所表示的范围比较大，《总图制图标准》（GB/T 50103—2010）规定一般采用的比例有1∶300、1∶500、1∶1 000、1∶2 000等。在实际工程中，总平面图常采用1∶500的比例。

（二）计量单位

总图中的坐标、标高、距离以米为单位。坐标以小数点标注三位，不足以“0”补齐；标高、距离以小数点后两位数标注，不足以“0”补齐。详图以毫米为单位。

（三）标高注法

（1）建筑物应以接近地面处的±0.00标高的平面作为总平面。字符平行于建筑长边书写。

（2）总图中标注的标高应为绝对标高，若标注相对标高，则应注明相对标高与绝对标高的换算关系。

（3）标高符号应按现行国家标准《房屋建筑制图统一标准》（GB/T 50001—2017）的有关规定标注（见模块四）。

（四）坐标标注

总图应按上北下南方向绘制。根据场地形状或布局，可向左或右偏转，但不宜超过45°，总图中应绘制指北针或风玫瑰图，如图5-1-1所示。

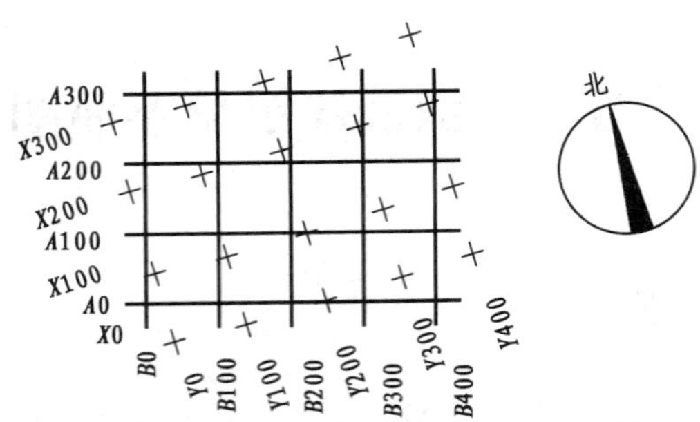

注：图中 X 为南北方向轴线，X 的增量在 X 轴线上；Y 为东西方向轴线，Y 的增量在 Y 轴线上。
A 轴相当于测量坐标网中的 X 轴，B 轴相当于测量坐标网中的 Y 轴。

图 5-1-1　坐标网格

坐标网格应以细实线表示。测量坐标网应画成交叉十字线，坐标代号宜用"X、Y"表示；建筑坐标网应画成网格通线，自设坐标代号宜用"A、B"表示（图 5-1-1）。坐标值为负数时，应注"-"号；为正数时，"+"号可以省略。

（五）规划红线

在总平面图中，表示由城市规划部门批准的土地使用范围的图线称为规划红线。一般采用红色的粗点画线表示。任何建筑物在设计施工时都不能超过此线。

（六）等高线

整个建设区域及周围的地形情况，表示地面起伏变化，通常用等高线表示。等高线上注写出所在的高度值。等高线的间距越大，说明地面越平缓；等高线的间距越小，说明地面越陡峭。等高线上的数值由外向内越来越大，表示地形凸起；等高线上的数值由外向内越来越小，表示地形凹陷。

（七）常用图例

（1）总平面图图例应符合表 5-1-1 的规定。

表 5-1-1　总平面图例

序号	名　称	图　例	备　注
1	新建建筑物	X= Y= ① 12F/2D H=59.00 m	新建建筑物以粗实线表示与室外地坪相接处±0.00 外墙定位轮廓线 建筑物一般以±0.00 高度处的外墙定位轴线交叉点坐标定位。轴线用细实线表示，并标明轴线号 根据不同设计阶段标注建筑编号，地上、地下层数，建筑高度，建筑出入口位置（两种表示方法均可，但同一图纸采用一种表示方法） 地下建筑物以粗虚线表示其轮廓 建筑上部（±0.00 以上）外挑建筑用细实线表示 建筑物上部连廊用细虚线表示并标注位置

续表

序号	名　称	图　例	备　注
2	原有建筑物		用细实线表示
3	计划扩建的预留地或建筑物		用中粗虚线表示
4	斜井或平硐		—
5	烟　囱		实线为烟囱下部直径，虚线为基础，必要时可注写烟囱高度和上、下口直径
6	围墙及大门		—
7	挡土墙	5.00 1.50	挡土墙根据不同设计阶段的需要标注 墙顶标高 墙底标高
8	挡土墙上设围墙		—
9	台阶及无障碍坡道	1. 2.	1. 表示台阶（级数仅为示意） 2. 表示无障碍坡道
10	坐　标	1. X=105.000 Y=425.000 2. A=105.000 B=425.000	1. 表示地形测量坐标系 2. 表示自设坐标系 坐标数字平行于建筑标注
11	方格网交叉点标高	-0.50 77.85 78.35	"78. 35"为原地面标高 "77. 85"为设计标高 "-0. 50"为施工高度 "-"表示挖方（"+"表示填方）
12	填方区、挖方区、未整平区及零线	+ − + −	"+"表示填方区 "-"表示挖方区 中间为未整平区 点画线为零点线
13	填挖边坡		—

续表

序号	名　称	图　例	备　注
14	分水脊线与谷线	 	上图表示脊线 下图表示谷线
15	洪水淹没线		洪水最高水位以文字标注
16	地表排水方向		—
17	截水沟	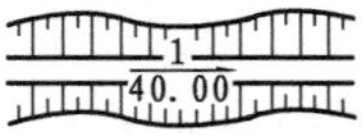 1 40.00	“1”表示1%的沟底纵向坡度，“40.00”表示变坡点间距离，箭头表示水流方向
18	排水明沟	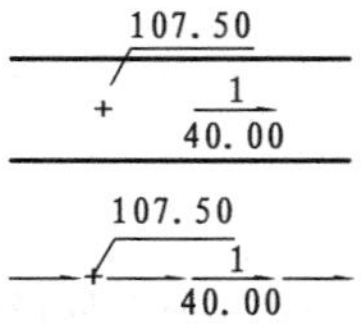 107.50 + 1 40.00 107.50 1 40.00	上图用于比例较大的图面 下图用于比例较小的图面 “1”表示1%的沟底纵向坡度，“40.00”表示变坡点间距离，箭头表示水流方向 “107.50”表示沟底变坡点标高（变坡点以“+”表示）
19	有盖板的排水沟	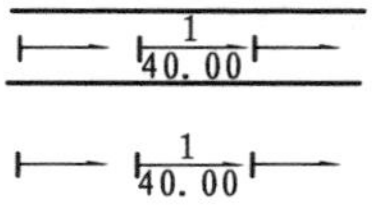 1 40.00 1 40.00	—
20	雨水口	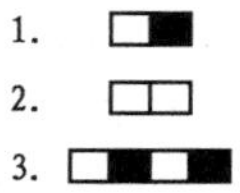 1. 2. 3.	1.雨水口 2.原有雨水口 3.双落式雨水口
21	消火栓井		—
22	急流槽	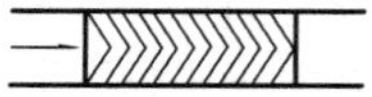	箭头表示水流方向
23	跌　水	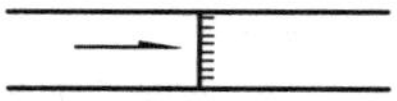	
24	拦水（闸）坝	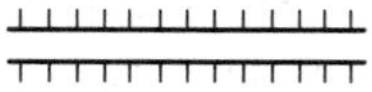	—
25	室内地坪标高	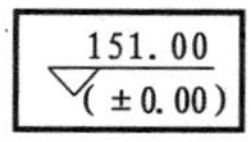 151.00 （±0.00）	数字平行于建筑物书写
26	室外地坪标高	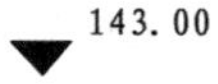 143.00	室外标高也可采用等高线
27	盲　道		—

续表

序号	名 称	图 例	备 注
28	地下车库入口	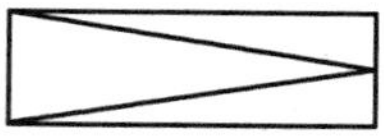	机动车停车场
29	地面露天停车场	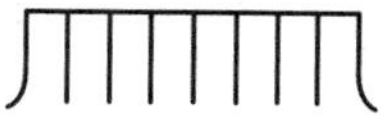	—
30	露天机械停车场	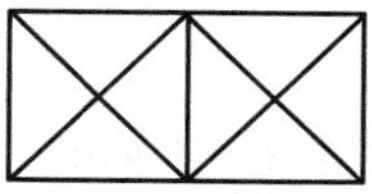	露天机械停车场

(2)道路与铁路图例应符合表5-1-2的规定。

表5-1-2 道路与铁路图例

序号	名 称	图 例	备 注
1	新建的道路	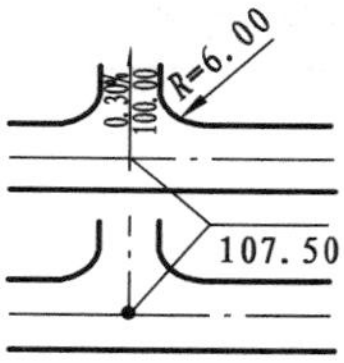 R=6.00 0.30% 100.00 107.50	"R=6.00"表示道路转弯半径;"107.50"为道路中心线交叉点设计标高,两种表示方式均可,同一图纸采用一种方式表示;"100.00"为变坡点之间距离,"0.30%"表示道路坡度,——表示坡向
2	原有道路		—
3	计划扩建的道路		—
4	拆除的道路	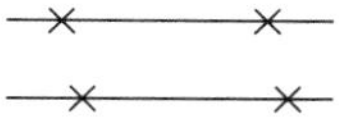	—
5	人行道	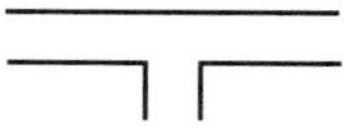	—
6	道路曲线段	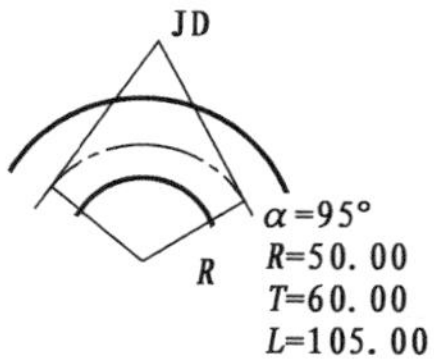 JD R α=95° R=50.00 T=60.00 L=105.00	主干道宜标以下内容: JD为曲线转折点,编号应标坐标 α为交点 T为切线长 L为曲线长 R为中心线转弯半径 其他道路可标转折点、坐标及半径
7	道路隧道	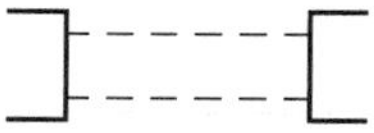	—

（3）管线图例应符合表 5-1-3 的规定。

表 5-1-3　管线图例

序号	名　称	图　例	备　注
1	管　线	——代号——	管线代号按国家现行有关标准的规定标注 线型宜以中粗线表示
2	地沟管线	代号 代号	—
3	管桥管线	—+—代号—+—	管线代号按国家现行有关标准的规定标注
4	架空电力、电信线	—○—代号—○—	“○”表示电杆 管线代号按国家现行有关标准的规定标注

（4）园林景观绿化应符合表 5-1-4 的规定。

表 5-1-4　园林景观绿化图例

序号	名　称	图　例	备　注
1	常绿针叶乔木		—
2	落叶针叶乔木		—
3	常绿阔叶乔木		—
4	落叶阔叶乔木		—
5	常绿阔叶灌木		—
6	落叶阔叶灌木		—
7	整形绿篱		—

续表

序号	名　称	图　例	备　注
8	草　坪	1. 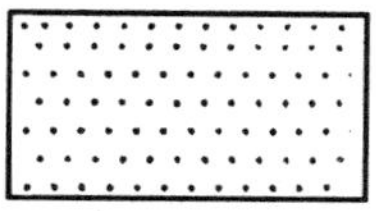 2. 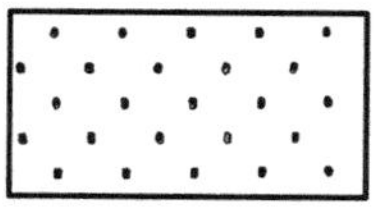 3. 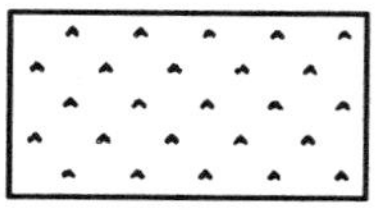	1. 草坪 2. 表示自然草坪 3. 表示人工草坪
9	花　卉	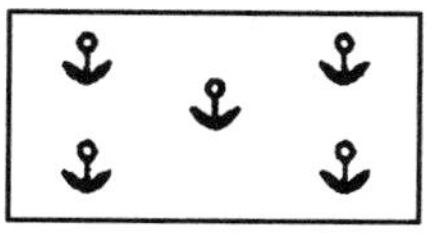	—
10	竹　丛	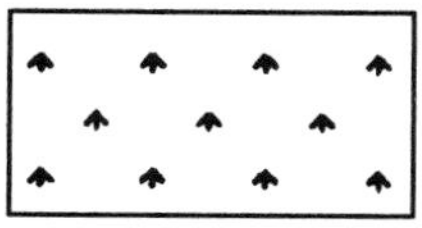 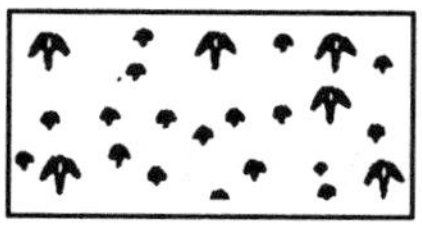	—
11	棕榈植物		—
12	水生植物	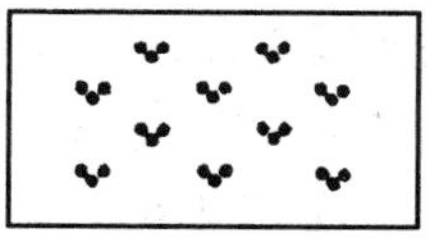	—
13	植草砖	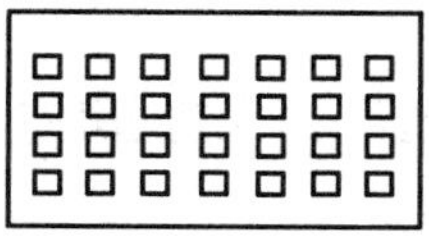	—
14	土石假山	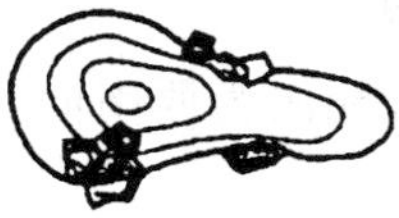	包括“土包石”“石包土”及假山
15	独立景石		—

续表

序号	名　称	图　例	备　注
16	自然水体		表示河流,以箭头表示水流方向
17	人工水体		—
18	喷　泉		—

方法与步骤

下面以附图 1 为例,介绍建筑总平面图的识读方法和步骤。

1. 识读图名、比例、文字说明,对总图的大概情况作初步了解

图名是总平面图,比例为 1 ∶ 500,从主要技术经济指标明确本工程建设用地面积为 56 666.30 m^2,总建筑面积为 120 621.75 m^2,其中地上建筑面积为 120 621.75 m^2[居住 81 706.90 m^2、配套用房 6 512.52 m^2(其中 20#幼儿园 3 161.74 m^2)、车库 30 693.12 m^2、设备用房 1 630.12 m^2、其他 79.09 m^2],地下建筑面积为 0.00 m^2。总计容建筑面积 84 936.77 m^2,容积率 1.50,建筑密度 32.36%,绿地率 30.10%,停车位 958 个。

2. 识读总平面图上的各种图例

该总平面图中的图例涉及红线、定位坐标、道路、出入口、房屋、构筑物、绿地等,详见总平面图图例表。

3. 根据指北针或风玫瑰图,识读建筑物的朝向

结合建筑物主出入口位置,本图中 20#幼儿园朝向为西南向,大部分住宅朝向为东南向,还有部分住宅朝向为西北向。

4. 识读新建房屋的平面轮廓形状、层数、外围尺寸及其在规划用地范围内的平面位置

本图中 20#幼儿园及住宅均为新建建筑。其中,20#幼儿园平面呈"L" 形轮廓,地上 3 层,建筑最高高度为 12.30 m,总长 66.30 m,总宽 19.40 m,处于规划用地范围内的西南部。

5. 识读新建建筑物的标高

本图中20#幼儿园首层室内相对标高为±0.00 m,对应绝对标高为287.30 m;其余住宅楼标高均有标识,其中1#住宅楼首层室内相对标高为±0.00 m,对应绝对标高为282.15 m。

6. 识读新建建筑物定位

本图中20#幼儿园转角处均有坐标定位。其中,东南角引出定位坐标为 X=90 950.906,Y=68 541.227。北面距3#住宅楼13.00 m,东面距1#住宅楼20.70 m。

7. 识读新建建筑物周围环境

本图中建筑场地总体呈坡地地形,在20#幼儿园的南面、西面均设有出入口。幼儿园北面毗邻3#、4#住宅楼,东面紧邻小区21#大门(小区人行出入口)和1#住宅楼,西面有社区综合服务中心和5#住宅楼。

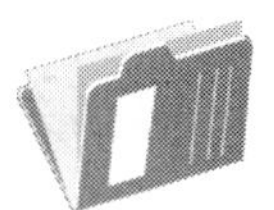

拓展与提高

效果图

所谓效果图就是在建筑、装饰施工之前,通过施工图纸,把施工后的实际效果用真实和直观的视图表现出来,让大家能够一目了然地看到施工后的实际效果,如图5-1-2所示。

图5-1-2　某地某工程项目20#幼儿园效果图

拓展阅读

重庆来福士

重庆来福士坐落于嘉陵江和长江的交汇处——重庆市渝中区朝天门，形象名“朝天扬帆”，如图5-1-3所示。塔楼设计源于重庆积淀千年的航运文化，分别以350 m及250 m的高度化形为江面上强劲的风帆。横跨在4栋塔楼顶上并且连接6栋塔楼的水晶连廊长达300 m，在250 m的高空中集合了观影台、俱乐部、休闲餐饮区等空间，在夜晚犹如一条璀璨的琉璃锦带立于朝天水域。重庆来福士寓意“扬帆远航”的重庆精神，诠释了“古渝雄关”的壮美气势。

图5-1-3　重庆来福士实景图

思考与练习

(一)单项选择题

1. 总图中的坐标、标高、距离以(　　)为单位。

A. mm　　B. cm　　C. m　　D. km

2. 总图中坐标以小数点标注(　　)位，不足以“0”补齐。

A. 三　　B. 二　　C. 四　　D. 一

3. 标高用来表示建筑物各部位的高度。总平面图中标注的标高应为(　　)。

A. 相对标高　　B. 绝对标高

C. 零点标高　　D. 以上三项都包括

4. 表示地面起伏变化时，通常用(　　)表示。

A. 等高线　　B. 规划红线　　C. 粗实线　　D. 标高

5. 主要用来确定新建房屋的位置、朝向以及与周边环境关系的是(　　)。

A. 建筑平面图　　B. 建筑立面图　　C. 功能分区图　　D. 建筑总平面图

6.【重庆市对口高职考试真题】总平面图中，高层建筑宜在图形内右上角以(　　)表示建筑物层数。

A. 点数　　B. 数字　　C. 方框　　D. 文字说明

7.【1+X 证书考试真题】总平面图用的风玫瑰图中所画的实线表示(　　)

A. 常年所剖主导风风向　　B. 夏季所剖主导风风向

C. 一年所剖主导风风向　　D. 春季所剖主导风风向

8.【1+X 证书考试真题】房屋施工图中所注的尺寸都是以(　　)为单位。

A. 以米为单位

B. 以毫米为单位

C. 除标高及总平面图上以米为单位外，其余一律以毫米为单位

D. 除标高以米为单位外，其余一律以毫米为单位

9.【1+X 证书考试真题】建筑总平面图中，新建房屋的定位依据中用坐标网格定位所表示的 X、Y 是指(　　)。

A. 施工坐标　　B. 建筑坐标　　C. 测量坐标　　D. 投影坐标

(二)多项选择题

1. 建筑总平面图反映出(　　)。

A. 房屋的平面形状　　B. 朝向　　C. 高程　　D. 周围地形

E. 层数

2. 总平面图常用比例是(　　)，一般标在图纸下方。

A. 1：100　　B. 1：200　　C. 1：500　　D. 1：1 000

E. 1：2 000

3.【重庆市对口高职考试真题】下列选项中，必定属于总平面图表达的内容的是(　　)。

A. 建筑物外立面　　B. 新建建筑物　　C. 原有建筑物　　D. 地形

E. 地貌

4.【1+X 证书考试真题】建筑总平面图中新建房屋的定位依据有(　　)。

A. 根据指北针定位　　B. 根据原有的房屋定位

C. 根据坐标定位　　D. 根据原有的道路定位

E. 根据标高定位

(三)判断题

1. 建筑高度可以在总平面图中呈现。(　　)

2. 总平面图应按上北下南方向绘制。(　　)

3. 任何建筑物在设计施工时，都可以超过规划红线。(　　)

4.【重庆市对口高职考试真题】在建筑总平面图中，可以在房屋投影轮廓的右上角用点数或数字表示建筑物的层数。(　　)

5.【1+X 证书考试真题】在平面图中标注的定位轴线顺序，水平方向是从左至右，竖直方向是从上至下。(　　)

任务二　识读与绘制建筑平面图

任务描述与分析

仅仅了解了建筑总平面图还不够，因为它不能表达建筑物内部房间的分布、开间、进深、墙体厚度等情况，想要获取这些信息，就需要学习建筑平面图。附图2至附图5为某地某工程项目20#幼儿园建筑平面图。

本任务的具体要求是：识读建筑平面图，重点识读各层墙体、柱、房间、门窗、楼梯、附属设施等的位置与尺寸；能够抄绘建筑平面图。

知识与技能

建筑平面图是假想用一水平剖切面，沿着房屋各层门窗洞口处将房屋剖开，移去剖切平面以上部分，向水平投影面作正投影所得到的水平投影图。建筑平面图相关规定如下：

建筑平面图

(一)建筑平面图的分类

剖切平面沿房屋首层门窗洞口处剖开，所得平面图称为一层平面图(也称底层平面图或首层平面图)；沿二层、三层等门窗洞口处剖开，所得平面图称为二层平面图、三层平面图等；沿房屋顶层的门窗洞口处水平剖切开后得到的平面图称为顶层平面图。当有些楼层平面布置相同时，可只画一个共同的平面图，称为标准层平面图(或 $m\sim n$ 层平面图)。此外，还有屋顶平面图，用来表明屋面排水和突出屋面构造的布置情况。

(二)比例

建筑平面图的比例应根据建筑物的大小和复杂程度选定，现行国家标准《房屋建筑制图统一标准》(GB/T 50001—2017)规定的比例有1∶50、1∶100、1∶150、1∶200、1∶300等，工程中常用1∶100的比例。

(三)图例

(1)构造及配件图例应符合表5-2-1的规定。

表 5-2-1　构造及配件图例（GB/T 50104—2010）

序号	名称	图例	备注
1	墙体	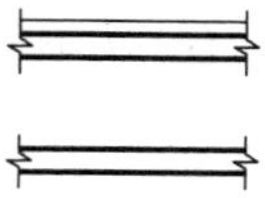	1. 上图为外墙，下图为内墙 2. 外墙细线表示有保温层或有幕墙 3. 应加注文字或涂色或图案填充表示各种材料的墙体 4. 在各层平面图中防火墙宜着重以特殊图案填充表示
2	隔断		1. 加注文字或涂色或图案填充表示各种材料的轻质隔断 2. 适用于到顶与不到顶隔断
3	玻璃幕墙		幕墙龙骨是否表示由项目设计决定
4	栏杆		—
5	楼梯	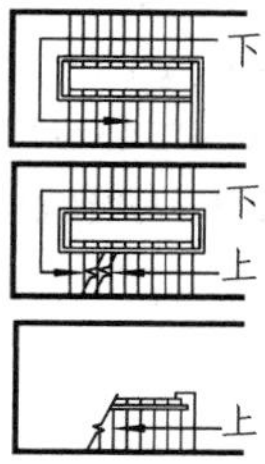 下 下 上 上	1. 上图为顶层楼梯平面，中图为中间层楼梯平面，下图为底层楼梯平面 2. 需设置靠墙扶手或中间扶手时，应在图中表示
6	坡道	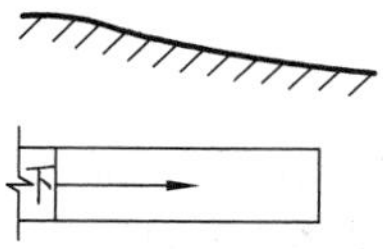 下	长坡道
		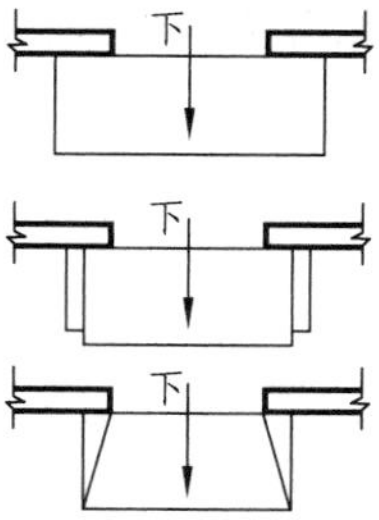 下 下 下	上图为两侧垂直的门口坡道，中图为有挡墙的门口坡道，下图为两侧找坡的门口坡道
7	台阶	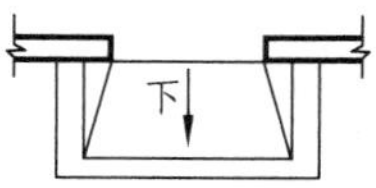 下	—
8	平面高差	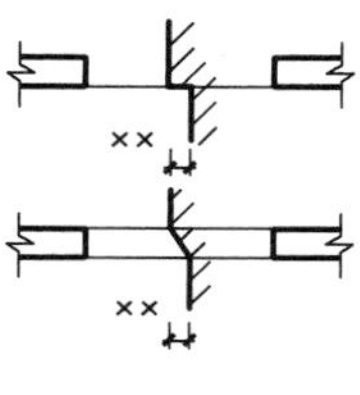 ×× ××	用于高差小的地面或楼面交接处，并应与门的开启方向协调

续表

序号	名　称	图　例	备　注
9	检查口		左图为可见检查口,右图为不可见检查口
10	孔　洞		阴影部分亦可填充灰度或涂色代替
11	坑　槽		—
12	墙预留洞、槽	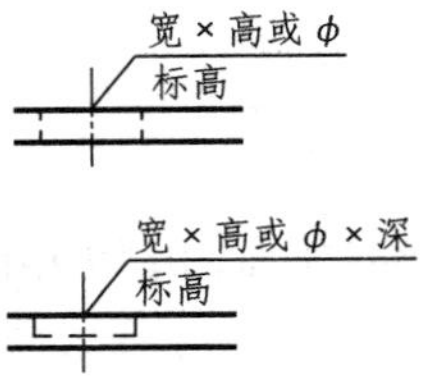 宽×高或ϕ 标高 宽×高或ϕ×深 标高	1. 上图为预留洞,下图为预留槽 2. 平面以洞(槽)中心定位 3. 标高以洞(槽)底或中心定位 4. 宜以涂色区别墙体和预留洞(槽)
13	烟　道	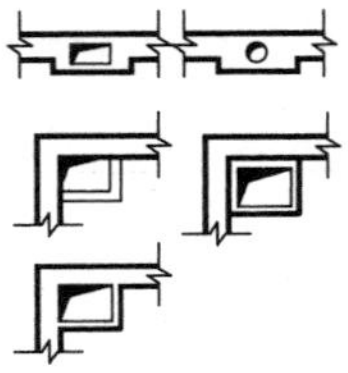	1. 阴影部分亦可填充灰度或涂色代替 2. 烟道、风道与墙体为相同材料,其相接处墙身线应连通 3. 烟道、风道根据需要增加不同材料的内衬
14	风　道	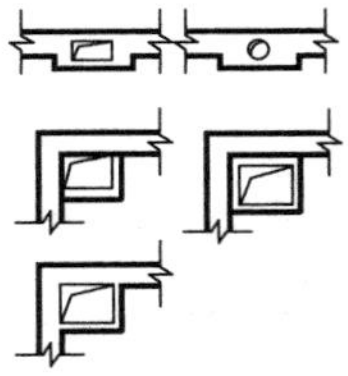	
15	新建的墙和窗	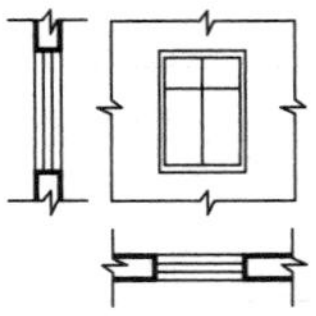	—
16	空门洞	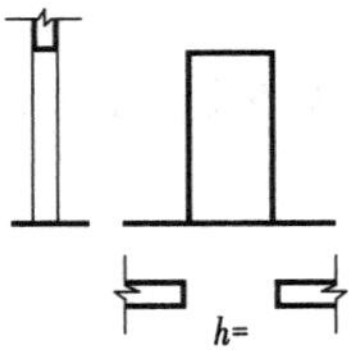 h=	h 为门洞高度

续表

序号	名　称	图　例	备　注
17	单面开启单扇门（包括平开或单面弹簧）	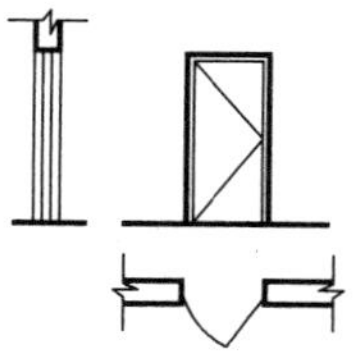	1. 门的名称代号用 M 表示 2. 平面图中，下为外，上为内；门开启线为 90°、60°或 45°，开启弧线宜绘出 3. 立面图中，开启线实线为外开，虚线为内开。开启线交角的一侧为安装合页一侧。开启线在建筑立面图中可不表示，在立面大样图中可根据需要绘出 4. 剖面图中，左为外，右为内 5. 附加纱扇应以文字说明，在平、立、剖面图中均不表示 6. 立面形式应按实际情况绘制
	双面开启单扇门（包括双面平开或双面弹簧）	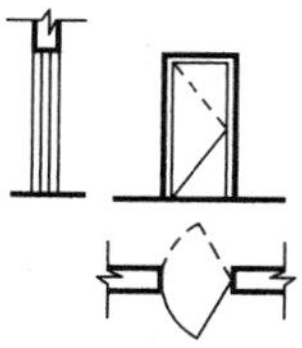	
	双层单扇平开门	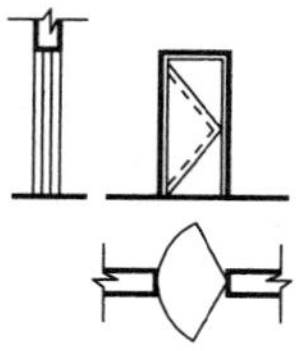	
18	单面开启双扇门（包括平开或单面弹簧）	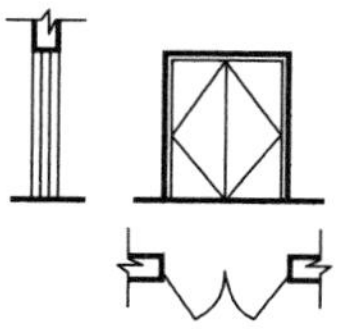	1. 门的名称代号用 M 表示 2. 平面图中，下为外，上为内；门开启线为 90°、60°或 45°，开启弧线宜绘出 3. 立面图中，开启线实线为外开，虚线为内开。开启线交角的一侧为安装合页一侧。开启线在建筑立面图中可不表示，在立面大样图中可根据需要绘出 4. 剖面图中，左为外，右为内 5. 附加纱扇应以文字说明，在平、立、剖面图中均不表示 6. 立面形式应按实际情况绘制
	双面开启双扇门（包括双面平开或双面弹簧）	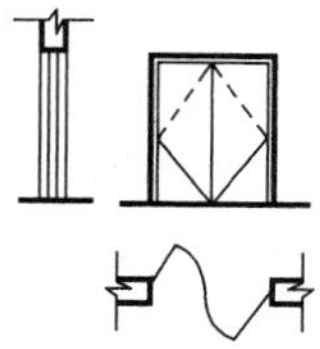	
	双层双扇平开门	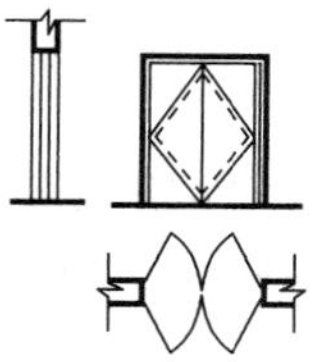	

续表

序号	名　称	图　例	备　注
19	折叠门	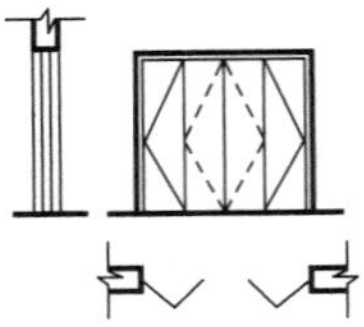	1. 门的名称代号用 M 表示 2. 平面图中，下为外，上为内 3. 立面图中，开启线实线为外开，虚线为内开；开启线交角的一侧为安装合页一侧 4. 剖面图中，左为外，右为内 5. 立面形式应按实际情况绘制
	推拉折叠门	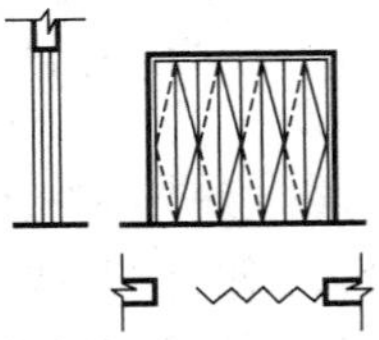	
20	墙中单扇推拉门	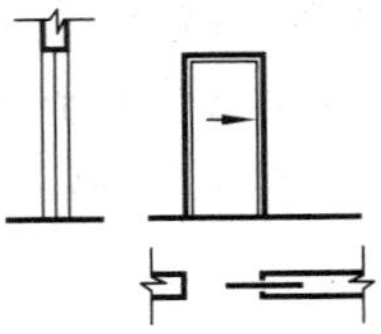	1. 门的名称代号用 M 表示 2. 立面形式应按实际情况绘制
	墙中双扇推拉门	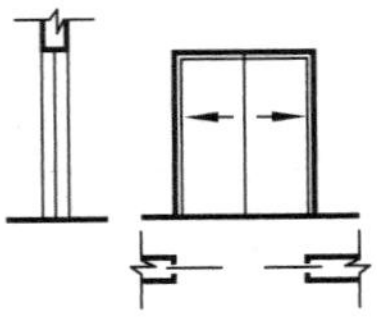	
21	固定窗	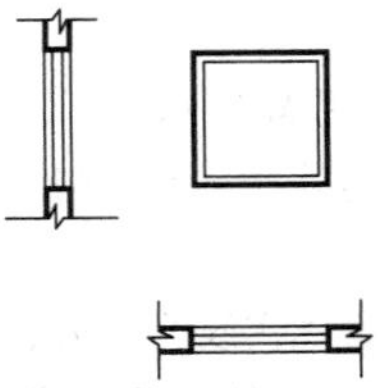	1. 窗的名称代号用 C 表示 2. 平面图中，下为外，上为内 3. 立面图中，开启线实线为外开，虚线为内开。开启线交角的一侧为安装合页一侧。开启线在建筑立面图中可不表示，在门窗立面大样图中需绘出 4. 剖面图中，左为外、右为内。虚线仅表示开启方向，项目设计不表示 5. 附加纱窗应以文字说明，在平、立、剖面图中均不表示 6. 立面形式应按实际情况绘制
22	上悬窗	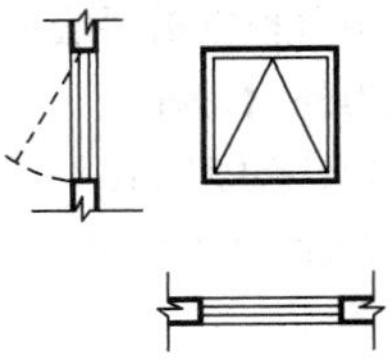	
	中悬窗	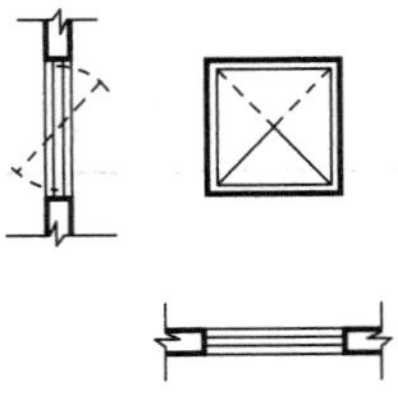	

续表

序号	名　称	图　例	备　注
23	双层内外开平开窗	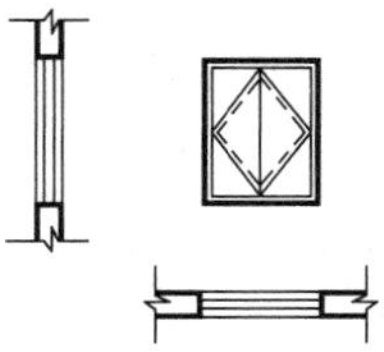	—
24	单层推拉窗	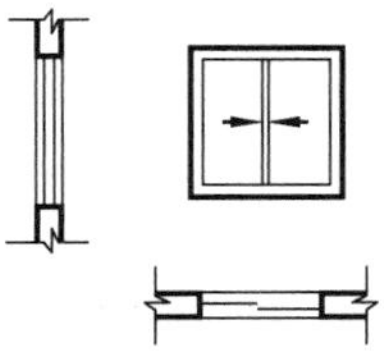	1. 窗的名称代号用 C 表示 2. 立面形式应按实际情况绘制
	双层推拉窗	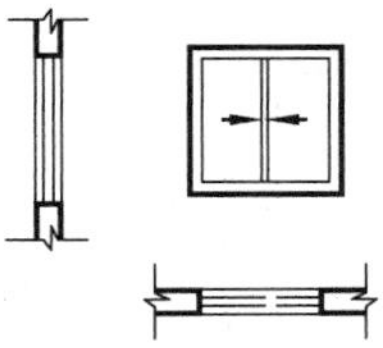	

(2)水平及垂直运输图例见表 5-2-2。

表 5-2-2　水平及垂直运输图例

序号	名　称	图　例	备　注
1	传送带	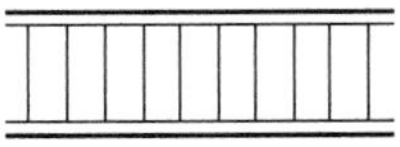	传送带的形式多种多样,项目设计图均按实际情况绘制,本图例仅为代表
2	电　梯	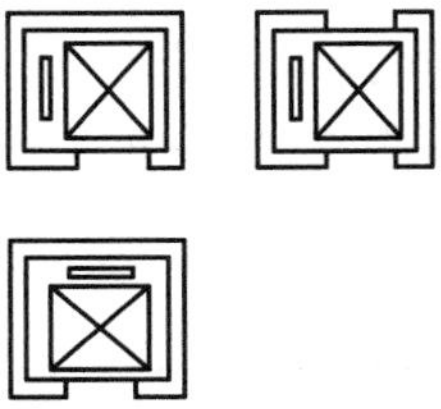	1. 电梯应注明类型,并按实际绘出门和平衡锤或导轨的位置 2. 其他类型电梯应参照本图例按实际情况绘制
3	杂物梯、食梯	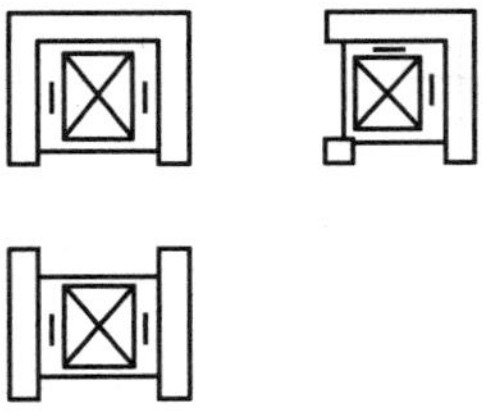	
4	自动扶梯	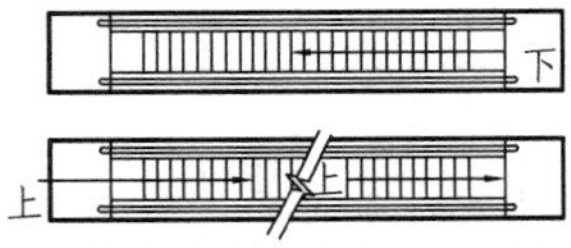 下 上　上	箭头方向为设计运动方向

续表

序号	名　称	图　例	备　注
5	自动人行道		箭头方向为设计运行方向
6	自动人行坡道	上	箭头方向为设计运行方向

(四)门窗统计表

门窗统计表一般在“建筑设计总说明”中,如图 5-2-1 所示。

门窗表									
类别	门窗编号	名称	洞口尺寸/mm 宽×高	一层	二层	三层	屋顶	总计	备注
防火门	FM 甲 1021A	甲级防火门	1050×2100	1	2	1		4	钢制防火门(乙级)
	FM 乙 1221	乙级防火门	1000×2100	2				2	
	FM 乙 1521	乙级防火门	1500×2100	1				1	
	FM 乙 1021A	乙级防火门	1050×2100	4		2		6	
	FM 丙 0818	丙级防火门	1200×1800	4	4	4		12	钢制防火门(丙级)
	FM 丙 1218	丙级防火门	1200×1800	1	1	1		3	
普通门	M0612	空调检修门	600×1200	4	4	4		12	普通门
	M1021A	铝合金窗	1050×2100	11	3	4		18	
	M1425	铝合金窗	1400×2500	6	6	6		18	
	M1521	铝合金窗	1500×2100	1			1	2	
	M1321	铝合金窗	1300×2100				1	1	
	M1221	铝合金窗	1200×2100		6			6	
	M1529	铝合金窗	1500×2900	1				1	
普通窗	XFC1212	铝合金窗	1200×1200		2	2		4	隔热铝合金型材 (高透光 Low-E+12A+6 透明)
	C1212	铝合金窗	1200×1200		4	1		5	
	C1221	铝合金窗	1200×2100	1	1	1		3	
	C1224	铝合金窗	1200×2400	1	1	1		3	
	C1517	铝合金窗	1500×1700	1				1	
	C1928	铝合金窗	1900×2800	1				1	
	C1929	铝合金窗	1900×2900		1	1		2	
	C5523	铝合金窗	5500×2300	1				1	
	C6323	铝合金窗	6300×2300	2				2	
	XFC3423	铝合金窗	3400×2300	2				2	
	C2029	铝合金窗	2000×2900		2	1		3	
	C2729	铝合金窗	2700×2900		1	1		2	
	C2829	铝合金窗	2800×2900		1	1		2	
	C6029	铝合金窗	6000×2900		1	1		2	

普通窗	C2926A	铝合金窗	2950×2600		1			1	隔热铝合金型材（高透光 Low-E+12A+6 透明）
	C2929A	铝合金窗	2950×2900			1		1	
	C4229	铝合金窗	4200×2900			1		1	
	GC0909	铝合金窗	900×900	3	3	3		9	
	GC1209	铝合金窗	1200×900	1	1	1		3	
	GC1806	铝合金窗	1800×600	3	3	3		9	
	GC1806	铝合金窗	1900×2900	3	3	3		9	
	GC2006	铝合金窗	2000×600	3	3	3		9	
洞口	D1122B	电梯门	1100×2200	1	1	1		3	电梯门
	DK1021		1000×2100	6	6	6		18	
组合门窗	MLC2828	铝合金门联窗	2800×2800	1				1	
	MLC3829	铝合金门联窗	3800×2900	1				1	

图 5-2-1　“门窗统计表”示例

（五）图线

凡被剖切到的墙、柱的断面轮廓线用粗实线画出。砖墙一般不画图例，钢筋混凝土的柱和墙的断面通常涂黑表示。粉刷层在 1∶100 的平面图中不必画出。没有剖切到的可见轮廓线，如窗台、楼梯、阳台等用中实线画出。尺寸线与尺寸界线、标高符号等用细实线画出。

1. 图线的宽度

图线的宽度 b，应根据图样的复杂程度和比例，按现行国家标准《房屋建筑制图统一标准》（GB/T 50001—2017）的有关规定选用，如图 5-2-2 所示。

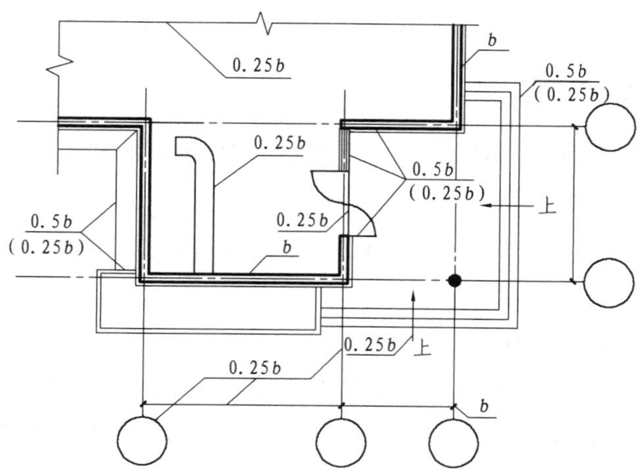

图 5-2-2　平面图图线宽度选用示例

2. 图样画法

（1）平面图的方向宜与总图方向一致。平面图的长边宜与横式幅面图纸的长边一致。

（2）在同一张图纸上绘制多于一层的平面图时，各层平面图宜按层数由低到高的顺序从左至右或从下至上布置。

(3)建筑物平面图应在建筑物的门窗洞口处水平剖切俯视,屋顶平面图应在屋面以上俯视,图内应包括剖切面及投影方向可见的建筑构造以及必要的尺寸、标高等,表示高窗、洞口、通气孔、槽、地沟及起重机等不可见部分时,应采用虚线绘制。

(4)建筑物平面图应注写房间的名称或编号。编号注写在直径为 6 mm 细实线绘制的圆圈内,并在同张图纸上列出房间名称表。

(六)尺寸标注

尺寸分为总尺寸、定位尺寸、细部尺寸三种。绘图时,应根据设计深度和图纸用途确定所需注写的尺寸。

建筑物平面、立面、剖面图,宜标注室内外地坪、楼地面、地下层地面、阳台、平台、檐口、屋脊、女儿墙、雨篷、门、窗、台阶等处的标高。平屋面等不易标明建筑标高的部位可标注结构标高,并予以说明。结构找坡的平屋面,屋面标高可标注在结构板面最低点,并注明找坡坡度。

楼地面、地下层地面、阳台、平台、檐口、屋脊、女儿墙、台阶等处的高度尺寸及标高,宜按下列规定注写:

(1)平面图及其详图注写完成面标高。

(2)立面图、剖面图及其详图注写完成面标高及高度方向的尺寸。

(3)其余部分注写毛面尺寸及标高。

(4)标注建筑平面图各部位的定位尺寸时,应注写与其最邻近的轴线间的尺寸;标注建筑剖面图各部位的定位尺寸时,应注写其所在层次内的尺寸。

方法与步骤

(一)建筑平面图的识读

下面以附图 2 一层平面图为例,介绍建筑平面图的识读方法和步骤。

1. 识读图名、比例、规模

本图图名为一层平面图,比例为 1∶100。本层建筑面积为 1 035.46 m^2,本栋总建筑面积为 3 161.74 m^2。

2. 识读用途、朝向、平面形状

本建筑物用途为幼儿园,据本图指北针判断建筑物为西南朝向,平面形状为“L”形。本建筑物设置 1#、2#楼梯,1#楼梯间位于建筑物的东面,2#楼梯间位于建筑物的西面(也处在“L”形的转折处)。

3. 识读房间布局、用途及相互间联系

本层房间整体布局主要分为生活区域和活动区域。西面为生活区域,主要有门厅、值班室、晨检室、隔离室、洗衣房、更衣间、厨房、卫生间等房间,其中厨房最大,面积为 175.60 m^2,厨房设置一些配套房间,如冷库、主副食库、消毒室、备餐间等;东面为活动区域,活动区域设计三个活动室及寝室,经过外廊进入每个活动室,分别为一班、二班、三班。每班按 30 人设计,面积均为 120.40 m^2,每班活动室均配套男女卫生间、盥洗室和衣帽间。

4. 识读定位轴线位置、总长、总宽、开间、进深

本图的横向①—⑬轴线和纵向Ⓑ—Ⓖ轴线都与墙的中心线重合,建筑物总长 66 300 mm、总宽 19 400 mm,各房间的开间方向尺寸有 7 900 mm、5 550 mm、7 250 mm、3 300 mm 等,进深方向尺寸有 7 100 mm、12 350 mm 等。

5. 识读墙体、柱子及室内设备

本图由墙体围成房间,墙体采用 200 mm 厚烧结页岩空心砖墙及 ALC 条板,内、外墙体中线与轴线位置重合;有约 42 个矩形柱子,多数偏心布置。厨房配置餐梯一部,位于备餐间里。洗衣房配置 5 台洗衣机。卫生间的卫生器具配置完善,每个卫生间均设置洗手盆,除无障碍卫生间配置的是坐便器外,其余均为蹲便器,其中活动室卫生间配置儿童蹲便器,活动室男卫生间还配置了儿童小便器。

6. 识读门窗的分布及其编号

本图中自室外进入建筑物的门共设置 5 个,多为门联窗(MLC)。建筑物内多数房间均设置了窗(C),其中活动室及寝室标识 C5523 为宽 5 500 mm、高 2 300 mm 的大窗,其余门窗的类型及数量可查阅“门窗统计表”(见图 5-2-1)。

7. 识读标高

本图室内标高为±0.000 m(绝对标高 287.350 m),室外标高为-0.100 m。厨房、卫生间、盥洗室及外廊地面标高多数低于室内地面标高,并设泄水坡度坡向地漏,坡度系数有 1%、0.5% 等。

8. 识读室外附属物

本图建筑物入口处均设置无障碍坡道,具体做法详见国标 12J926。外墙四周设置散水和排水沟,具体做法详见图集 12J003。排水沟自起点到终点,沟宽均为 300 mm,沟底标高多数为-0.300 m,泄水坡度为 0.5%,最终排水至室外管网。室外设置 5 个空调机位,图例中用符号 AC 表示。

9. 识读尺寸标注、剖切位置及索引符号

本图设置三道尺寸标注,最外面的一道反映总体尺寸,第二道反映定位轴线尺寸,最里面一道反映门窗、墙体等细部尺寸。本图在走廊、衣帽间、活动室及寝室处设有一组剖切符号,可以与 1—1 剖面图对照识读。在墙身、无障碍坡道、卫生间等处设有索引符号,并加以文字标注,以便查阅对应构造详图或标准图集。

(二)建筑平面图绘制的一般步骤

下面以附图 4 三层平面图为例,介绍建筑平面图的绘制步骤。

(1)画定位轴线,如附图 6(a)所示。

(2)画墙、柱等的轮廓线,如附图 6(b)所示。

(3)画门窗洞和细部构造等,如附图 6(c)所示。

(4)加深图线,标注文字说明、尺寸等,最后成图,如附图 6(d)所示。

拓展与提高

房屋建筑的基本组成

房屋建筑的基本组成如图 5-2-3 所示。

民用建筑的构造组成根据构件在房屋中的不同作用分为主要和次要两部分。房屋的主要组成部分有基础、墙体、柱、楼地层、屋顶、楼梯、门窗；次要组成部分主要指房屋附属的构件和配件，如阳台、雨篷、台阶、散水、通风道等。

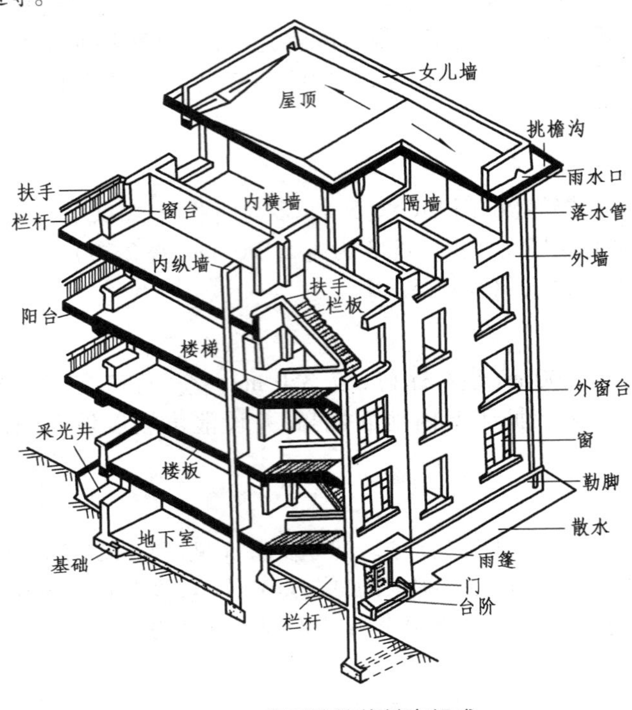

图 5-2-3　房屋建筑的基本组成

思考与练习

(一)单项选择题

1. 假想用一水平剖切平面，沿着房屋各层门窗洞口处将房屋剖开，移去剖切平面以上部分，向水平投影面作正投影所得到的水平投影图，称为建筑(　　)。

A. 平面图　　B. 构件断面图　　C. 详图　　D. 剖面图

2. 建筑平面图的比例应根据建筑物的大小和复杂程度选定，下列选项中(　　)是规范规定的常用比例。

A. 1∶1 000　　B. 1∶5　　C. 1∶100　　D. 1∶1

3. 平面图外部的三道尺寸线，其尺寸注写有（　　）规律。

A. 轴线尺寸注写在第二道尺寸线上，总尺寸注写在内侧

B. 门窗等洞口尺寸注写在内侧，轴线尺寸注写在外侧

C. 总尺寸注写在外侧，门窗等洞口尺寸注写在内侧，轴线尺寸注写在中间

D. 总尺寸注写在内侧，门窗等洞口尺寸注写在外侧，轴线尺寸注写在中间

4. 室外散水应画于（　　）。

A. 底层平面图　　B. 标准层平面图　　C. 顶层平面图　　D. 屋顶平面图

5.【重庆市对口高职考试真题】下列不属于建筑平面图的是（　　）。

A. 基础平面图　　B. 底层平面图　　C. 标准层平面图　　D. 屋顶平面图

6.【重庆市对口高职考试真题】定位轴线编号采用分子分母形式表示的定位轴线被称为（　　）。

A. 主轴线　　B. 附加定位轴线　　C. 次轴线　　D. 一般定位轴线

7.【1+X 证书考试真题】建施中剖面图的剖切符号应标注在（　　）。

A. 底层平面图中　　B. 二层平面图中

C. 顶层平面图中　　D. 中间层平面图中

8.【1+X 证书考试真题】房间的开间方向的尺寸是指（　　）。

A. 竖直方向定位轴线间尺寸　　B. 纵向定位轴线间尺寸

C. 水平方向定位轴线间尺寸　　D. 房间宽度方向间尺寸

9.【1+X 证书考试真题】建筑平面图的外部尺寸一般在图形的下方或左侧注写（　　）尺寸。

A. 一道　　B. 两道　　C. 三道　　D. 四道

（二）多项选择题

1. 建筑平面图的绘制，应遵照的规定有（　　）。

A. 平面图按正投影法绘制，顶棚平面图宜用镜像投影法绘制

B. 平面图应注写房间名称或编号

C. 平面图不表示高窗、地沟等不可见部分

D. 平面图要标注必要的尺寸、标高

E. 屋顶平面图与楼层平面图一样，都是水平剖切的俯视图

2. 从建筑物平面图中可以识读到建筑物的（　　）。

A. 开间　　B. 进深　　C. 墙的厚度　　D. 占地面积指标

E. 室内外高差

3. 建筑平面图上不能够识读到（　　）。

A. 建筑物的地面标高　　B. 建筑物的开间　　C. 门窗的高　　D. 楼梯平台的宽

E. 楼梯踏步高

4.【重庆市对口高职考试真题】建筑平面图包括（　　）图纸。

A. 首层平面图　　B. 基础平面图　　C. $m \sim n$ 层平面图

D. 屋顶平面图　　E. 顶层平面图

5.【1+X 证书考试真题】建筑平面图中的尺寸一般分为(　　)两部分。

A. 外部尺寸　　B. 总体尺寸　　C. 内部尺寸　　D. 细部尺寸

E. 轴线尺寸

(三)判断题

1. 在建筑平面图中,砖墙一般不画出图例,钢筋混凝土柱和墙的断面图通常涂黑表示。(　　)

2. 在建筑平面图中,门窗的代号分别为“C”和“M”。(　　)

3. 散水绘制在屋顶平面图中。(　　)

4. 绘制建筑平面图、立面图、剖面图的常用比例为 1∶100。(　　)

5.【重庆市对口高职考试真题】在建筑平面图中,门的开启线应用中实线表示。(　　)

任务三　识读与绘制建筑立面图

任务描述与分析

建筑平面图只是反映了建筑物平面方向的一些信息,不能反映建筑物立面方向的相关信息。要想知道建筑物的层高、总高、外形、外墙面装饰等信息,就需要学习建筑立面图。附图 7 所示为某地某工程项目 20#幼儿园建筑立面图。

本任务的具体要求是:了解立面图的形成;重点识读建筑物的体型和外貌、门窗形式和位置、外墙面装饰做法等;能够抄绘建筑立面图。

知识与技能

建筑立面图

建筑立面图是在与建筑物立面平行的竖直投影面上所作的正投影图,简称立面图,如附图 7 所示。它是用来表示建筑物外形和外墙面装饰要求的图样。建筑立面图相关规定如下:

(一)立面图的分类

(1)根据建筑物入口或造型特征,分为正立面图、背立面图、左侧立面图和右侧立面图。

(2)按建筑物的朝向,分为东立面图、南立面图、西立面图和北立面图。

(3)按立面图两端的轴线编号进行区别和划分,如①—⑬立面图、⑬—①立面图、Ⓐ—Ⓖ立面图和Ⓖ—Ⓐ立面图。

(二)定位轴线

在地坪线的下方画出立面图左右两端的定位轴线及其编号,以便与平面图对照识读。

(三)图线

用加粗的实线(1.4b)表示该建筑物的室外地坪线;用粗实线(b)表示该建筑物的主要外形轮廓;用中粗实线(0.7b)画出门窗洞、阳台、雨篷、台阶、檐口等的轮廓线;用中线(0.5b)画小于0.7b的图形线、尺寸线、尺寸界线、索引符号等;用细实线(0.25b)画图例填充线等。

(四)图例

立面图内的建筑构造与配件常用图例,见表5-2-1。

(五)标高

(1)室外地坪、室内首层地面、各中间楼层楼面、女儿墙顶面、阳台、栏杆顶面等,应标注到包括装修层或粉刷层在内的完工之后的建筑标高;

(2)门窗洞口、屋檐、外阳台及雨篷梁的底面,一般均指不包括粉刷层在内的结构标高。为了避免产生误会,必要时可在这些标高数值的后面用括号加注“结构”二字。

(六)其他标注

凡是需要绘制详图的部位,都应画上索引符号,房屋外墙面的各部分装饰材料、做法、色彩等用文字说明或列表说明,如门窗详图(附图8)。

方法与步骤

(一)识读建筑立面图

下面以附图7中①—⑬轴立面图为例,介绍建筑立面图的识读方法和步骤。

1. 识读图名和比例

图名为①—⑬轴立面图,比例为1∶100。

2. 识读立面图与平面图的对应关系

对照一层平面图上的指北针或定位轴线编号,找准建筑物主入口,确定①—⑬轴立面图即为正立面图。

3. 识读房屋的体型和外貌特征

该建筑物为三层,平屋顶。两个楼梯间即1#楼梯和2#楼梯均高出屋顶,分别位于建筑物的中部偏西面及建筑物最东面,楼梯间女儿墙顶为整栋房屋的最高处,建筑立面整体呈矩形。主入口在正立面(南面)。正立面共开设两道门,结合门窗详图(附图8)识读,均为铝合金门联窗,标识为MLC3829及MLC2029。在彩色外墙面设置有大面积的玻璃窗。其中,对于有消防救援功能的玻璃窗，窗的净高度和净宽度均不应小于1.0 m，下沿距室内地面不宜大于1.2 m。

4. 识读尺寸及标高

本图中分别注有室外地坪标高-0.100 m，首层室内地面标高±0.000 m，二层地面标高3.700 m，三层地面标高7.400 m，屋面标高11.100 m，女儿墙顶标高12.800 m和13.100 m，突出屋面楼梯间女儿墙顶标高14.700m。图中建筑物高度方向共标注三道尺寸线，最外侧一道尺寸线标注总高度，西侧为13 100 mm，东侧为14 700 mm；中间道尺寸线主要标注层高，尺寸为3 700 mm；最里面尺寸线主要标注门窗等高度，尺寸有2 900 mm、2 300 mm等。部分圆角窗圆角部位标识圆弧半径值，如*R*250、*R*900等。

5. 识读房屋外墙表面装修做法

本建筑正立面外墙主要采用涂料和石材两种材料并配以栏栅装饰。其中，石材主要用于正大门外贴脸装饰及首层活动区域外墙面装饰，颜色分别为米黄色和浅灰色；剩余墙面装饰材料均采用涂料，颜色多样，如红色、绿色、橙色、浅灰色、米白色等，设计师精心搭配造型，外观活泼靓丽；栏栅装饰点缀在活动区域正立面竖向窗间墙上，颜色多与同部位涂料同色系，立体感强。

（二）建筑立面图绘制的一般步骤

下面以附图7①—⑬轴立面图为例，介绍建筑立面图的绘制步骤。

（1）建立轴网，如附图9（a）所示。

（2）按尺寸画出室外地坪线、外形轮廓线、屋顶线，如附图9（b）所示。

（3）画层高线、门窗洞线和分格线、阳台、雨篷、雨水管等，如附图9（c）所示。

（4）画门窗开启方向、轴线及细部构造，按施工图的要求加深图线，并标注标高、轴线编号及详图索引符号，写图名、比例及有关文字说明等，最后成图，如附图9（d）所示。

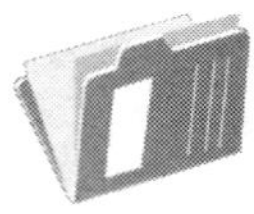

拓展与提高

建筑风格

建筑风格指建筑设计中在内容和外貌方面所反映的特征，主要在于建筑的平面布局、形态构成、艺术处理和手法运用等方面所显示的独创和完美的意境。建筑风格因受时代的政治、社会、经济、建筑材料和建筑技术等的制约以及建筑设计思想、观点和艺术素养等的影响而有所不同。如外国建筑史中古希腊、古罗马有多立克、爱奥尼克和科林斯等代表性建筑柱式风格；中古时代有哥特建筑的建筑风格（图5-3-1），其特点是尖塔高耸、尖形拱门、大窗户及绘有圣经故事的花窗玻璃；文艺复兴后期有运用矫揉奇异手法的巴洛克和纤巧烦琐的洛可可（图5-3-2）等建筑风格。我国古代宫殿建筑（图5-3-3），其平面严谨对称，主次分明，砖墙木梁架结构，飞檐、斗拱、藻井和雕梁画栋等形成中国特有的建筑风格。

图 5-3-1　哥特式建筑风格

图 5-3-2　巴洛克建筑风格

图 5-3-3　中式宫殿建筑(重庆大礼堂)

思考与练习

(一)单项选择题

1. 表明建筑物外表面特征的图是(　　)。

A. 平面图　　B. 剖面图　　C. 立面图　　D. 详图

2. 建筑立面图是用来表示建筑物的外形和(　　)的图样。

A. 外墙面装饰要求　　B. 结构构造

C. 总体布局　　D. 以上三项都包括

3. 若某建筑物房间与卫生间的地面高差为 0.020 m,标准层高为 3.600 m,则该楼三层卫生间地面标高应为(　　)m。

A. -0.020　　B. 7.180　　C. 3.580　　D. 3.600

4.【重庆市对口高职考试真题】在建筑立面图中,用于表达室外地坪线的线型是(　　)。

A. 细实线　　B. 中实线　　C. 粗实线　　D. 特粗实线

5.【1+X 证书考试真题】建筑物的层高是指(　　)。

A. 相邻上下两层楼面间高差　　B. 相邻两层楼面高差减去楼板厚

C. 室内地坪减去室外地坪高差　　D. 室外地坪到屋顶的高度

(二)多项选择题

1. 建筑立面图表示的内容包括(　　)。

A. 室外台阶、勒脚、墙面分格线　　B. 墙上的预留洞口

C. 外墙各主要部位标高　　D. 电线管的穿墙位置

E. 雨水管的立面位置

2. 外墙装饰材料和做法一般在(　　)上有表示或说明。

A. 总平面图　　B. 平面图　　C. 立面图　　D. 剖面图

E. 设计说明

3. 下列各选项中,对建筑立面图上尺寸与标高的描述,错误的是(　　)。

A. 建筑立面图上高度方向的尺寸应用标高的形式来标注

B. 一般不包括粉刷层在内的称为建筑标高

C. 包括装修层或者粉刷层在内的称为结构标高

D. 标高分为建筑标高和结构标高

E. 建筑标高就是结构标高

4.【重庆市对口高职考试真题】下列属于建筑立面图图示内容的是(　　)。

A. 尺寸标高　　B. 详图符号　　C. 外墙面装修做法

D. 外墙面上的门窗　　E. 索引符号

5.【重庆市对口高职考试真题】下列选项中,能用来命名建筑立面图图名的是(　　)。

A. 建筑的位置　　B. 建筑的朝向　　C. 建筑的外貌特征

D. 建筑首尾的定位轴线　　E. 建筑的层数

6.【1+X 证书考试真题】建筑立面图的命名方法主要有(　　)三种。

A. 按索引及详图符号命名　　B. 按建筑物的层数命名

C. 按立面图两端的轴线编号命名　　D. 按建筑物的主要出入口命名

E. 按房屋的朝向命名

(三)判断题

1. 建筑立面图是用来表示建筑物外形装饰和内部装饰的图样。(　　)
2. 在建筑立面图中,用加粗的粗实线表示该建筑物的室外地坪线。(　　)
3. 建筑立面图上高度方向的尺寸用标高的形式来标注。(　　)
4. 【重庆市对口高职考试真题】建筑立面图是投影面平行于建筑各个外墙面的正投影图。(　　)
5. 【1+X 证书考试真题】屋顶的标高就是房屋的总高度。(　　)

任务四　识读与绘制建筑剖面图

任务描述与分析

建筑物是一个复杂的形体,它的内部情况还不能从建筑平面图、建筑立面图中去获取,要想了解建筑物的内部情况,就需要学习建筑剖面图。附图 10 所示为某地某工程项目 20#幼儿园建筑剖面图。

本任务的具体要求是:了解剖面图的形成,结合底层平面图中剖切符号所在位置,用空间思维相互联系识读建筑剖面图;重点是识读房屋各部位的高度及房屋内部构造和结构形式、分层情况、各部位的联系、构造做法;能够抄绘建筑剖面图。

知识与技能

建筑剖面图

建筑剖面图是假想用一个垂直于外墙轴线的铅垂剖切面,将建筑物剖开,移去一部分,对留下部分作正投影所得到的投影图,简称剖面图,如附图 10 所示。建筑剖面图相关规定如下:

(一)剖切位置及图名

剖面图的剖切部位,应根据图纸的用途或设计深度,在平面图上选择能反映全貌、构造特征以及有代表性的部位剖切。剖面图的图名应与平面图中所标注剖切符号的编号一致,如 1—1 剖面图等。

(二)图例

剖面图内的建筑构造与配件图例见表 5-2-1。

(三)索引符号

对于某些局部构造在剖面图中无法表达清楚时,可用详图索引符号引出,另绘详图。

(四)画法

(1)在剖面图的图线画法中,砖墙一般不画图例,钢筋混凝土的梁、柱、楼板和屋面的断面通常涂黑表示。粉刷层在 1∶100 的剖面图中不必画出,当选用的比例为 1∶50 或更大时,则要用细实线画出。

(2)图线线宽。剖面图中的图线线宽如图 5-4-1 所示。

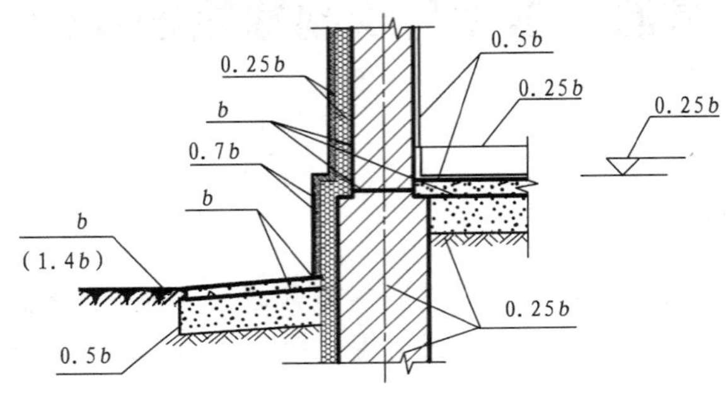

图 5-4-1　墙身剖面图图线线宽选用示例

(五)比例、尺寸与标高

剖面图的比例选用,应与平面图、立面图一致。

剖面图中必须标注垂直尺寸。外墙的高度尺寸分三道标注:最外面一道为室外地面以上建筑的总高尺寸;第二道为层高尺寸,同时注明室内外的高差尺寸;第三道为门窗洞、洞间墙以及其他细部尺寸。另外,水平方向定位轴线之间的尺寸也须标注出。

剖面图中必须标注室内外地坪、各层楼面、楼梯休息平台、屋面和女儿墙等处的标高。

方法与步骤

(一)识读建筑剖面图

以附图 10 剖面图为例,介绍建筑剖面图的识读方法和步骤。

1. 识读图名比例

本图图名为 1—1 剖面图,比例为 1∶100。

2. 与各层平面图对照确定剖切位置及投影方法

结合幼儿园一层平面图 1—1 剖切符号位置,可知本图是剖切了过道、衣帽间、活动室及寝室后向右正投影而得的横向全剖面图,可见外部空调机位、楼梯间窗、⑩/Ⓖ柱、⑩/Ⓓ柱、⑩/Ⓑ柱、外墙装饰线,基本能反映建筑物内部的构造特征。

3. 识读房屋内部构造和结构形式

图中剖切建筑分为三层,有突出屋面的楼梯间,建筑屋面为平屋面(保温上人屋面)。各层梁、板结构材料均为钢筋混凝土,多数墙体材质为砖墙。结构形式为框架结构,结构部分需结合结构施工图确认。

图中各楼层过道Ⓖ轴侧均设置防护栏杆,高度≥1 350 mm,二三层活动室Ⓑ轴侧均设置护窗栏杆,完成面起高 950 mm,做法详见索引符号对应的详图。

4. 识读尺寸标注

图中主要竖向尺寸为三道尺寸,最外一道尺寸标注总高 12 800 mm;第二道尺寸标注有室内外高差 100 mm,层高 3 700 mm,女儿墙高 1 700 mm 等;细部竖向尺寸标注了窗台高 600 mm,窗高 2 300 mm 及 2900 mm,梁高 700 mm 及 800 mm 等。水平向尺寸主要标注轴线尺寸,Ⓖ—Ⓔ轴间尺寸 3 200 mm,Ⓔ—Ⓓ轴间尺寸 2 600 mm,Ⓓ—Ⓒ轴间尺寸 6 500 mm,Ⓒ—Ⓑ轴间尺寸 2 450 mm。

5. 识读标高

图中注有室外地坪标高-0.100 m,首层室内地面标高±0.000 m,二层地面标高 3.700 m,三层地面标高 7.400 m,屋面标高 11.100 m,女儿墙标高 12.800 m,突出屋面楼梯间顶标高 14.700 m。

(二)建筑剖面图绘制的一般步骤

以附图 10 剖面图为例,介绍建筑剖面图的绘制步骤。

(1)画房屋纵向定位轴线,如附图 11(a) 所示。

(2)画室内外地坪线、层高线、女儿墙顶部位置线等,如附图 11(b)所示。

(3)画墙体、栏杆、窗、楼层、屋面轮廓线和细部构造,如附图 11(c)所示。

(4)标注尺寸及标高、比例、图名等,如附图 11(d)所示。

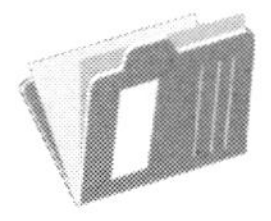

拓展与提高

建筑平、立、剖面图联合识读

识读建筑工程施工图时,将建筑平、立、剖面图对照起来识读,主要注意以下几点:

(1)立面图的名称是否与平面图的方位一致。

(2)剖面图的剖切位置和剖视方向应结合相关平面图识读。

(3)在建筑平、立、剖面图中定位轴线编号、尺寸和标高要对照识读,对应处应该一致。

(4)平面图中门窗、阳台、楼梯等的布置与大小应与立面图、剖面图及相关明细表对照识读。

(5)立面图和剖面图中某些外墙装饰等做法,还应结合建筑设计总说明进行识读。

思考与练习

(一)单项选择题

1. 多层住宅建筑剖面图的剖切位置选择,一般应经过(　　)。

A. 室内用户外门　　B. 厨房　　C. 起居室　　D. 楼梯间

2. 下列关于房屋剖面图的标注,正确的是(　　)。

A. 注写的标高是相对标高值,且为结构层的定位标高

B. 要注写竖向尺寸,并以米为单位

C. 在层高处要绘制标高符号,其他标高值可不绘制标高符号

D. 注写的标高是相对标高值,且为建筑标高

3. 在建筑剖面图中,室内外地坪线用(　　)表示。

A. 粗实线　　B. 细实线　　C. 加粗的粗实线　　D. 细点画线

4.【重庆市对口高职考试真题】在建筑施工图中,标高的单位是(　　)。

A. mm　　B. cm　　C. m　　D. km

5.【1+X 证书考试真题】从(　　)中可了解到房屋立面上建筑装饰的材料和颜色、屋顶的构造形式、房屋的分层和高度、屋檐的形式以及室内外地面的高差等。

A. 立面图　　B. 剖面图　　C. 立面图和剖面图　　D. 平面图

(二)多项选择题

1. 建筑物的高度可以在(　　)中读到。

A. 建筑平面图　　B. 建筑剖面图　　C. 建筑立面图　　D. 屋顶平面图

E. 详图

2. 建筑剖面图的绘制应遵照的规定有(　　)。

A. 按正投影法绘制

B. 剖面图应包括剖切投影方向可见的构造及构配件

C. 剖面图应标注必要的尺寸、标高

D. 比例大于 1 : 50 的图样,宜画出材料图例

E. 只能采用全剖面绘制

3. 房屋剖面图的剖切符号有(　　)规定。

A. 剖切符号由剖切位置线及投射方向线组成,都用粗实线绘制

B. 剖切符号的编号只能用阿拉伯数字编号

C. 剖切符号一般只标注在首层平面图上

D. 剖切符号绘制在房屋平面图外

E. 剖切符号的剖切位置线要穿过房屋的墙体

4.【重庆市对口高职考试真题】建筑剖面图一般需要标注的内容有(　　)。

A. 门窗洞口高度　　B. 层间高度

C. 楼板与梁的断面高度　　D. 建筑总高度

E. 室外地坪高度

5.【重庆市对口高职考试真题】剖面图中,标注的标高有(　　)。

A. 结构标高　　B. 相对标高　　C. 建筑标高　　D. 绝对标高

E. 黄海标高

6.【1+X 证书考试真题】建筑剖面图中剖切符号的编号可以是(　　)。

A. 阿拉伯数字　　B. 大写拉丁字母

C. 希腊字母　　D. 罗马数字

E. 中文数字

(三) 判断题

1. 建筑剖面图中,剖面图的图名应与平面图上所标注剖切符号的编号一致。(　　)

2. 在建筑剖面图中,被剖切到的墙身、楼面、屋面、梁、楼梯等轮廓线用细实线绘制。(　　)

3.【重庆市对口高职考试真题】建筑剖面图表达了房屋内部垂直方向的高度、楼层分层及简要的结构形式和构造方式。(　　)

4.【1+X 证书考试真题】剖面图中的阶梯剖是属于全剖的特例。(　　)

任务五　识读楼梯详图

任务描述与分析

楼梯是建筑物上下交通的重要设施,也是消防的安全通道,楼梯的形式、组成、构造等情况需要从楼梯详图中去获取。附图 12 所示为某地某工程项目 20#幼儿园 1#楼梯详图。

本任务的具体要求是:了解楼梯详图的组成;重点识读楼梯上下行方向、形式、组成、位置、尺寸、构造等;能够抄绘楼梯详图。

知识与技能

假想用一水平剖切面在该层(楼)地面以上 1 ~ 1.2 m 的位置将楼梯间水平切开,移去剖切平面以上的部分,将剩下部分按正投影的方法绘制而成的水平投影图,称为楼梯平面图。

楼梯详图的形成与画法

假想用一铅垂面沿第一梯段的长度方向将楼梯间垂直切开,向另一梯段方向作正投影所得到的投影图,称为楼梯剖面图。

（一）楼梯详图的概念

建筑楼梯详图是指用较大比例绘制的楼梯平面图、剖面图和节点详图，如附图 12 所示。

（二）比例

建筑详图的比例系列为 1∶1、1∶2、1∶5、1∶10、1∶15、1∶20、1∶25、1∶30、1∶50 等，可根据需要选用。

（三）图名

为了把绘制的详图与平面图、立面图的图号和位置联系起来，常用索引符号、详图符号及剖切符号的编号来标识，以便对照识读，如 1#楼梯 1—1 剖面大样图。

（四）索引标准图集

对于套用标准图或通用图集的建筑构配件和节点，只需注明所套用图集的名称、详图所在的页数和编号，不必再画详图。有时在详图中还需再绘制详图的细部，同样要画上索引符号。此外，必要时还应用文字说明详图的用料、做法和技术要求等，如详西南 18J412 托幼楼梯栏杆（图 5-5-1）。

楼梯栏杆详图反映了栏杆的形状、材料、构造和尺寸。

方法与步骤

（一）识读楼梯平面图

以附图 12 楼梯详图为例，介绍楼梯平面图的识读方法和步骤。

1. 识读图名与比例

本图图名分别为 1#楼梯一层平面大样图、1#楼梯二层平面大样图、1#楼梯三层平面大样图、1#楼梯屋顶层平面大样图，绘图比例均为 1∶50。

2. 识读楼梯间在平面图中的位置、尺寸

1#楼梯间处在⑫轴和⑬轴线之间，位于建筑物的东面。楼梯间开间为 3 300 mm、进深为 8 800 mm。

3. 识读楼梯间墙、柱、门窗的平面位置及构造

本楼梯间平面形状为长方形，四角各设一矩形柱，东南角为弧形墙。一层楼梯间北面设置一道建筑物入户门，标识为 MLC2828；屋顶层楼梯间出屋面处设置一道双扇平开门，标识为 BM1521。各层楼梯间均设置窗，标识有 C1929、C2829 等，分别位于第⑬轴线和第Ⓒ轴线的墙上。各楼层楼梯均设置靠墙托幼扶手，构造详见建筑图集西南 18J412 第 56 页 1 号图样。

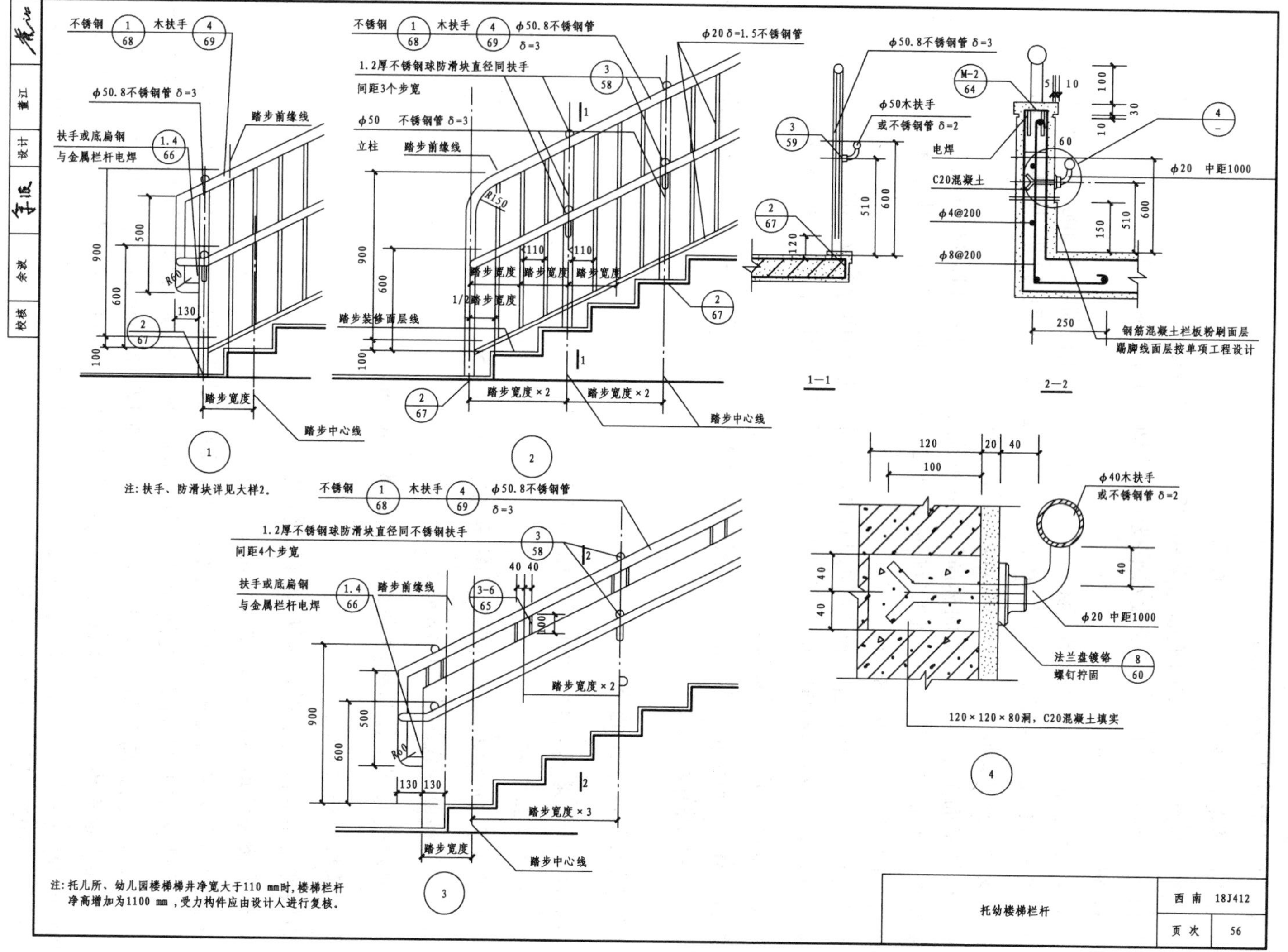

图 5-5-1　楼梯栏杆构造详图

4. 识读各层楼梯的平面形式

1#楼梯平面形式为双跑平行式。

5. 识读楼梯走向、踏步、平台尺寸、标高

一层楼梯平面图中,自室内地面标高±0. 000 m 至二层楼面标高 3. 700 m 共上 29 步,其中一跑为 14 步,另一跑为 15 步,长梯段水平投影长 3920 mm,踏步宽 280 mm。两个梯段宽均为 1 600 mm,梯井宽 100 mm。

二层楼梯平面图中,自二层楼面标高 3. 700 m 至三层楼面标高 7. 400 m 共上 29 步;自二层楼面标高 3. 700 m 至一层楼面标高±0. 000 m 共下 29 步。梯段、踏步、梯井尺寸同一层。休息平台轴线尺寸宽 2 200 mm,长 3 300 mm,标高 5. 486 m。

三层楼梯平面图中,自三层楼面标高 7. 400 m 至屋顶层标高 11. 100 m 共上 29 步;自三层楼面标高 7. 400 m 至二层楼面标高 3. 700 m 共下 29 步。梯段、踏步、梯井及休息平台平面尺寸同二层,休息平台标高 9. 186 m。

屋顶层楼梯平面图中,自屋顶层标高 11. 100 m 至三层楼面标高 7. 400 m 共下 29 步。在平台悬空处设置 100 mm×100 mm 的混凝土挡台,并设置防护栏杆,高度≥1 300 mm。

6. 识读楼梯剖面图的剖切位置

结合本建筑 1#楼梯一层平面大样图中 1—1 剖切符号位置,显示剖切到了楼梯间的横向墙、门窗、平台和梯段等。

(二)识读楼梯剖面图

以附图 12 为例,介绍楼梯剖面图的识读方法和步骤。

1. 识读图名与比例

本图图名为 1#楼梯 1—1 剖面大样图,绘图比例为 1∶50。

2. 识读楼梯间轴线编号与进深尺寸

本图显示楼梯间在Ⓖ轴和(1/C)轴线间,进深 8 800 mm。

3. 识读楼梯的结构类型

本楼梯为钢筋混凝土板式楼梯,设有平台梁。

4. 识读楼梯的细部做法、尺寸及标高

本图中显示为三层楼梯,除楼梯间屋顶为保温不上人屋面外,其余为可上人屋面。

第一层楼梯位于 1F 和 2F 之间,层高 3 700 mm。两个梯段,标识“127. 6×14＝1 786”表示第一个梯段垂直投影高 1 786 mm,14 步,每个踏步高 127. 60 mm;标识“127. 6×15＝1 914”表示第二个梯段垂直投影高 1 914 mm,15 步,每个踏步高 127. 60 mm。楼梯间首层地面标高为±0. 000 m(绝对标高为 287. 350 m),休息平台标高为 1. 786 m。结合平面图中的剖切线方向,此处可见窗 C1929 及护窗栏杆的立面图。

第二层楼梯位于 2F 和 3F 之间,两个梯段。楼层平台标高为 3. 700 m,休息平台位于标高 5. 486 m 处。其余同第一层楼梯。

第三层楼梯位于 3F 和 RF 之间，两个梯段。楼层平台标高为 7.400 m，休息平台位于标高 9.186 m 处。其余同第一层楼梯。

本图中各层楼梯踏步均设置防滑条，构造详见建筑图集西南 18J412 第 70 页 1 号图样；楼梯栏杆构造详见建筑图集西南 18J412 第 43 页第 6 号图样；楼梯托幼扶手构造详见建筑图集西南 18J412 第 56 页第 1 号图样；楼梯间出屋面平台标高为 11.100 m，平台悬空处设置防护栏杆，水平段净高不应小于 1.30 m。

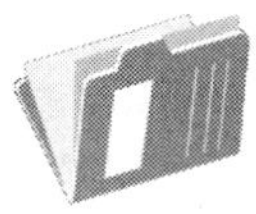

拓展与提高

楼梯简介

楼梯是建筑物中作为楼层间垂直交通用的构件，用于楼层之间和高差较大时的交通联系。在设有电梯、自动梯作为主要垂直交通手段的多层和高层建筑中，也要设置楼梯，供火灾时逃生之用。楼梯由连续梯级的梯段（又称梯跑）、平台（休息平台或中间平台及楼层平台）和栏杆（栏板）等组成，如图 5-5-2 所示。

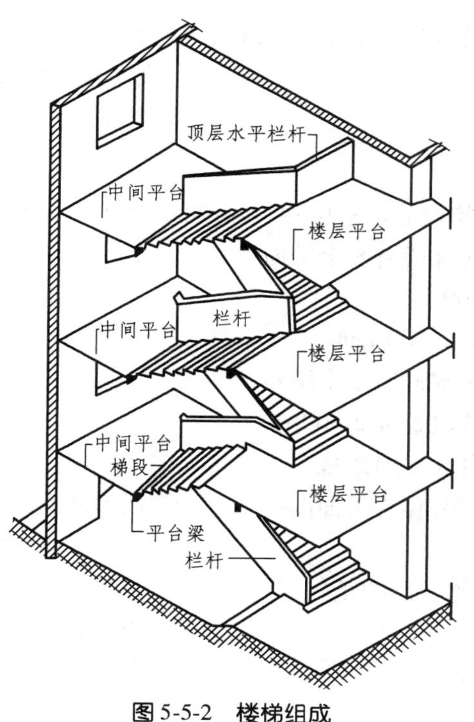

图 5-5-2　楼梯组成

思考与练习

（一）单项选择题

1. 楼梯平面图中，梯段处绘制长箭线并注写“上 17”表示（　　）。

A. 从该楼层到顶层需上 17 级踏步
B. 从该楼层到上一层楼层需上 17 级踏步
C. 从该楼层到休息平台需上 17 级踏步
D. 该房屋各楼梯均为 17 级踏步

2. 楼梯剖面图中,标注的栏杆高度 900 mm,是指(　　)。
A. 踏步边缘至栏杆顶面高度为 900 mm
B. 踏步中心至栏杆顶面高度为 900 mm
C. 踏步内侧至栏杆顶面高度为 900 mm
D. 踏步中心至栏杆扶手底面高度为 900 mm

3. 楼梯详图不包括(　　)。
A. 楼梯平面图　　B. 楼梯立面图　　C. 楼梯剖面图　　D. 楼梯节点详图

4.【重庆市对口高职考试真题】楼梯平面图是指在该楼层地面以上(　　) m 处水平切开,将剩下的部分按正投影的方法绘制而成的水平投影图。
A. 0.8　　B. 0.9　　C. 1.2　　D. 2.2

5.【1+X 证书考试真题】楼梯的踏步数与踏面数的关系是(　　)。
A. 踏步数= 踏面数　　B. 踏步数-1=踏面数
C. 踏步数+1=踏面数　　D. 踏步数+2=踏面数

(二)多项选择题

1. 楼梯剖面图中,表示梯段的水平尺寸“250×8=2 000”,其含义是(　　)。
A. 踏步宽度 250 mm,每梯段有 8 个踏面
B. 梯段实际长度为 2 000 mm
C. 梯段水平投影长度为 2 000 mm
D. 踏步高度 250 mm,每梯段有 8 个踏步
E. 梯段宽度 250 mm,梯段长度 2 000 mm

2. 楼梯建筑详图一般由(　　)组成。
A. 楼梯立面图　　B. 楼梯平面图　　C. 楼梯剖面图　　D. 节点详图
E. 楼梯结构图

3. 在楼梯平面图中,应该标出的是(　　)。
A. 梯段上下方向　　B. 楼梯开间与进深
C. 楼地面与平台面的标高　　D. 各细部的详细尺寸
E. 楼梯的组成

4.【重庆市对口高职考试真题】楼梯详图中,可以获取(　　)等信息。
A. 楼梯的形式　　B. 楼梯的组成　　C. 楼梯的构造　　D. 楼梯的价格
E. 楼梯的使用年限

5.【1+X 证书考试真题】楼梯的组成部分有(　　)。
A. 楼梯段　　B. 休息平台　　C. 扶手　　D. 栏杆
E. 楼梯梁

(三)判断题

1. 楼梯详图一般由楼梯平面图、楼梯剖面图和节点详图组成。　(　　)
2. 楼梯平面图中,需标出楼梯上下方向。　(　　)
3. 楼梯栏杆详图反映了栏杆的形状、材料、构造和尺寸。　(　　)
4.【重庆市对口高职考试真题】楼梯剖面图的名称与其楼梯平面图无关。　(　　)
5.【1+X 证书考试真题】楼梯扶手高度是指楼梯踏面至扶手中心的距离。　(　　)

考核与鉴定五

(一)单项选择题

1. 在建筑总平面图中,新建建筑应用(　　)绘制。

A. 粗实线　B. 细实线　C. 中粗虚线　D. 细实线打×

2. 下列(　　)必定属于总平面图表达的内容。

A. 相邻建筑的位置　B. 墙体轴线　C. 柱子轴线　D. 建筑物总高

3. 施工图中标注的相对标高±0.000 是指(　　)。

A. 该建筑物室内首层地面　B. 建筑物室外地坪
C. 青岛附近黄海平均海平面　D. 建筑物室外平台

4. 屋顶平面图中,绘制的箭线并注写 $i=2\%$,表示(　　)。

A. 排水方向及坡度,方向为箭头指向,坡度为 2%
B. 排水方向及坡度,方向为箭尾方向,坡度为 2%
C. 箭线表示屋脊,2% 表示排水坡度
D. 箭线表示屋脊线,2% 表示排水方向

5. 建筑立面图中,高度方向的尺寸用(　　)形式标注。

A. 数字　B. 字母　C. 标高　D. 米

6. 建筑立面图不能用(　　)进行命名。

A. 建筑位置　B. 建筑朝向
C. 建筑外貌特征　D. 建筑首尾定位轴线

7. 若某建筑物房间与卫生间的地面高差为 0.020 m,标准层高为 3.600 m,则该楼三层卫生间地面标高应为(　　)m。

A. -0.020　B. 7.180　C. 3.580　D. 3.600

8. 建筑剖面图不会标注(　　)等内容。

A. 门窗洞口高度　B. 层间高度
C. 楼板与梁的断面高度　D. 门窗洞口宽

9. 楼梯平面图中标明的“上”或“下”的长箭头以(　　)为起点。

A. 室内首层地坪　B. 室外地坪
C. 该层楼地面　D. 该层休息平台

10. 楼梯剖面图,不可以表达出(　　)。

A. 楼梯的建造材料　B. 建筑物的层数　C. 楼梯的梯段数　D. 楼梯的类型

(二)多项选择题

1. 下列关于总平面图中的坐标网,正确的说明有(　　)。
A. 测量坐标画成十字交叉线,建筑坐标画成网格通线
B. 测量坐标用 X、Y 表示,建筑坐标用 A、B 表示
C. X 表示南北方向轴线坐标值,Y 表示东西方向轴线坐标值
D. A 轴线沿竖直方向绘制,B 轴线沿水平方向绘制
E. 坐标值为负数时,应注写"-"号;为正数时,"+"号可以省略

2. 在总平面图中,(　　)画法和标注方法是正确的。
A. 粗实线绘制拟建房屋,细实线绘制原有房屋
B. 房屋小圆点表示楼层数,单层的房屋可标注
C. 一般按上东下西方向绘制,可向左或右偏转,但不宜超过 45°
D. 房屋定位都采用建筑坐标
E. 首层室内标高按相对标高注写

3. 建筑平面图中可表明建筑物朝向的是(　　)。
A. 图名　B. 定位轴线　C. 门的开户方向　D. 风向玫瑰图
E. 指北针

4. 关于窗洞口尺寸,标识 C3528,理解正确的是(　　)。
A. 宽 3 500 mm　B. 高 2 800 mm　C. 高 3 500 mm　D. 高 2 800 mm
E. 面积 3.528 m^2

5. 建筑立面图能用(　　)进行命名。
A. 建筑位置　B. 建筑朝向
C. 建筑外貌特征　D. 建筑首尾定位轴线
E. 建筑标高

6. 建筑立面图的绘制,应遵照的规定有(　　)。
A. 较简单的建筑物,在不影响构造处理和施工的情况下,可只绘制一半,同时在对称轴线上画出对称符号
B. 若某立面绘制有透视图,则可不再绘制立面图
C. 立面图外墙面的分格线是示意性质,可不按实际绘制
D. 平面形状曲折的立面,可绘制展开立面图,并标注"展开"二字
E. 立面图也要标注必要的尺寸和标高

7. 建筑剖面图的绘制,应遵照的规定有(　　)。
A. 按正投影法绘制
B. 剖面图应包括剖切投影方向可见的构造、构配件
C. 剖面图应标注必要的尺寸、标高
D. 比例大于 1 : 50 的图样,宜画出材料图例
E. 只能采用全剖面绘制

8. 标高有建筑标高和结构标高之分。对室外地坪、室内首层地面、各中间楼层地面、女儿

墙顶面等,应用(　　)标注。

A. 结构标高　　B. 相对标高　　C. 绝对标高　　D. 建筑标高

E. 高度尺寸

9. (　　)不能表达出楼梯的建造材料、建筑物的层数、楼梯梯段数、步级数以及楼梯的类型与结构形式。

A. 楼梯剖面图　　B. 楼梯详图　　C. 建筑立面图　　D. 建筑平面图

E. 建筑详图

10. 楼梯主要组成部分有(　　)。

A. 梯段　　B. 平台　　C. 栏杆　　D. 楼梯间

E. 梯井

(三)判断题

1. 在建筑总平面图中,拆除的建筑物应用细实线绘制。(　　)
2. 建筑总平面图不能反映出建筑的朝向。(　　)
3. 平面图中不能识读到高度信息。(　　)
4. 标高就是高度尺寸。(　　)
5. 建筑立面图中,绝对不可能出现索引和详图符号。(　　)
6. 室内楼梯属于建筑立面图图示的内容。(　　)
7. 在建筑剖面图中,必须标注的是垂直尺寸和标高。(　　)
8. 建筑物的剖面图只能绘制一个。(　　)
9. 对于某些局部构造,在剖面图中无法表达清楚时,可以用详图索引符号引出,另绘制详图。(　　)
10. 楼梯剖面图能表达出楼梯的建造材料、建筑物的层数、楼梯的梯段数、步级数及楼梯的类型。(　　)

模块六　识读钢筋混凝土结构施工图

建筑施工图表达了建筑物的外形、内部布置、细部构造和内、外装修等内容，对于建筑物的结构部分，则没有详细表达，如梁、板等构件仅有轮廓示意。因此，在房屋设计中，除了要进行建筑设计，绘制出建筑施工图外，还要进行结构设计，绘制出结构施工图。

结构施工图是表达建筑物承重构件的类型、布置、形状、大小、材料及其构造的施工图，也是建筑工程施工、工程算量、编制预算和施工进度计划的依据。本模块主要学习识读钢筋混凝土结构施工图，有三个任务，即了解结构施工图的基本知识，掌握结构施工图制图标准，识读结构施工图。

学习目标

（一）知识目标

1. 能熟悉结构施工图的制图标准；
2. 能掌握结构施工图中钢筋混凝土构件的基本知识；
3. 能了解结构施工图的图示内容。

（二）技能目标

1. 能识读钢筋混凝土结构施工图；
2. 能够抄绘基础、板、梁、柱等构件详图；
3. 能根据结构施工图进行钢筋翻样。

（三）职业素养

1. 培养学生贯彻和执行国家制图标准的意识，具备规范从业的价值观；
2. 培养学生严谨、认真、一丝不苟的工作态度；
3. 培养学生对技能的熟练与提高要有百折不挠的精神，并逐步具备终身学习的意识。

任务一　了解结构施工图的基本知识

任务描述与分析

要想识读钢筋混凝土结构施工图，必须了解结构施工图的内容，认识钢筋混凝土构件。

本任务的具体要求是：了解结构施工图的内容，掌握钢筋混凝土构件的基本知识。

知识与技能

（一）结构施工图的概念及其用途

结构施工图是对房屋建筑中的承重构件进行结构设计后绘制成的图样。结构设计时，根据建筑要求选择结构类型，并进行合理布置，再通过力学计算确定构件的断面形状、大小、材料及构造等，并将设计结果绘成图样，以指导施工，这种图样简称为"结施"。

结构施工图与建筑施工图一样，是施工的依据，主要用于放灰线、挖基槽（坑）、基础施工、支模板、配钢筋、浇筑混凝土等施工过程，也是计算工程量、编制预算和施工进度计划的依据。

（二）结构施工图的内容

不同类型的结构，其施工图的具体内容也不同，但一般包括下列三个方面的内容。

1. 结构设计说明

结构设计说明，一般包括以下内容：抗震设计与防火要求，地基与基础、地下室、钢筋混凝土各种构件、砖砌体、后浇带与施工缝等部分选用的材料类型、规格、强度等级，施工注意事项等。

2. 结构平面图

（1）基础平面图：采用桩基础时，还应包括桩位平面图，工业建筑还包括设备基础布置图。

（2）楼层结构平面布置图：工业建筑还包括柱网、吊车梁、柱间支撑、连系梁布置等。

（3）屋面结构平面布置图：工业建筑还包括屋面板、天沟板、屋架、天窗架及支撑系统布置等。

3. 构件详图

（1）梁、板、柱及基础结构详图。

（2）楼梯结构详图。

（3）屋架结构详图。

（4）其他详图，如支撑、连接件、预埋件等详图。

（三）钢筋混凝土构件

1. 钢筋混凝土构件及混凝土强度等级

钢筋混凝土构件由钢筋和混凝土两种材料组合而成。混凝土由水泥、砂子、石子和水按一定比例拌和硬化而成。

根据《混凝土结构设计规范》（GB 50010—2010,2015 年版）的规定，混凝土按其抗压强度分为 C15、C20、C25、C30、C35、C40、C45、C50、C55、C60、C65、C70、C75、C80 共 14 个强度等级，数字越大，其抗压强度越高。

2. 钢筋的分类与作用

（1）按钢筋在构件中所起的作用分类，如图 6-1-1 所示。

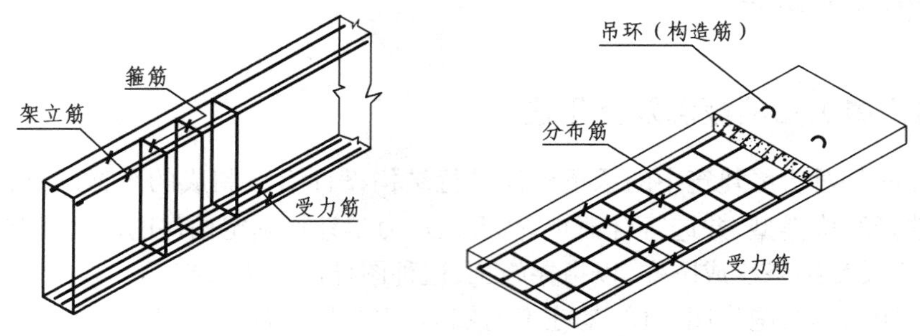

图 6-1-1　钢筋分类

- 受力钢筋：承受拉力或压力的钢筋。
- 架立钢筋：一般在梁中使用，与受力钢筋、箍筋一起形成骨架，起固定钢筋位置的作用。
- 箍筋：一般用在梁和柱内，起固定纵向受力钢筋的作用，并承受一部分斜拉力。
- 分布钢筋：一般用于板内，与受力钢筋垂直，固定受力钢筋的位置，使受力钢筋受力分布均匀，并可防止或限制由于温度变化或混凝土收缩等原因引起的混凝土开裂。
- 构造筋：为满足构造和吊装需要设置的钢筋。

（2）按钢筋的力学性能分类，见表 6-1-1。

表 6-1-1　钢筋混凝土中普通钢筋的分类

种　类	符　号	公称直径 d/mm	屈服强度标准值/（N · mm^{-2}）	极限强度标准值/（N · mm^{-2}）
HPB300	Φ	6 ~ 14	300	420
HRB400 HRBF400 RRB400	⌀ ⌀^{F} ⌀^{R}	6 ~ 50	400	540
HRB500 HRBF500	Φ̄ Φ̄^{F}	6 ~ 50	500	630

3. 钢筋保护层和弯折

1)钢筋的保护层

为了延长钢筋混凝土构件的使用寿命,钢筋应该防锈、防水、防腐蚀。最外层钢筋外边缘起保护钢筋作用的混凝土层称为保护层。保护层厚度规定见表6-1-2。

表6-1-2 混凝土保护层的最小厚度 单位:mm

环境类别	板、墙	梁、柱
一	15	20
二 a	20	25
二 b	25	35
三 a	30	40
三 b	40	50

注:①表中混凝土保护层厚度指最外层钢筋外边缘至混凝土表面的距离,适用于设计工作年限为50年的混凝土结构。

②构件中受力钢筋的保护层厚度不应小于钢筋的公称直径。

③一类环境中,设计工作年限为100年的结构,最外层钢筋的保护层厚度不应小于表中数值的1.4倍;二、三类环境中,设计工作年限为100年的结构应采取专门的有效措施。四类和五类环境类别的混凝土结构,其耐久性要求应符合国家现行有关标准的规定。

④混凝土强度等级为C25时,表中保护层厚度数值应增加5 mm。

⑤基础底面钢筋的保护层厚度,有混凝土垫层时应从垫层顶面算起,且不应小于40 mm。

2)受力钢筋的弯折规定

为了使钢筋和混凝土具有足够的黏结力,光圆受力钢筋端部应做成180°弯钩,作受压钢筋使用时可不做弯钩;光圆钢筋的弯弧内直径不应小于钢筋直径的2.5倍。

400 MPa级带肋钢筋的弯弧内直径不应小于钢筋直径的4倍。

500 MPa级带肋钢筋,当直径 $d \leqslant 25$mm 时,不应小于钢筋直径的6倍;当直径 $d>25$ mm 时,不应小于钢筋直径的7倍。

位于框架结构顶层端节点处的梁上部纵向钢筋和柱外侧纵向钢筋,在节点角部弯折处,当钢筋直径 $d \leqslant 25$ mm 时,不应小于钢筋直径的12倍;当直径 $d>25$ mm 时,不应小于钢筋直径的16倍。

箍筋弯折处尚不应小于纵向受力钢筋直径;箍筋弯折处纵向受力钢筋为搭接或并筋时,应按钢筋实际排布情况确定箍筋弯弧内直径。

对一般结构构件,箍筋两端弯钩弯折后平直部分长度不应小于箍筋直径的5倍;对有抗震设防要求的构件,弯折后平直部分长度不应小于箍筋直径的10倍和75 mm的较大值。

弯钩的形状、尺寸及图例如图6-1-2所示。

4. 钢筋的搭接

钢筋的搭接又称钢筋连接。钢筋由于生产和运输条件的限制,长度一般在6～12 m,因此工程中经常会遇到钢筋连接问题。目前,常见的钢筋连接方法主要有绑扎搭接、焊接连接和机械连接三种。绑扎搭接由于需要较长的搭接长度,浪费钢筋,且连接不可靠,目前已减少使用;

焊接连接主要有电渣压力焊、电阻点焊、气压焊等多种，成本较低，质量可靠，宜优先采用；机械连接主要有套筒冷挤压连接、锥螺纹连接等。机械连接无明火作业，设备简单，节约能源，不受气候条件影响，可全天候作业，且连接可靠，目前被广泛用于建筑工程中，特别是在粗直径钢筋的连接中。

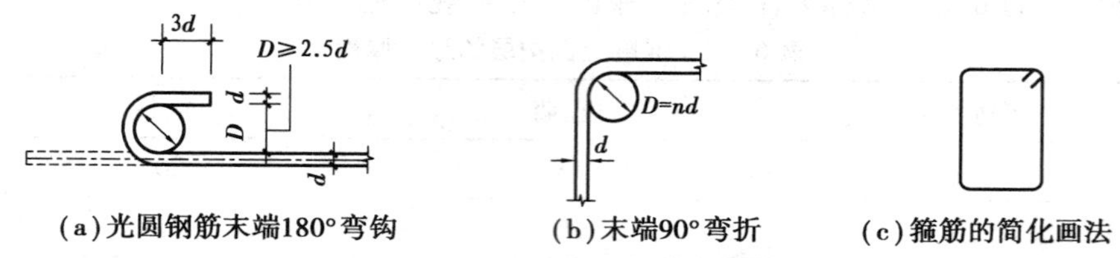

图 6-1-2　弯钩的常见形式和图例

5. 钢筋的标注

钢筋的直径、根数及相邻钢筋中心距在图样上一般采用引出线方式标注，其标注形式有以下两种：

1）标注钢筋的根数和直径

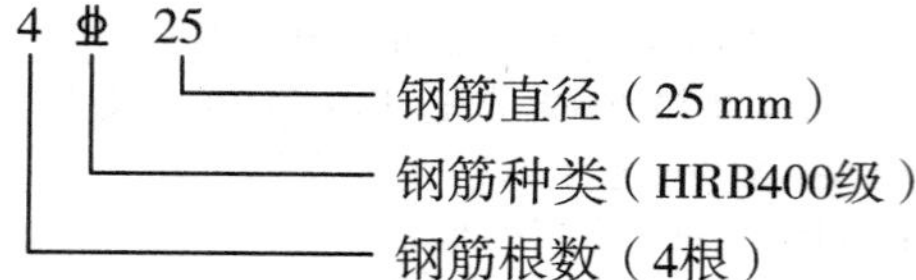

2）标注钢筋的直径和相邻钢筋中心距

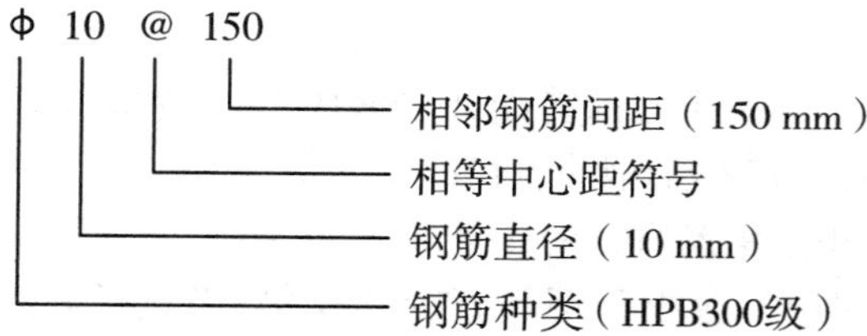

6. 钢筋混凝土构件的图示方法

为了清楚地表示钢筋混凝土构件中的配筋情况，在构件详图中，假想混凝土为透明体，用中粗实线画出其外形轮廓，用粗实线或黑圆点画出钢筋，并标注出钢筋种类、直径、根数及分布间距等。在断面图上只画钢筋图例，不画混凝土材料线，如图 6-1-3 所示。

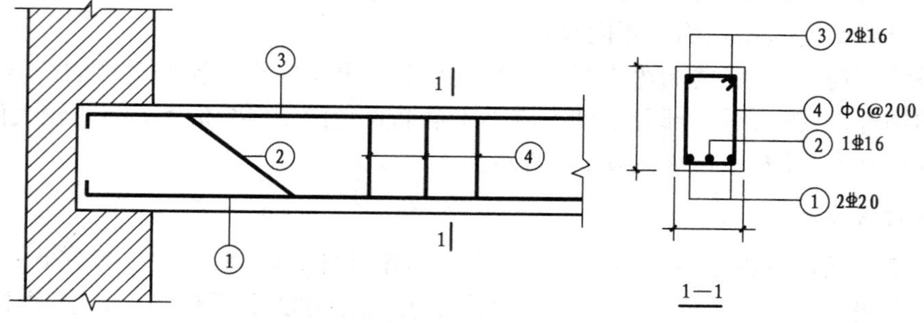

图 6-1-3　钢筋混凝土梁详图

7. 钢筋混凝土构件详图的主要内容

(1)构件名称或代号、比例(一般取 1∶20、1∶25、1∶30、1∶50)。
(2)轴线及其编号。
(3)构件的形状、尺寸。
(4)钢筋配置及预埋件。
(5)标高。

拓展与提高

图 6-1-4 和表 6-1-3 为一跨简支梁钢筋布置情况。

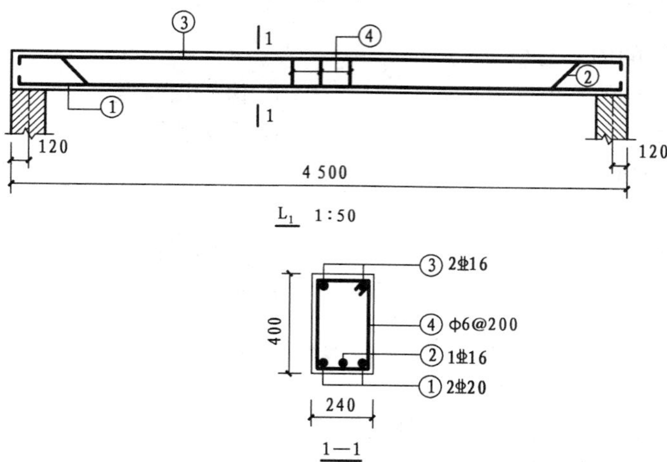

图 6-1-4　钢筋混凝土梁详图

表 6-1-3　钢筋下料长度表

梁编号	钢筋编号	钢筋简图	规格	数量	长度/mm
L_1	①		⌀20	2	4 630
	②		⌀16	1	4 870
	③		⌀16	2	4 810
	④		ϕ6	24	1 080

思考与练习

(一)单项选择题

1. 混凝土按其抗压强度分为(　　)个等级。

A. 10　　B. 14　　C. 16　　D. 20

2. 钢筋 HRB400 的符号表示正确的是(　　)。

A. Φ　　B. Ф　　C. ⏀　　D. Φ

3. 二 a 类环境,梁的保护层厚度为 (　　)mm。

A. 15　　B. 20　　C. 25　　D. 30

(二)多项选择题

1. 梁断面图表达的内容有(　　)。

A. 梁截面尺寸　　B. 保护层厚度

C. 箍筋　　D. 受力钢筋

E. 混凝土强度等级

2. 结构施工图的内容有(　　)。

A. 结构设计说明　　B. 结构平面图

C. 楼梯详图　　D. 构件详图

E. 基础详图

(三)判断题

1. 结构施工图是表达建筑物承重构件的图样。(　　)

2. 分布钢筋主要用于梁和板中。(　　)

3. 保护层是指钢筋中心线到构件表面的距离。(　　)

任务二　掌握结构施工图制图标准

任务描述与分析

绘制结构施工图,应遵守《房屋建筑制图统一标准》(GB/T 50001—2017)和《建筑结构制图标准》(GB/T 50105—2010)的规定。

本任务的具体要求是:了解结构施工图中常用构件的代号、混凝土结构中钢筋的表示方法,掌握结构施工图中图线的要求及钢筋画法图例,培养学生贯彻和执行国家制图标准的意识。

知识与技能

(一)常用构件代号

常用构件代号见表 6-2-1。

表 6-2-1　常用构件代号

序号	名　称	代号	序号	名　称	代号	序号	名　称	代号
1	板	B	19	圈　梁	QL	37	承　台	CT
2	屋面板	WB	20	过　梁	GL	38	设备基础	SJ
3	空心板	KB	21	连系梁	LL	39	桩	ZH
4	槽形板	CB	22	基础梁	JL	40	挡土墙	DQ
5	折　板	ZB	23	楼梯梁	TL	41	地　沟	DG
6	密肋板	MB	24	框架梁	KL	42	柱间支撑	ZC
7	楼梯板	TB	25	框支梁	KZL	43	垂直支撑	CC
8	盖板或沟盖板	GB	26	屋面框架梁	WKL	44	水平支撑	SC
9	挡雨板或檐口板	YB	27	檩　条	LT	45	梯	T
10	吊车安全走道板	DB	28	屋　架	WJ	46	雨　篷	YP
11	墙　板	QB	29	托　架	TJ	47	阳　台	YT
12	天沟板	TGB	30	天窗架	CJ	48	梁垫	LD
13	梁	L	31	框　架	KJ	49	预埋件	M-
14	屋面梁	WL	32	刚　架	GJ	50	天窗端壁	TD
15	吊车梁	DL	33	支　架	ZJ	51	钢筋网	W
16	单轨吊车梁	DDL	34	柱	Z	52	钢筋骨架	G
17	轨道连接	DGL	35	框架柱	KZ	53	基　础	J
18	车　挡	CD	36	构造柱	GZ	54	暗　柱	AZ

注:①预制混凝土构件、现浇混凝土构件、钢构件和木构件,一般可直接采用本表中的构件代号。在绘图中,除混凝土构件可以不注明材料代号外,其他材料的构件可在构件代号前加注材料代号,并在图纸中加以说明。

②预应力混凝土构件的代号,应在构件代号前加注“Y-”,如 Y-DL 表示预应力钢筋混凝土吊车梁。

(二)图线规定

结构施工图的图线应符合表 6-2-2 的规定。

表 6-2-2　结构施工图的图线规定(GB/T 50105—2010)

名　称		线　型	线宽	一般用途
实线	粗		b	螺栓、钢筋线、结构平面图中的单线结构构件线，钢木支撑及系杆线，图名下横线、剖切线
	中粗		$0.7b$	结构平面图及详图中剖到或可见的墙身轮廓线，基础轮廓线，钢、木结构轮廓线，钢筋线
	中		$0.5b$	结构平面图及详图中剖到或可见的墙身轮廓线、基础轮廓线、可见的钢筋混凝土构件轮廓线、钢筋线
	细		$0.25b$	标注引出线、标高符号线、索引符号线、尺寸线
虚线	粗		b	不可见的钢筋线、螺栓线、结构平面图中的单线结构构件线及钢、木支撑线
	中粗		$0.7b$	结构平面图中的不可见构件、墙身轮廓线及不可见钢、木结构构件线，不可见的钢筋线
	中		$0.5b$	结构平面图中的不可见构件、墙身轮廓线及不可见钢、木结构构件线，不可见的钢筋线
	细		$0.25b$	基础平面图中的管沟轮廓线、不可见的钢筋混凝土构件轮廓线
单点长画线	粗		b	柱间支撑、垂直支撑、设备基础轴线图中的中心线
	细		$0.25b$	定位轴线、对称线、中心线、重心线
双点长画线	粗		b	预应力钢筋线
	细		$0.25b$	原有结构轮廓线

注：同一张图纸中、相同比例的各图样，应选用相同的线宽组。

(三)比例规定

绘图时根据图样的用途、被绘物体的复杂程度，应选用表 6-2-3 中常用比例，特殊情况下也可选用可用比例。

表 6-2-3　结构施工图的比例

图　名	常用比例	可用比例
结构平面图、基础平面图	1∶50、1∶100、1∶150	1∶60、1∶200
圈梁平面图，总图中管沟、地下设施等	1∶200、1∶500	1∶300
详图	1∶10、1∶20、1∶50	1∶5、1∶25、1∶30

（四）一般钢筋图例

一般钢筋的图例见表 6-2-4。

表 6-2-4　一般钢筋图例（GB/T 50105—2010）

名　称	图　例	说　明
钢筋横断面	•	
无弯钩的钢筋端部		下图表示长、短钢筋投影重叠时，短钢筋的端部用 45°斜画线表示
带半圆形弯钩的钢筋端部		
带直钩的钢筋端部		
带丝扣的钢筋端部		
无弯钩的钢筋搭接连接		
带 180°弯钩的钢筋搭接		
带直钩的钢筋搭接		
花蓝螺丝钢筋搭接	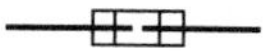	
机械连接的钢筋接头		用文字说明机械连接的方式

（五）钢筋画法图例

钢筋的画法应符合表 6-2-5 的规定。

表 6-2-5　钢筋画法图例

序　号	说　明	图　例
1	在结构平面图中配置双层钢筋时，底层钢筋的弯钩应向上或向左，顶层钢筋的弯钩则向下或向右	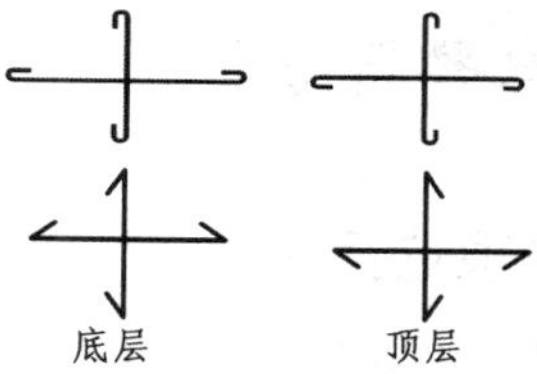 底层　顶层
2	钢筋混凝土墙体配双层钢筋时，在配筋立面图中，远面钢筋的弯钩应向上或向左，而近面钢筋的弯钩向下或向右（JM 近面，YM 远面）	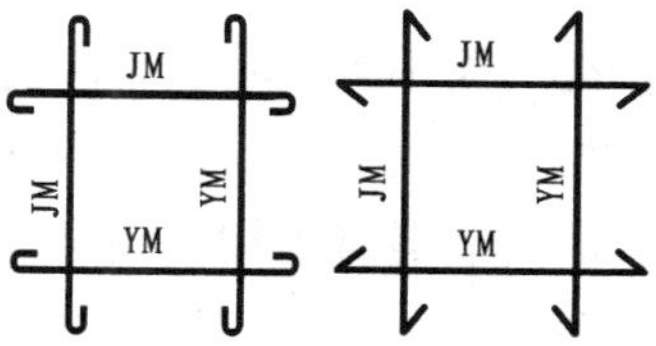 JM YM JM YM　JM YM JM YM

续表

序　号	说　明	图　例
3	若在断面图中不能表达清楚的钢筋布置,应在断面图外增加钢筋大样图(如钢筋混凝土墙、楼梯等)	
4	图中所表示的箍筋、环筋等若布置复杂时,可加画钢筋大样及说明	或
5	每组相同的钢筋、箍筋或环筋,可用一根粗实线表示,同时用一两端带斜短画线的横穿细线表示其余钢筋及起止范围	

拓展与提高

制图标准其他规定

(1)结构施工图中的轴线及编号应与建筑施工图一致。

(2)结构施工图中的尺寸标注应与建筑施工图相符合,但结构施工图所标注的尺寸是结构的实际尺寸,即不包括结构表层粉刷或面层的厚度。

(3)结构施工图应用正投影法绘制。

思考与练习

(一)单项选择题

1. 表示长、短钢筋投影重叠时,在短钢筋端部用(　　)斜画线表示。

A. 30°　　B. 45°　　C. 60°　　D. 135°

2. 结构施工图中基础平面图的可用比例是(　　)。

A. 1 : 50、1 : 100　　B. 1 : 100、1 : 250　　C. 1 : 150、1 : 200　　D. 1 : 50、1 : 150

3. 可见的钢筋混凝土构件轮廓线、钢筋线应为(　　)。

A. 粗实线　　B. 中粗实线　　C. 细实线　　D. 中实线

（二）多项选择题

1. 结构施工图中，结构平面图及详图中剖到的墙身轮廓线的宽是(　　)。

A. 0.5b　　B. b　　C. 0.7b

D. 0.25b　　E. 1.4b

2. 在结构平面图中配置双层钢筋时，底层钢筋弯钩应(　　)。

A. 向下　　B. 向左　　C. 向右

D. 向上　　E. 向后

（三）判断题

1. 同一张图纸中相同比例的各图样可用不同的线宽组。(　　)

2. 表示长、短钢筋投影重叠时，在长钢筋端部用45°斜画线表示。(　　)

3. 结构施工图应用正投影法绘制。(　　)

4. 若在断面图中不能表达清楚钢筋布置时，应在断面图外增加钢筋大样图。(　　)

任务三　识读结构施工图

任务描述与分析

结构施工图通常由结构设计说明、基础结构图、楼(屋)盖结构图和结构构件(梁、板、柱、楼梯等)详图组成。

本任务的具体要求是：能读懂图纸中各构件的组成、尺寸及标高，能够抄绘基础、板、梁、柱等构件详图，并根据结构施工图进行钢筋翻样，培养学生严谨、细致的工作态度，贯彻和执行国家制图标准的意识。

知识与技能

（一）基础平面图与基础详图

1. 基础的概念及分类

基础是位于墙或柱下端的承重构件，它承受墙、柱或基础梁传来的荷载并传递给下面的地基。基础的形式、大小与上部结构系统、荷载大小及地基的承载力有关，一般有条形基础、独立基础、桩基础、筏形基础、箱形基础等形式，如图 6-3-1 所示。

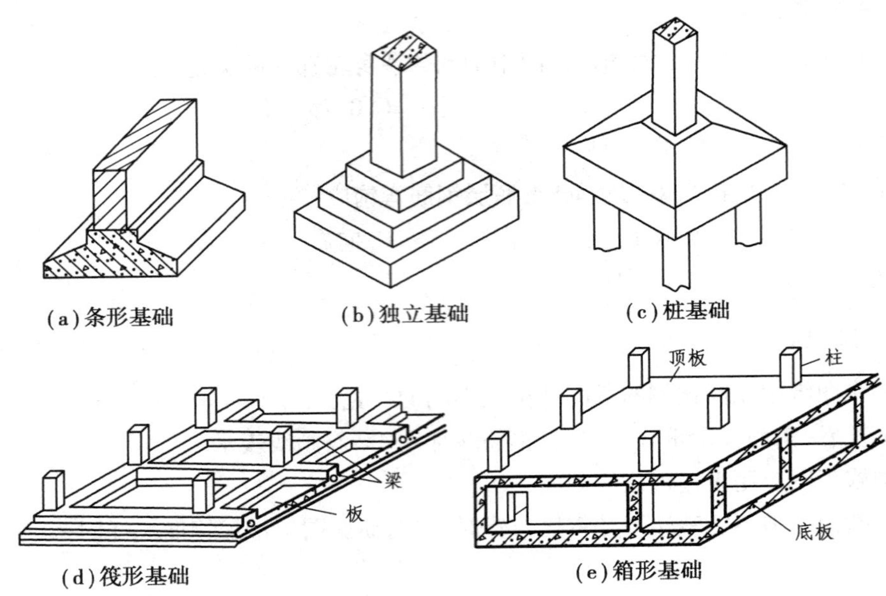

(a)条形基础 (b)独立基础 (c)桩基础

(d)筏形基础 (e)箱形基础

图 6-3-1 基础图

2. 基础图的形成

为了把基础表达得更清楚，假想用贴近首层地面并与之平行的剖切平面把整个建筑物切开，移走房屋上部，并假想把基础周围的回填土挖出，使整个基础裸露出来。基础平面图就是将剖切后裸露出的基础向水平投影面作投影而得到的剖面图。

基础平面图主要表达基础的平面布局及位置，因此只需绘出基础墙、柱及基底平面轮廓和尺寸即可。其他细部(如条形基础的大放脚、独立基础的锥形轮廓线等)都不必反映在基础平面图中。

基础详图是将基础垂直切开所得到的断面图。对独立基础，有时还附有单个基础的平面详图。

3. 基础平面图

图 6-3-2 所示为某宿舍的基础平面图和基础配筋图。本例为钢筋混凝土柱下独立基础，基础沿Ⓐ—Ⓑ轴方向分布。其中，Ⓐ/①柱和Ⓐ/②柱共用一个基础，Ⓐ/⑫柱和Ⓐ/⑬柱共用一个基础，Ⓑ/①柱和Ⓑ/②柱共用一个基础，Ⓑ/⑫柱和Ⓑ/⑬柱共用一个基础，这 4 个基础的混凝土强度等级、形状尺寸以及配筋情况均相同，编号为 JC1；其他为 JC2，共 8 个。

基础 JC1、JC2 有详图表示其各部位尺寸、配筋和标高等。

基础用基础梁联系，横向基础梁为 JL1，共 8 根；纵向基础梁为 JL2，共 2 根。

基础梁 JL1 采用集中标注，标注含义：JL1 为梁编号；(1)为一跨；300 mm×600 mm 为梁截面尺寸；ф10@200 为箍筋，(2)为双肢箍；4 ⏀20 为下部钢筋，4 ⏀20 为上部钢筋。

基础梁 JL2 也采用集中标注，标注含义：JL2 为梁编号，(7)为七跨；300 mm×750 mm 为梁截面尺寸；ф10@200 为箍筋，(2)为双肢箍；4 ⏀25 为下部钢筋，4 ⏀25 为上部钢筋。

基础配筋图在基础详图中学习，这里不再介绍。

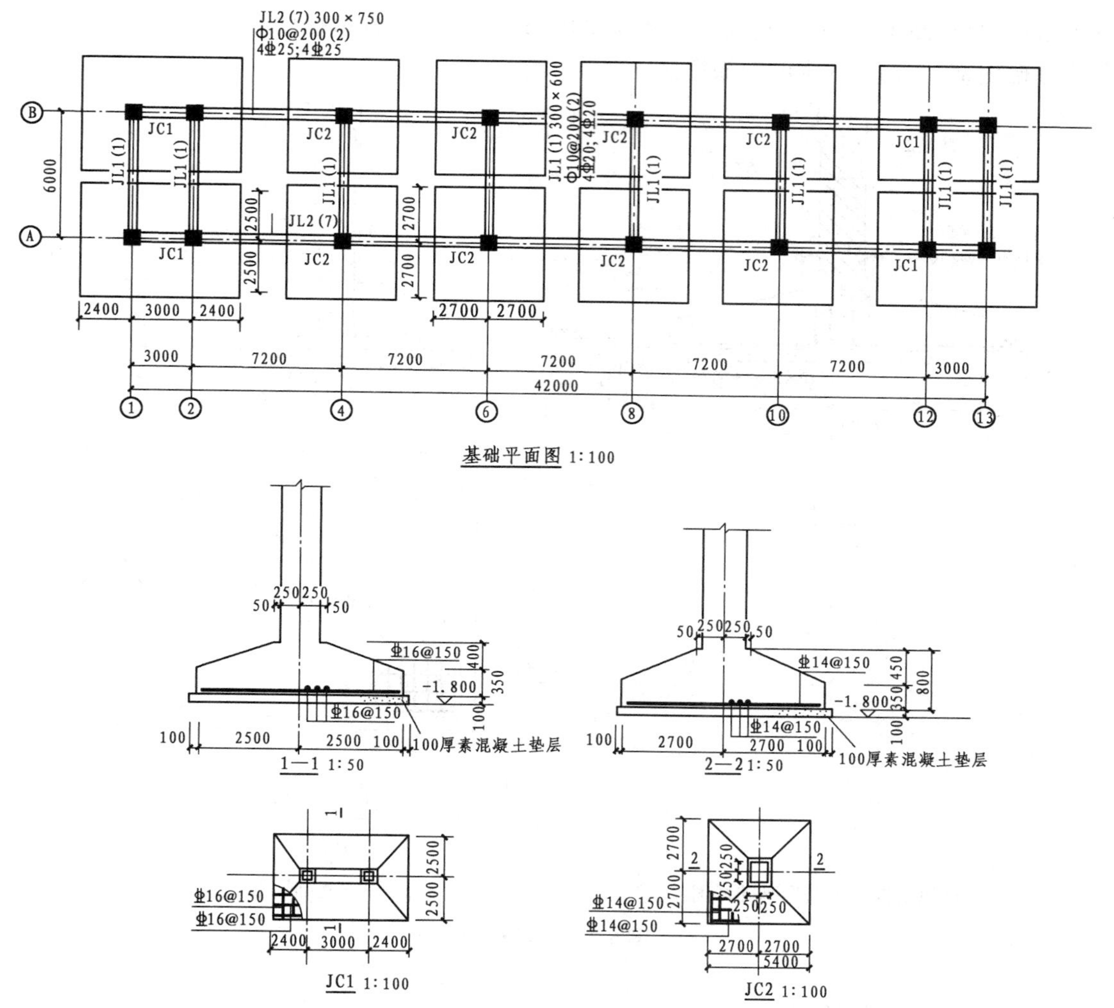

图 6-3-2 基础平面布置图

4. 基础详图

基础详图主要表达基础的形状、尺寸、材料、构造及基础的埋置深度等。各种基础的图示方法有所不同,图 6-3-3 列举了常见的条形基础和独立基础的基础详图。

图 6-3-3(a)为某宿舍基础详图 JC1,此基础为钢筋混凝土条形基础,它包括基础、基础圈梁和基础墙三部分。从地下室室内地坪-2.400 m 到-3.500 m 为基础墙体,为 370 mm 厚砖墙(-3.500 m 以上 100 mm 高墙厚为 490 mm)。在距室内地坪-2.400 m 以下 60 mm,有一道粗实线表示防潮层。从-3.500 m 到-4.000 m 为基础大放脚,高 500 mm、宽 2 400 mm。在基础底板配有双向Φ 8@200 和Φ 12@100 的钢筋。基础圈梁 JQL 与基础大放脚浇筑在一起,顶面标高为-3.500,其截面尺寸为宽 450 mm、高 500 mm,配筋为上下各 4 Φ 14 钢筋,箍筋为Φ 6@250。

图 6-3-3(b)为一锥形的独立基础。它除了画出垂直剖视图外,还画出了平面图。垂直剖视图清晰地反映了基础柱、基础及垫层三部分。基础底部为 2 000 mm×2 200 mm 的矩形,基础为高 600 mm 的四棱台形。基础底部配置了Φ 8@150 和Φ 8@100 双向钢筋。基础下面是 C10

素混凝土垫层，高 100 mm。基础柱尺寸为 400 mm×350 mm，预留插筋 8 Φ 16，钢筋下端直接伸入基础内部，上端与柱中的钢筋搭接。

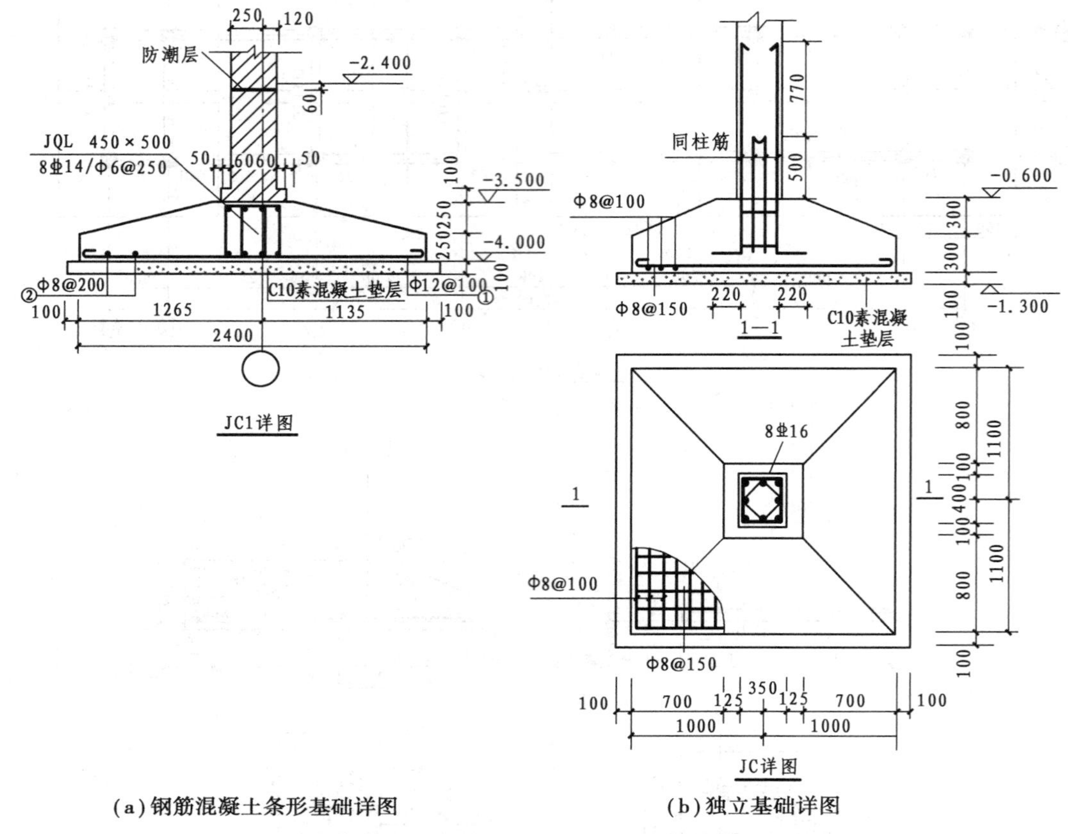

(a)钢筋混凝土条形基础详图　　(b)独立基础详图

图6-3-3　基础详图

(二)楼层结构平面图

楼层结构平面图又称为楼层结构平面布置图，表示楼面板及其下面的墙、梁、柱等承重构件的平面布置。楼层结构平面图是用一个假想的紧贴该层结构面的水平面剖切后而得到的水平剖面图。

1. 楼层结构平面图的主要内容

(1)图名、比例(常用比例为 1∶50、1∶100、1∶150，可用比例为 1∶60、1∶200)。
(2)定位轴线及编号。
(3)楼层(屋盖)板及其以下梁、柱、墙等承重构件的平面布置，楼梯间位置。
(4)定位尺寸、标高。
(5)施工说明。

2. 作图要求

可见的钢筋混凝土梁的轮廓线用中实线表示，楼板下面钢筋混凝土梁的轮廓线用中虚线

（中粗虚线）表示。剖切到的墙身轮廓线用中实线（中粗实线）表示，楼板下面不可见的墙身轮廓线用中虚线（中粗虚线）表示。剖切到的钢筋混凝土柱截面涂成黑色，各门窗过梁用粗虚线（单线）表示并标注 GL。可见的钢筋混凝土梁可用粗实线（单线）表示，楼板下面钢筋混凝土梁可用粗虚线（单线）表示。

楼层结构平面图的比例较小，不便清楚表达楼梯结构，一般都另画楼梯详图。

3. 楼层结构平面图实例

图 6-3-4 楼层结构平面图是预制空心板。用粗实线表示楼层平面轮廓，用细实线表示预制空心板的铺设，习惯上把楼板下不可见墙体的实线改为虚线。整个楼面按房间分成单元，分别用细实线画一条对角线，并沿着对角线方向注明预制板数量及型号。如：

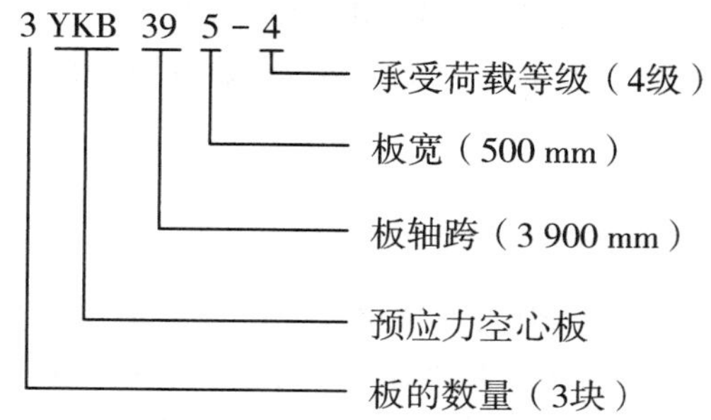

结构相同的单元，只需选一个单元画出钢筋配置图或标注预制板铺设情况（板的数量、跨度、宽度、荷载等级及铺设方向）。

屋面结构平面图与楼层结构平面图相似，不再单独介绍。

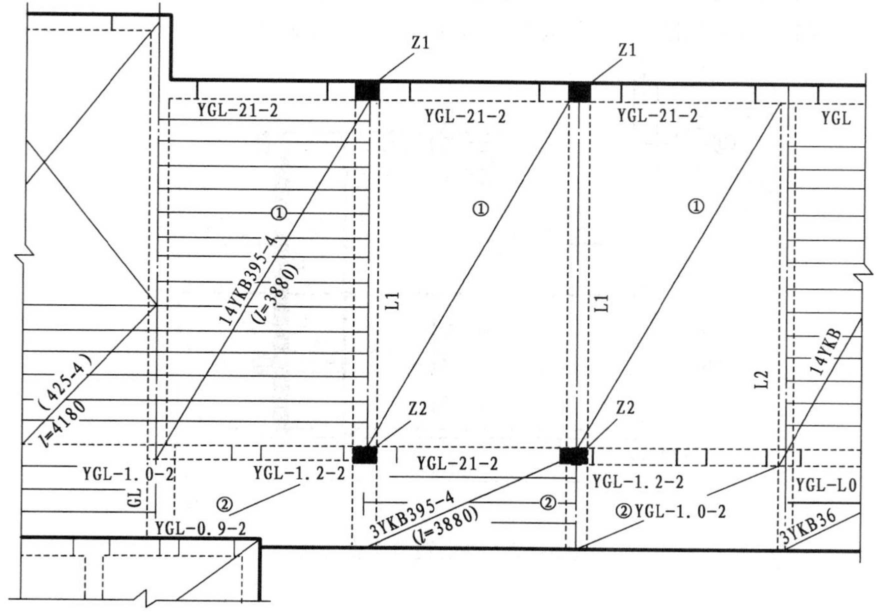

图 6-3-4　楼层结构平面图

(三)钢筋混凝土梁

从图 6-1-3 中可见,梁配有 4 种不同编号的钢筋。为了清楚表达钢筋的配置,还画有 1 个断面图。

从立面图中看不出①号钢筋的根数、种类和直径,结合 1—1 断面图可知:①号是受拉钢筋,为 2 根直径 20 mm 的 HRB400 钢筋,布置于梁底部两侧,端部设 90°弯钩;②号是弯起钢筋,为 1 根直径 16 mm 的 HRB400 钢筋,布置于梁底部中部,端部设 90° 弯钩;③号是架立钢筋,为 2 根直径 16 mm 的 HRB400 钢筋,布置于梁上部;④号是双肢箍筋,为直径 6 mm 的 HPB300 钢筋,间距 200 mm。

箍筋在立面图中可采用简化画法,只画出 3 或 4 根箍筋,再注明钢筋的编号和箍筋的直径、间距。钢筋的编号写在圆圈内,圆圈的直径为 5 ~ 6 mm 的细实线圆,编号采用阿拉伯数字,按顺序编号。

(四)钢筋混凝土板

钢筋混凝土板有预制板和现浇板,前面已学习了预制板,在这里仅介绍现浇板。

图 6-3-5 是钢筋混凝土现浇板平面图及重合断面图。从图中可见,板支承在 240 mm 墙上,与圈梁整体浇注;①号钢筋Φ8@150 是板底横向钢筋(弯钩向左),由①—②轴通铺;②号钢筋Φ8@200 是板底纵向钢筋(弯钩向上),铺设于Ⓐ—Ⓑ轴;③号钢筋Φ8@200 是沿Ⓑ轴分布的板顶层(弯钩向下)构造钢筋,伸入板内 500 mm;④号钢筋Φ8@200 是沿Ⓐ轴分布的板顶层(弯钩向下)构造钢筋,伸入板内 500 mm,伸出支座 840 mm;⑤号钢筋Φ8@150 是沿①、②轴分布的板顶层(弯钩向下)构造钢筋,伸入板内 1 200 mm。全部钢筋都是 HPB300 钢筋。

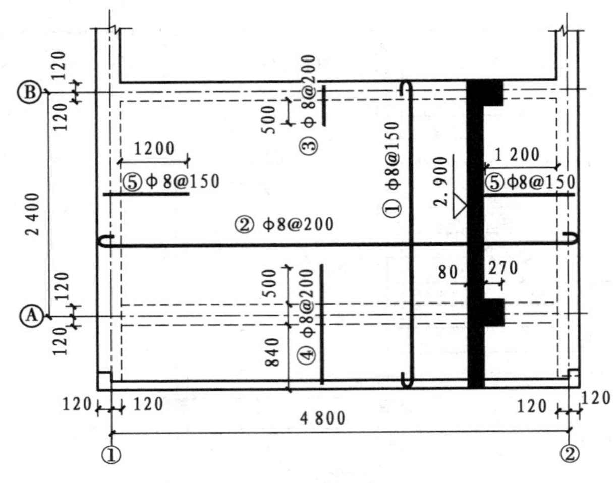

图 6-3-5 钢筋混凝土现浇板

(五)钢筋混凝土柱

图 6-3-6 是钢筋混凝土柱,轴线在柱中心位置,该柱从±0.000 m 起到标高 4.200 m,截面

尺寸为 300 mm×300 mm。①号钢筋Φ10@100 是 HPB300 箍筋,②号纵筋 2×2⊈20 是 HRB400 钢筋,柱的侧面与梁连接。

本例的配筋简单、一目了然,可不画钢筋详图。

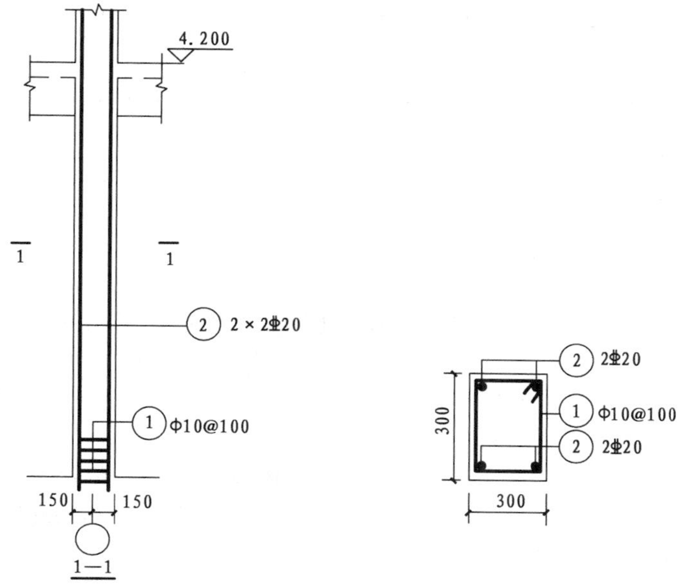

图 6-3-6　钢筋混凝土柱

方法与步骤

结构施工图的识读方法可归纳为:"从上往下看,从左往右看,从前往后看,从大到小看,由粗到细,图样与说明对照看,结施与建施结合看,其他设施图参照看。"

(1)从上往下、从左往右的看图顺序是施工图识读的一般顺序,比较符合看图习惯,同时也是施工图绘制的先后顺序。

(2)由前往后看,根据房屋的施工先后顺序,从基础、墙柱、楼面到屋面依次看,此顺序基本也是结构施工图编排的先后顺序。

(3)看图时要注意从粗到细、从大到小。先粗看一遍,了解工程的概况、结构方案等。然后看总说明及每一张图纸,熟悉结构平面布置,检查构件布置是否合理正确,有无遗漏,柱网尺寸、构件定位尺寸、楼面标高等是否正确。最后根据结构平面布置图,详细看每一个构件的编号、跨数、截面尺寸、配筋、标高及其节点详图。

(4)图纸中的文字说明是施工图的重要组成部分,应认真仔细逐条阅读,并与图样对照看,便于完整理解图纸。

(5)结施应与建施结合起来看。一般先看建施图,通过阅读设计说明,总平面图,建筑平、立、剖面图,了解建筑体型、使用功能、内部房间的布置、层数与层高、柱墙布置、门窗尺寸、楼梯位置、内外装修、材料构造及施工要求等基本情况,然后再看结施图。在阅读结施图时,应同时对照相应的建施图,只有把两者结合起来看,才能全面理解结构施工图,并发现存在的矛盾和问题。

拓展与提高

结构施工图识读顺序

文字说明→基础平面图→基础结构详图→楼层结构平面布置图→屋面结构平面布置图→构件详图。

思考与练习

(一)单项选择题

1.【重庆市对口高职考试真题】在结构施工图中,各种构件均用代号表示,预应力空心板的代号是(　　)。

A. B　　B. KB　　C. YB　　D. YKB

2. 基础平面图主要表达基础的(　　)。

A. 大放脚及位置　　B. 平面布局及位置

C. 埋深及位置　　D. 平面布局及钢筋配置

3. 下列构件名称解释错误的是(　　)。

A. DL 地梁　　B. JC 基础　　C. GZ 构造柱　　D. B 楼面板

4. 箍筋在立面图中可采用简化画法,只画出(　　)根箍筋,再注明钢筋的编号和箍筋的直径、间距。

A. 2 或 3　　B. 5 或 6　　C. 1 或 2　　D. 3 或 4

(二)多项选择题

1. 常见基础类型有(　　)。

A. 条形基础　　B. 独立基础

C. 桩基础　　D. 筏形基础

E. 箱形基础

2. 7YKB3305-2 解释正确的有(　　)。

A. 7 块预应力空心板　　B. 板长 3 300 mm,板宽 500 mm

C. 7 块空心板　　D. 板长 3 300 mm,板厚 500 mm

E. 承受 2 级荷载

3. 钢筋混凝土柱表达内容有(　　)。

A. 柱截面尺寸　　B. 纵向受力钢筋和箍筋

C. 柱高　　D. 保护层厚

E. 结构标高

4. 钢筋混凝土现浇板表达内容有(　　)。

A. 受力钢筋　　B. 板厚

C. 板面支座钢筋　　D. 板编号

E. 板跨

(三)判断题

1. 可见的钢筋混凝土梁的轮廓线用中粗实线表示。 (　　)
2.【重庆市对口高职考试真题】常用构件的代号“GL”表示基础梁。 (　　)
3. 构件内受力钢筋的作用是承受拉力。 (　　)

考核与鉴定六

(一)单项选择题

1. 基础平面图采用剖切在(　　)下方的一个水平剖面图来表示。

A. 屋顶　　B. 楼面

C. 相对标高±0.000　　D. 室外地面

2. 楼层结构平面图采用剖切在(　　)下方的一个水平剖面图来表示。

A. 屋顶　　B. 楼面面层

C. 相对标高±0.000　　D. 结构面层

3. 下列比例中不能用于结构平面布置图的是(　　)。

A. 1∶20　　B. 1∶50　　C. 1∶60　　D. 1∶100

4. 钢筋图例中无弯钩钢筋的搭接,表示正确的是(　　)。

A.　　B.

C.　　D.

5. 钢筋混凝土墙体配双层钢筋时,在配筋立面图中远端钢筋的弯钩表示正确的是(　　)。

A. JM　　B. YM　　C. 向上或向右　　D. 向下或向左

6. 下列选项表达正确的是(　　)。

A. 结构施工图中的轴线及编号可以与建筑施工图不一致

B. 结构施工图中标注的尺寸是结构的实际尺寸

C. 结构施工图中标注的尺寸是结构表面粉刷尺寸

D. 结构施工图应用投影法绘制

7. 板钢筋②Φ10@150 解释正确的是(　　)。

A. 2 根钢筋,直径 10 mm,间距 150 mm

B. ②号钢筋,直径 10 mm,间距 150 mm

C. 10 根 HRB400 钢筋,间距 150 mm

D. 10 根 HPB300 钢筋,间距 150 mm

8. 柱纵筋 2×2 Φ16 解释正确的是(　　)。

A. 2 根直径为 16 mm 的 HRB400 纵向钢筋

B. 4 根直径为 16 mm 的 HRB400 纵向钢筋

C. 4 根直径为 16 mm 的 HPB300 纵向钢筋

D. 2 根直径为 16 mm 的 HPB300 纵向钢筋

9. 下列表示基础圈梁的是（　　）。

A. JL　　B. JC　　C. QL　　D. JQL

10. 建筑结构施工图中图线线型共有(　　)种。

A. 10　　B. 12　　C. 14　　D. 16

(二)多项选择题

1. 基础详图主要表达(　　)。

A. 基础材料、尺寸　　B. 垫层厚

C. 基础形状　　D. 基础构造

E. 基础的埋深

2. 楼层平面图的主要内容有(　　)。

A. 图名、比例

B. 定位轴线和编号

C. 楼梯间位置

D. 楼层(屋盖)板及梁、柱下、墙等承重构件的平面布置图

E. 施工说明

3. 钢筋混凝土梁内有哪几类钢筋？(　　)。

A. 架立筋　　B. 箍筋　　C. 分布筋

D. 受力钢筋　　E. 温度筋

4. 结构施工图的作用是(　　)。

A. 施工放线　　B. 开挖基坑(槽)

C. 配钢筋　　D. 支模板

E. 浇灌混凝土

5. 构件详图包括（　　）。

A. 板、梁、柱构件详图　　B. 楼梯结构详图

C. 基础详图　　D. 装饰详图

E. 楼层结构详图

6. 板内有哪几类钢筋？(　　)。

A. 受力钢筋　　B. 架立筋

C. 箍筋　　D. 分布筋

E. 构造筋

(三)判断题

1. 混凝土强度等级数字越大，则其抗压强度越小。(　　)

2. 基础底面有垫层时，保护层厚度不小于 40 mm。(　　)

3. 箍筋的作用是形成骨架和抵抗剪力。(　　)

4. 条形基础的基础详图只需画出基础截面图。(　　)

5. 保护层是在钢筋外缘起保护作用的混凝土层。(　　)

模块七　识读钢筋混凝土结构平法施工图

由模块六结构施工图内容可知,绘制房屋混凝土结构施工图,需要将构件从结构平面布置图中索引出来,再逐个绘制配筋详图,非常烦琐,工作量非常大。下面我们介绍另一种结构施工图绘图方法——混凝土结构施工图平面整体表示方法,简称"平法"。平法是把混凝土结构构件的尺寸和配筋等,按照平面整体表示方法制图规则,整体直接地表达在各类构件的结构平面布置图上,再与标准构造详图相配合,构成一套完整的结构施工图。平法绘图方便快捷,是混凝土结构施工图设计方法的重大改革。1996 年建设部(现住建部)批准发布国家建筑标准设计图集——平法图集 96G101,标志着结构设计全面进入平法时代。现行平法图集分 3 册,即 22G101—1、22G101—2 和 22G101—3,内容涉及框架柱、剪力墙、梁、板、楼梯、基础等内容。

本模块学习识读钢筋混凝土结构平法施工图,取现行平法图集之常用基本内容分为 6 个学习任务,即识读柱平法施工图,识读梁平法施工图,识读板平法施工图,识读剪力墙平法施工图,识读现浇混凝土板式楼梯平法施工图,识读基础平法施工图。

学习目标

(一)知识目标

1. 掌握柱、梁、板平法施工图的制图规则;
2. 掌握柱、梁、板平法施工图的标注方式;
3. 了解剪力墙、楼梯、基础平法施工图的制图规则;
4. 了解剪力墙、楼梯、基础平法施工图的标注方式。

(二)能力目标

1. 能识读柱、梁、板的平法施工图;
2. 能识读简单的剪力墙、楼梯、灌注桩的平法施工图。

(三)职业素养

1. 增强创新意识,培养创新精神;
2. 增强职业责任意识,培养爱岗敬业、团结协作精神;
3. 增强标准意识,培养学生遵守平法规则的习惯;
4. 培养学生的逻辑思维能力,以及分析和判断能力。

任务一 识读混凝土结构柱平法施工图

任务描述与分析

柱是房屋结构中的承重构件，起支承梁或楼盖的荷载并传递荷载的作用。柱平法施工图有列表注写和截面注写两种表达方式，只有掌握了制图规则，才能从图纸中迅速准确地读取柱的截面尺寸和配筋等相关信息。

本任务的具体要求是：掌握柱平法施工图的列表注写和截面注写的内容及规定；能识读柱平法施工图，达到能指导施工，进行钢筋抽样以及工程量计算的能力。

知识与技能

柱平法施工图系在柱平面布置图上采用列表注写或截面注写的方式表达。柱平面布置图可采用适当比例单独绘制，也可与剪力墙平面布置图合并绘制。在柱平法施工图中，应按规定注明各结构层的楼面标高、结构层高及相应的结构层号，尚应注明上部结构嵌固部位位置。

（一）柱列表注写方式

列表注写方式系在柱平面布置图上（一般只需采用适当比例绘制一张柱平面布置图，包括框架柱、转换柱、芯柱等），分别在同一编号的柱中选择一个（有时需要选择几个）截面标注几何参数代号；在柱表中注写柱编号、柱段起止标高、几何尺寸（含柱截面对轴线的定位情况）与配筋的具体数值，并配以柱截面形状及其箍筋类型的方式来表达柱平法施工图。

1. 注写内容及规定

（1）注写柱编号：柱编号由类型代号和序号组成，应符合表 7-1-1 的规定。

表 7-1-1 柱编号

柱类型	代　号	序　号
框架柱	KZ	××
转换柱	ZHZ	××
芯　柱	XZ	××

注：编号时，当柱的总高、分段截面尺寸和配筋均对应相同，仅截面与轴线的关系不同时，仍可将其编为同一柱号，但应在图中注明截面与轴线的关系。

（2）注写各段柱的起止标高：自柱根部往上以变截面位置或截面未变但配筋改变处为界分段注写。梁上起框架柱的根部标高系指梁顶面标高；剪力墙上起框架柱的根部标高为墙顶面标高。从基础起的柱,其根部标高系指基础顶面标高。当屋面框架梁上翻时,框架柱顶标高应为梁顶面标高。芯柱的根部标高系指根据结构实际需要而定的起始位置标高。

(3)注写柱截面尺寸:对于矩形柱,注写柱截面尺寸 $b\times h$ 及与轴线关系的几何参数代号 b_1、b_2 和 h_1、h_2 的具体数值,需对应于各段柱分别注写。其中,$b=b_1+b_2$,$h=h_1+h_2$。当截面的某一边收缩变化至与轴线重合或偏到轴线的另一侧时,b_1、b_2、h_1、h_2 中的某项为零或为负值。

(4)注写柱纵筋:当柱纵筋直径相同,各边根数也相同时(包括矩形柱、圆柱和芯柱),将纵筋注写在"全部纵筋"一栏中;除此之外,柱纵筋分角筋、截面 b 边中部筋和 h 边中部筋三项分别注写(对于采用对称配筋的矩形截面柱,可仅注写一侧中部筋,对称边省略不注;对于采用非对称配筋的矩形截面柱,必须每侧均注写中部筋)。

(5)注写箍筋类型编号及箍筋肢数,在箍筋类型栏内注写按表 7-1-2 规定的箍筋类型编号和箍筋肢数。箍筋肢数可有多种组合,应在表中注明具体的数值: m、n 及 Y 等。

表 7-1-2　箍筋类型表

箍筋类型编号	箍筋肢数	复合方式
1	$m\times n$	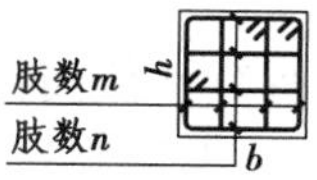 肢数m　肢数n　h　b
2	—	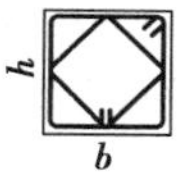 h　b
3	—	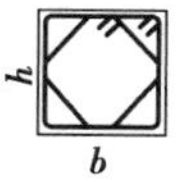 h　b
4	Y+$m\times n$ 圆形箍	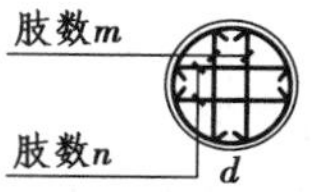 肢数m　肢数n　d

注:①确定箍筋肢数时应满足对柱纵筋"隔一拉一"以及箍筋肢距的要求。

②具体工程设计时,若采用超出本表所列举的箍筋类型或标准构造详图中的箍筋复合方式(见 22G101—1 图集第 2-17 页、第 2-18 页),应在施工图中另行绘制,并标注与施工图中对应的 b 和 h。

(6)注写柱箍筋,包括钢筋种类、直径与间距。用斜线"/"区分柱端箍筋加密区与柱身非加密区长度范围内箍筋的不同间距。施工人员需根据标准构造详图的规定,在规定的几种长度值中取其最大者作为加密区长度。当框架节点核心区内箍筋与柱端箍筋设置不同时,应在括号中注明核心区箍筋直径及间距。

【例 7-1-1】 Φ10@100/200,表示箍筋为 HPB300 钢筋,直径为 10 mm,加密区间距为 100 mm,非加密区间距为 200 mm。

【例 7-1-2】 Φ10@100/200(Φ12@100),表示箍筋为 HPB300 钢筋,直径为 10 mm,加密区间距为 100 mm,非加密区间距为 200 mm。框架节点核心区箍筋为 HPB300 钢筋,直径为 12 mm,间距为 100 mm。

当箍筋沿柱全高为一种间距时，则不使用“/”线。

【例 7-1-3】 Φ10@100，表示沿柱全高范围内箍筋为 HPB300 钢筋，直径为 10 mm，间距为 100 mm。

当圆柱采用螺旋箍筋时，需在箍筋前加“L”。

【例 7-1-4】 LΦ10@100/200，表示采用螺旋箍筋，HPB300 钢筋，直径为 10 mm，加密区间距为 100 mm，非加密区间距为 200 mm。

2. 柱列表注写方式示例

图 7-1-1 所示为柱列表注写方式示例。

(二)柱截面注写方式

柱截面注写方式，系在柱平面布置图的柱截面上，分别在同一编号的柱中选择一个截面，以直接注写截面尺寸和配筋具体数值的方式来表达柱平法施工图。

1. 注写内容及规定

对除芯柱之外的所有柱截面按表 7-1-1 的规定进行编号，从相同编号的柱中选择一个截面，按另一种比例原位放大绘制柱截面配筋图，并在各配筋图上继其编号后再注写截面尺寸 $b \times h$、角筋或全部纵筋（当纵筋采用一种直径且能够图示清楚时）、箍筋的具体数值，以及在柱截面配筋图上标注柱截面与轴线关系 b_1、b_2、h_1、h_2 的具体数值。具体包括集中标注和原位标注两部分。

(1)集中标注：如图 7-1-2 所示，用引出线分四排分别标注出该柱的编号、截面尺寸 $b \times h$、角筋或全部纵筋（当纵筋采用一种直径且能够图示清楚时）以及箍筋的具体数值。

【例 7-1-5】 KZ2
650×600
22 Φ 22
Φ10@100/200

表示：2 号框架柱，截面尺寸 $b \times h = 650\ \text{mm} \times 600\ \text{mm}$，柱内有 22 根直径为 22 mm 的 HRB400 纵向钢筋，箍筋为直径 10 mm 的 HPB300 钢筋，间距按加密区 100 mm 和非加密区 200 mm 布置。

(2)原位标注：在柱截面配筋图上标注柱截面与轴线关系 b_1、b_2、h_1、h_2 的具体数值；在柱相应一侧注写其中部筋的具体数值（对于采用对称配筋的矩形截面柱，可仅在一侧注写中部筋，对称边省略不注）。

以图 7-1-2 中 KZ1 为例，原位标注了 1 号框架柱的截面尺寸 b_1、b_2 均为 325 mm，h_1 为 150 mm，h_2 为 450 mm；b 边一侧中部筋为 5 根直径 22 mm 的 HRB400 钢筋，h 边一侧中部筋为 4 根直径 20 mm 的 HRB400 钢筋。

2. 柱截面注写方式示例

图 7-1-2 所示为柱平法施工图截面注写方式示例。

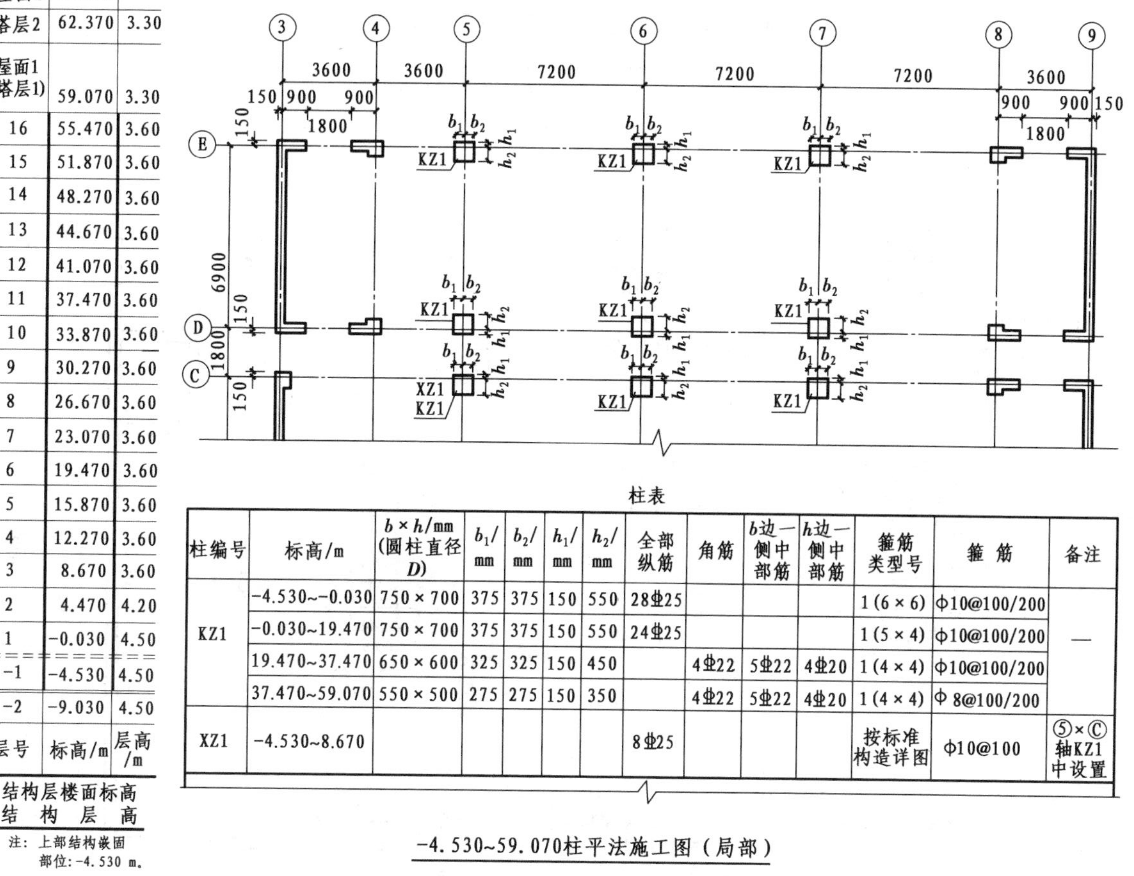

层号	标高/m	层高/m
屋面2	65.670	
塔层2	62.370	3.30
屋面1（塔层1）	59.070	3.30
16	55.470	3.60
15	51.870	3.60
14	48.270	3.60
13	44.670	3.60
12	41.070	3.60
11	37.470	3.60
10	33.870	3.60
9	30.270	3.60
8	26.670	3.60
7	23.070	3.60
6	19.470	3.60
5	15.870	3.60
4	12.270	3.60
3	8.670	3.60
2	4.470	4.20
1	-0.030	4.50
-1	-4.530	4.50
-2	-9.030	4.50

结构层楼面标高
结 构 层 高

注：上部结构嵌固部位：-4.530 m。

柱表

柱编号	标高/m	$b \times h$/mm（圆柱直径 D）	b_1/mm	b_2/mm	h_1/mm	h_2/mm	全部纵筋	角筋	b边一侧中部筋	h边一侧中部筋	箍筋类型号	箍筋	备注
KZ1	-4.530~-0.030	750×700	375	375	150	550	28⌀25				1(6×6)	ф10@100/200	—
	-0.030~19.470	750×700	375	375	150	550	24⌀25				1(5×4)	ф10@100/200	
	19.470~37.470	650×600	325	325	150	450		4⌀22	5⌀22	4⌀20	1(4×4)	ф10@100/200	
	37.470~59.070	550×500	275	275	150	350		4⌀22	5⌀22	4⌀20	1(4×4)	ф 8@100/200	
XZ1	-4.530~8.670						8⌀25				按标准构造详图	ф10@100	⑤×Ⓒ轴KZ1中设置

-4.530~59.070柱平法施工图（局部）

注：①如采用非对称配筋，需在柱表中增加相应栏目分别表示各边的中部筋。
②箍筋对纵筋至少隔一拉一。
③本页示例表示地下一层（-1层）、首层（1层）柱端箍筋加密区长度范围及纵筋连接位置均按嵌固部位要求设置。
④层高表中，竖向粗线表示本页柱的起止标高为-4.530~59.070m，所在层为-1~16层。

图 7-1-1 柱平法施工图列表注写方式示例

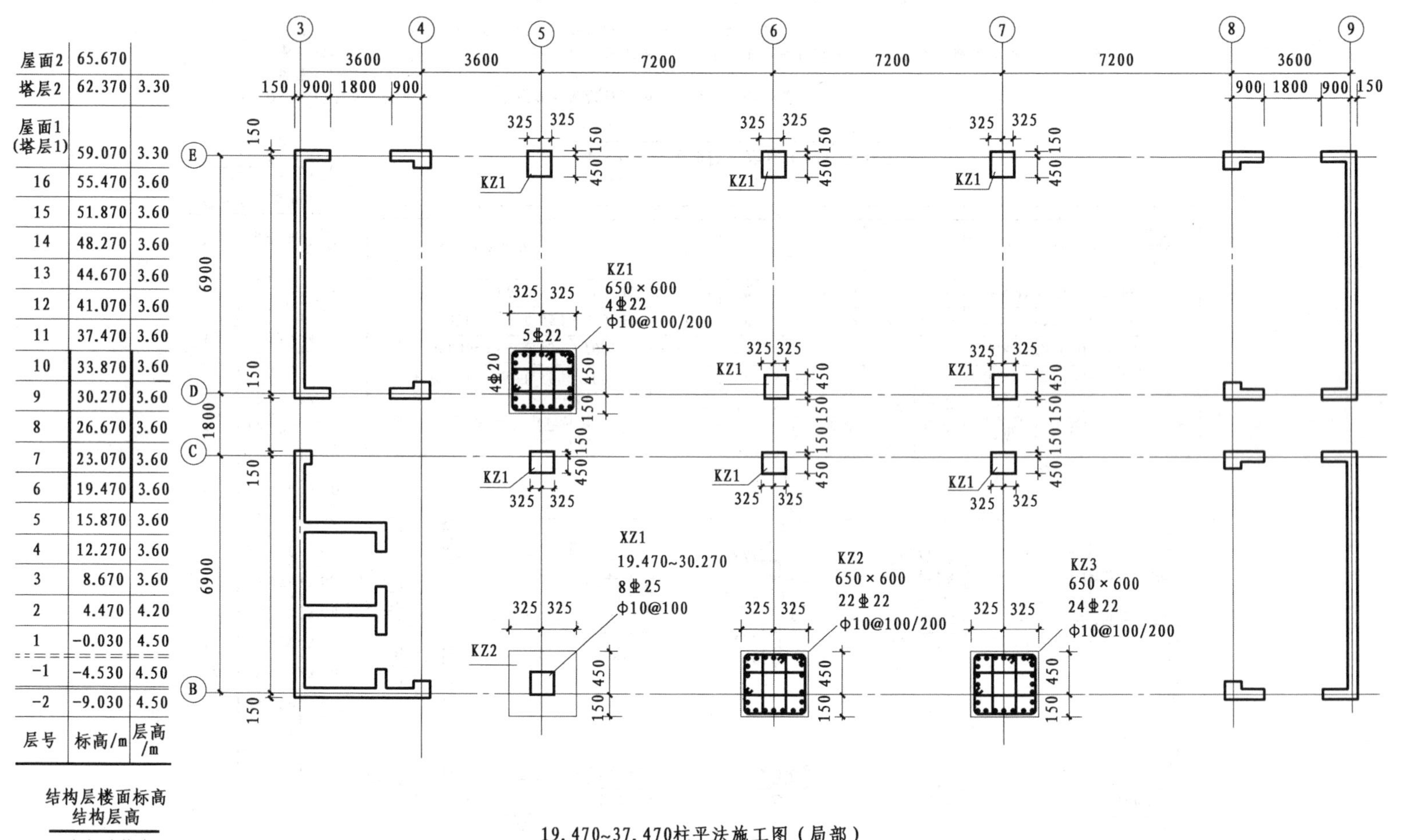

层号	标高/m	层高/m
屋面2	65.670	
塔层2	62.370	3.30
屋面1(塔层1)	59.070	3.30
16	55.470	3.60
15	51.870	3.60
14	48.270	3.60
13	44.670	3.60
12	41.070	3.60
11	37.470	3.60
10	33.870	3.60
9	30.270	3.60
8	26.670	3.60
7	23.070	3.60
6	19.470	3.60
5	15.870	3.60
4	12.270	3.60
3	8.670	3.60
2	4.470	4.20
1	-0.030	4.50
-1	-4.530	4.50
-2	-9.030	4.50

结构层楼面标高
结构层高

注：上部结构嵌固部位：-4.530 m。

19.470~37.470柱平法施工图（局部）

图 7-1-2　柱平法施工图截面注写方式示例

方法与步骤

(1)熟悉柱平法施工图的标注内容及规定。

(2)识读各柱的平面布置和定位尺寸,根据相应的建筑结构平面图,查对各柱的平面布置与定位尺寸是否正确,特别应注意变截面处上下截面与轴线的关系。

(3)识读柱平法施工图中柱的编号、起止标高、截面尺寸、纵向钢筋、箍筋及其类型等。

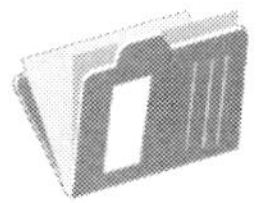

拓展与提高

平法注写方式应用说明

(1)平面注写方式:适用于梁、板、楼梯、基础结构施工图;

(2)列表注写方式:适用于柱、剪力墙、楼梯结构施工图;

(3)截面注写方式:适用于柱、梁、剪力墙、基础结构施工图。

思考与练习

(一)单项选择题

1. 平法施工图中,柱类型代号 KZ 是(　　)。

A. 框支柱　　B. 转换柱　　C. 芯柱　　D. 框架柱

2. 柱平法施工图列表注写方式的“柱表”内不包含(　　)内容。

A. 标高　　B. 混凝土强度等级　　C. 柱内箍筋　　D. 柱号

3. 柱箍筋Φ10@100/200,表示正确的是(　　)。

A. 箍筋为 HPB300 钢筋,直径为 10 mm,加密区间距为 100 mm,非加密区间距为 200 mm

B. 箍筋为 HRB400 钢筋,直径为 10 mm,加密区间距为 100 mm,非加密区间距为 200 mm

C. 箍筋为 HPB300 钢筋,直径为 10 mm,加密区间距为 200 mm,非加密区间距为 100 mm

D. 箍筋为 HRB400 钢筋,直径为 10 mm,加密区间距为 200 mm,非加密区间距为 100 mm

4. 柱平法施工图中集中标注 24 Φ 25,表示错误的是(　　)。

A. 柱全部纵筋 24 根

B. 柱纵筋直径 25 mm

C. 柱纵筋为 RRB400 钢筋

D. 柱纵筋为 HRB400 钢筋

5. 柱列表注写方式是将各柱分类编号,在“柱表”中注写柱的各项信息,以下关于注写规则的说明,错误的是(　　)。

A. 当纵筋直径相同,且各边根数也相同时,可在“全部纵筋”栏内一次注写;若不同,则分

为角筋、b 边筋、h 边筋分别注写

B. 矩形截面柱对称配筋的，可只注写一侧中部筋，对称边省略不注

C. 箍筋要按箍筋类型分别编号，注写钢筋种类、数量、直径、间距及箍筋肢数

D. 柱表内还要注写各段柱起止标高，标高与结构层标高一致

(二)多项选择题

1. 柱截面注写集中标注的内容有(　　)。

A. 柱编号　B. 截面尺寸 $b\times h$　C. 角筋或全部纵筋

D. 箍筋　E. 标高高差

2. 注写柱标高分界的依据是(　　)。

A. 自柱根部往上以变截面位置或截面未变但配筋改变处为界分段注写

B. 自柱根部往上截面未变位置或配筋改变处为界分段注写

C. 自柱根部往上以变截面位置和配筋改变处为界分段注写

D. 以柱的高度为界

E. 以柱截面尺寸的大小为界

3. 柱箍筋Φ10@100/250(Φ12@120)，表达正确的是(　　)。

A. 表示柱中箍筋为 HPB300 钢筋，直径为 10 mm

B. 加密区间距为 100 mm，非加密区间距为 250 mm

C. 框架节点核心区箍筋为 HPB300 钢筋，直径为 12 mm，间距为 120 mm

D. 柱箍筋加密区Φ10@250

E. 柱箍筋加密区Φ12@120

4. 柱截面的原位标注包括(　　)。

A. 柱编号　B. b 边一侧中部筋　C. h 边一侧中部筋

D. 截面尺寸与轴线的关系 b_1、b_2、h_1、h_2　E. 标高高差

(三)判断题

1. 柱平法施工图有平面注写和截面注写两种方式。(　　)

2. 柱平法施工图中，柱代号 KZZ 表示框架柱。(　　)

3. 柱截面编同一个号必须是柱高、配筋、截面尺寸相同。(　　)

4. 柱箍筋前加 L 表示螺旋箍。(　　)

5. 柱平法施工图中，当纵筋采用两种直径时，要单独标注角筋。(　　)

(四)读图题

1. 读图 7-1-1，按截面注写方式表达结构层 4 层、9 层、14 层的 KZ1(轴⑤和轴Ⓓ相交处)信息。

2. 读图 7-1-2，按列表注写方式完成标高 19.470～37.470 m KZ2、KZ3 的柱表。

3. 识读教材配套图纸(提供 CAD 版)的柱配筋图(基顶～2F 板面柱配筋图、2F 板面～3F 板面柱配筋图、3F 板面～屋面柱配筋图)，按列表注写方式完成 KZ1、KZ2、KZ4、KZ6 的柱表。

任务二　识读混凝土结构梁平法施工图

任务描述与分析

梁是房屋结构中的承重构件,起承受荷载和传递荷载的作用。要读懂梁的平法施工图,需要弄清其制图规则,才能明白图上的数字和符号表达的意思,也才能更准确地识读梁平法施工图。

本任务的具体要求是:掌握梁平法施工图的平面注写或截面注写的内容及规定;能识读梁平法施工图,达到能指导施工,进行钢筋抽样以及工程算量的能力。

知识与技能

梁平法施工图系在梁平面布置图上采用平面注写方式或截面注写方式表达。

(一)梁的平面注写方式

平面注写方式系在梁平面布置图上,分别在不同编号的梁中各选一根梁,在其上注写截面尺寸和配筋具体数值的方式来表达梁平法施工图。

平面注写包括集中标注和原位标注。集中标注表达梁的通用数值,原位标注表达梁的特殊数值。当集中标注中的某项数值不适用于梁的某部位时,则将该项数值原位标注,施工时,原位标注取值优先(图7-2-1)。

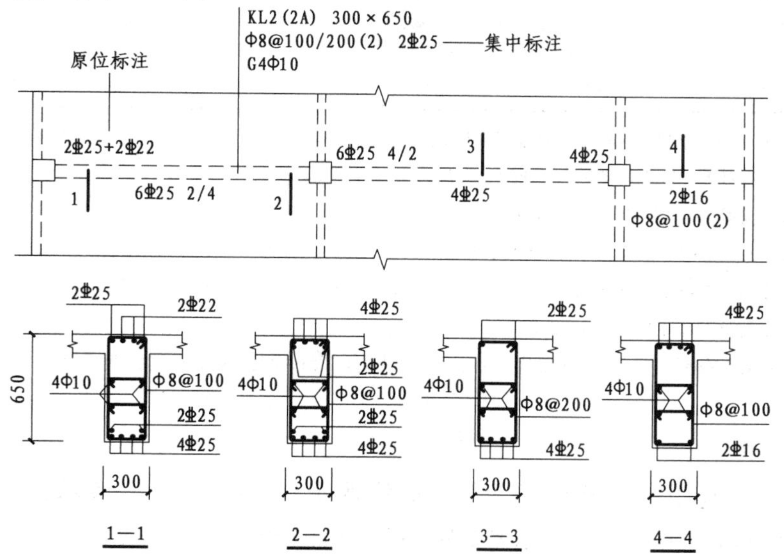

注:本图4个梁截面系采用传统表示方法绘制,用于对比按平面注写方式表达的同样内容。实际采用平面注写方式表达时,不需绘制梁截面配筋图和相应截面号。

图7-2-1　平面注写方式示例

1. 梁集中标注内容及规定

梁集中标注 6 项内容,其中 5 项必注值、1 项选注值(集中标注可以从梁的任意一跨引出)。集中标注的内容及格式如下:

梁编号　　　　　梁截面尺寸
梁箍筋　　　　　梁上部通长筋或架立筋配置
梁侧面纵向构造钢筋或受扭钢筋配置
梁顶面标高高差(该项为选注内容)

1)梁编号

梁编号由梁类型代号、序号、跨数及有无悬挑代号几项组成,并应符合表 7-2-1 的规定。

表 7-2-1　梁编号

梁类型	代　号	序　号	跨数及是否带有悬挑
楼层框架梁	KL	××	(××)、(××A)或(××B)
楼层框架扁梁	KBL	××	(××)、(××A)或(××B)
屋面框架梁	WKL	××	(××)、(××A)或(××B)
框支梁	KZL	××	(××)、(××A)或(××B)
托柱转换梁	TZL	××	(××)、(××A)或(××B)
非框架梁	L	××	(××)、(××A)或(××B)
悬挑梁	XL	××	(××)、(××A)或(××B)
井字梁	JZL	××	(××)、(××A)或(××B)

注:①(××A)为一端有悬挑,(××B)为两端有悬挑,悬挑不计入跨数。【例】KL7(5A)表示第 7 号框架梁,5 跨,一端有悬挑;L9(7B)表示第 9 号非框架梁,7 跨,两端有悬挑。

②楼层框架扁梁节点核心区代号为 KBH。

③22G101—1 图集中非框架梁 L、井字梁 JZL 表示端支座为铰接;当非框架梁 L、井字梁 JZL 端支座上部纵筋为充分利用钢筋的抗拉强度时,在梁代号后加“g”。【例】Lg7(5)表示第 7 号非框架梁,5 跨,端支座上部纵筋为充分利用钢筋的抗拉强度。

④当非框架梁 L 按受扭设计时,在梁代号后加“N”。【例】LN5(3)表示第 5 号受扭非框架梁,3 跨。

2)梁截面尺寸

当为等截面梁时,用 $b \times h$ 表示;当为竖向加腋梁时,用 $b \times h$ Y$c_1 \times c_2$ 表示,其中 c_1 为腋长,c_2 为腋高,如图 7-2-2(a)所示;当为水平加腋梁时,一侧加腋时用 $b \times h$ PY$c_1 \times c_2$ 表示,其中 c_1 为腋长,c_2 为腋宽,加腋部位应在平面图中绘制,如图 7-2-2(b)所示。

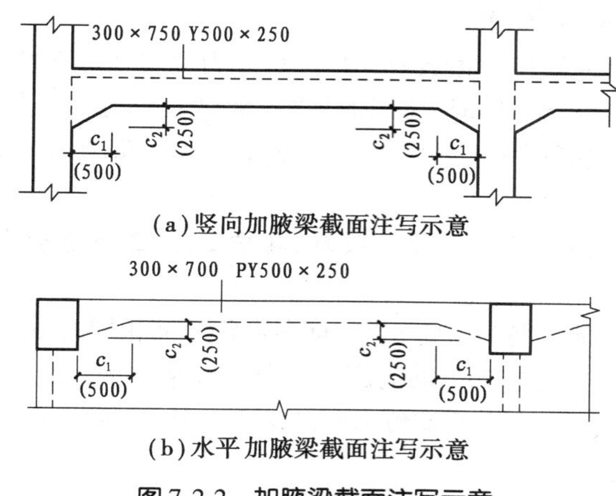

(a)竖向加腋梁截面注写示意

(b)水平加腋梁截面注写示意

图 7-2-2　加腋梁截面注写示意

当有悬挑梁且根部和端部的高度不同时，用斜线分隔根部与端部的高度值，即为 $b\times h_1/h_2$，如图 7-2-3 所示。

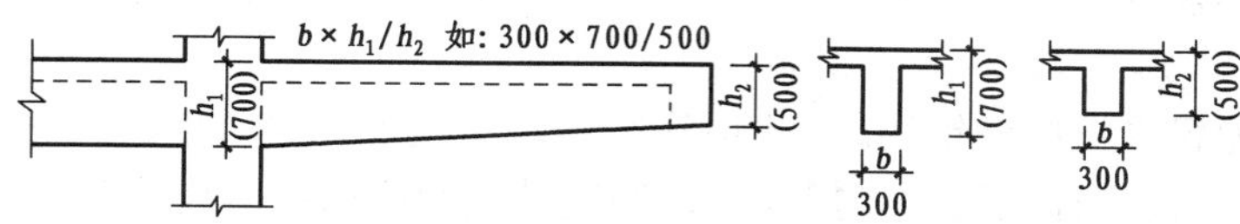

图 7-2-3　悬挑梁不等高截面注写示意图

3)梁箍筋

梁箍筋包括钢筋种类、直径、加密区与非加密区间距及肢数，该项为必注值。箍筋加密区与非加密区的不同间距及肢数需用斜线"/"分隔；当梁箍筋为同一种间距及肢数时，则不需用斜线；当加密区与非加密区的箍筋肢数相同时，则将肢数注写一次；箍筋肢数应写在括号内。箍筋加密区范围按相应抗震等级的标准构造详图采用。

【例 7-2-1】　Φ8@100/200(2)，表示箍筋为 HPB300 钢筋，直径为 8 mm，加密区间距为 100 mm，非加密区间距为 200 mm，均为两肢箍。

【例 7-2-2】　Φ8@100(4)/200(2)，表示箍筋为 HPB300 钢筋，直径为 8 mm，加密区间距为 100 mm，四肢箍；非加密区间距为 200 mm，两肢箍。

非框架梁、悬挑梁、井字梁采用不同的箍筋间距及肢数时，也用斜线"/"将其分隔开来。注写时，先注写梁支座端部的箍筋(包括箍筋的箍数、钢筋种类、直径、间距与肢数)，在斜线后注写梁跨中部分的箍筋间距及肢数。

【例 7-2-3】　13Φ10@150/200(4)，表示箍筋为 HPB300 钢筋，直径为 10 mm，梁的两端各有 13 个四肢箍，间距为 150 mm；梁跨中部分箍筋间距为 200 mm，四肢箍。

【例 7-2-4】　18Φ12@150(4)/200(2)，表示箍筋为 HPB300 钢筋，直径为 12 mm，梁的两端各有 18 个四肢箍，间距为 150 mm；梁跨中部分箍筋间距为 200 mm，两肢箍。

4)梁上部通长筋或架立筋配置

通长筋或架立筋的所注规格与根数应根据结构受力要求及箍筋肢数等构造要求而定。当同排纵筋中既有通长筋又有架立筋时,应用加号“+”将通长筋和架立筋相联。注写时,需将角部纵筋写在加号前面,架立筋写在加号后面的括号内,以示不同直径与通长筋的区别。当全部采用架立筋时,则将其写入括号内。

【例 7-2-5】 2 Ф 22+(4 Φ 12),用于六肢箍,其中 2 Ф 22 为通长筋,HRB400 钢筋;4 Φ 12 为架立筋,HPB300 钢筋。

当梁的上部纵筋和下部纵筋为全跨相同,且多数跨配筋相同时,此项可加注下部纵筋的配筋值,用分号“;”将上部纵筋与下部纵筋的配筋值分隔开来。

【例 7-2-6】 3 Ф 22;3 Ф 20 表示梁的上部配置 3 Ф 22 的通长筋,梁的下部配置 3 Ф 20 的通长筋。

5)梁侧面纵向构造钢筋或受扭钢筋配置

当梁腹板高度 $h_w \geq 450$ mm 时,需配置纵向构造钢筋。此项注写值以大写字母 G 打头,接续注写设置在梁两个侧面的总配筋值,且对称配置。

【例 7-2-7】 G4 Φ 12,表示梁的两个侧面共配置 4 Φ 12 的纵向构造钢筋,每侧各配置 2 Φ 12。

当梁侧面需配置受扭纵向钢筋时,此项注写值以大写字母 N 打头,接续注写配置在梁两个侧面的总配筋值,且对称配置。受扭纵向钢筋应满足梁侧面纵向构造钢筋的间距要求,且不再重复配置纵向构造钢筋。

【例 7-2-8】 N6 Ф 18,表示梁的两个侧面共配置 6 Ф 18 的受扭纵向钢筋,每侧各配置 3 Ф 18。

6)梁顶面标高高差

该项为选注值。梁顶面标高高差,系指相对于结构层楼面标高的高差值,对于位于结构夹层的梁,则指相对于结构夹层楼面标高的高差。有高差时,需将其写入括号内,无高差时不注。当某梁的顶面高于所在结构层的楼面标高时,其标高高差为正值,反之为负值。

【例 7-2-9】 某结构标准层的楼面标高分别为 44.950 m 和 48.250 m,当这两个标准层中某梁的梁顶面标高高差注写为(-0.100)时,即表明该梁顶面标高分别相对于 44.950 m 和 48.250 m 低 0.100 m。

2.梁原位标注内容及规定

原位标注的内容包括梁支座上部纵筋、梁下部纵筋、附加箍筋或吊筋。

(1)梁支座上部纵筋,该部位含通长筋在内的所有纵筋。

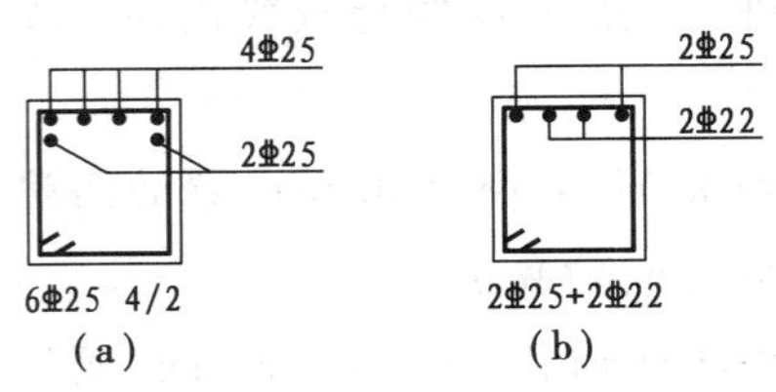

图 7-2-4 梁支座上部纵筋注写示意

- 当梁上部纵筋多于一排时,用斜线“/”将各排纵筋自上而下分开,如图 7-2-4(a)所示。
- 当同排纵筋有两种不同直径时,用加号“+”将两种直径的纵筋相联,注写时将角部纵筋写在前面,如图 7-2-4(b)所示。

【例 7-2-10】 6 Ф 25 4/2,表示支座上部纵筋共 2 排,上排纵筋为 4 Ф 25,下排纵筋为 2 Ф 25。

【例 7-2-11】 2 ⌀ 25+2 ⌀ 22,表示支座上部纵筋共 4 根,1 排放置,其中角部 2 ⌀ 25,中部 2 ⌀ 22。

● 当梁中间支座两边的上部纵筋相同时,可仅在支座的一边标注配筋值,另一边省去不注;否则,须在支座两边分别标注。

● 对于端部带悬挑的梁,其上部纵筋注写在悬挑梁根部支座部位。当支座两边的上部纵筋相同时,可仅在支座的一边标注配筋值。

(2)梁下部纵筋。

● 与上部纵筋标注类似,当下部纵筋多于一排时,用斜线"/"将各排纵筋自上而下分开,如图 7-2-5(a)所示。

● 当同排纵筋有两种直径时,用加号"+"将两种直径纵筋相联,注写时角部纵筋写在前面,如图 7-2-5(b)所示。

● 当梁下部纵筋不全部伸入支座时,将不伸入梁支座的下部纵筋数量写在括号内,如图 7-2-6 所示。

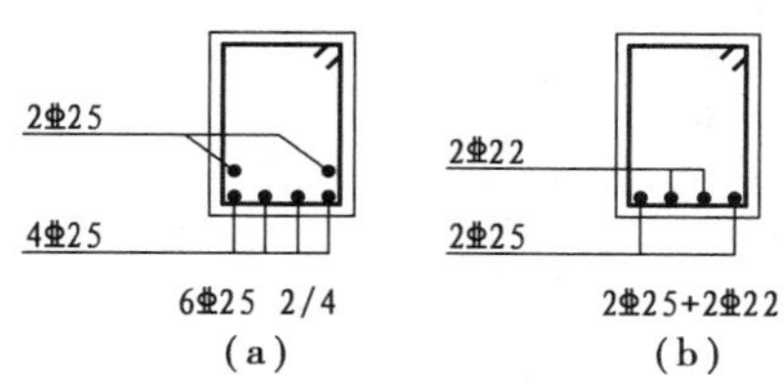

图 7-2-5　梁下部纵筋注写示意

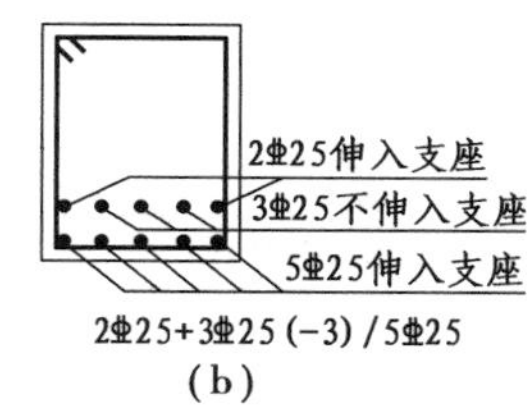

图 7-2-6　梁下部纵筋不全部伸入支座注写示意

(3)附加箍筋或吊筋的原位标注。将其直接画在平面布置图中的主梁上,用线引注总配筋值。对于附加箍筋,设计尚应注明附加箍筋的肢数,箍筋肢数注写在括号内,如图 7-2-7 所示。当多数附加箍筋或吊筋相同时,可在梁平法施工图上统一注明,少数与统一注明值不同时,再原位引注。

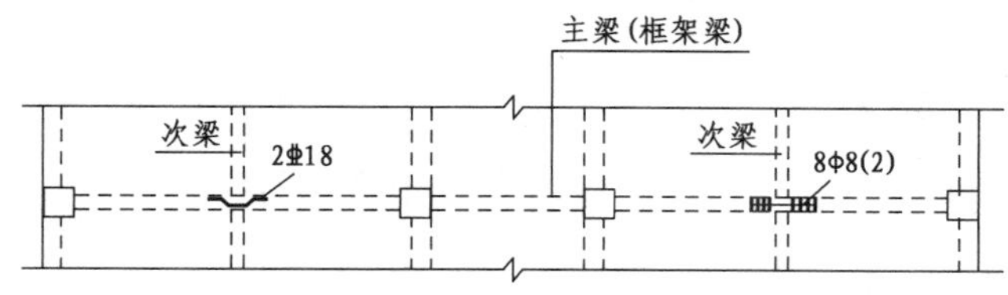

图 7-2-7　附加箍筋和吊筋画法示例

(4)当在梁上集中标注的内容(某一项或某几项)不适用于某跨或某悬挑部分时,则将其不同数值原位标注在该跨或该悬挑部位,施工时应按原位标注数值取用。

3. 梁平面注写方式示例

图 7-2-8 所示为梁平法施工图平面注写方式示例。

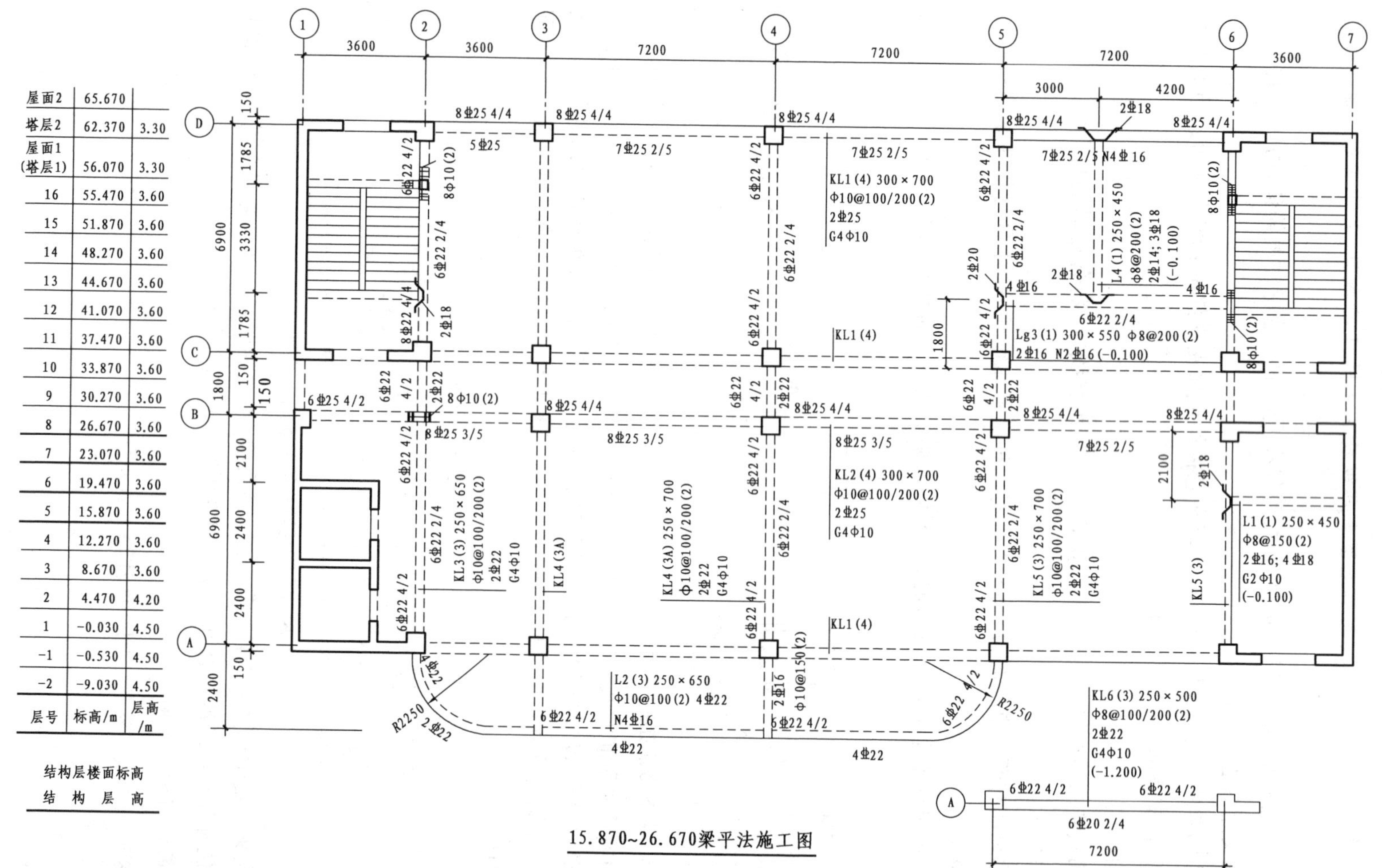

屋面2	65.670	
塔层2	62.370	3.30
屋面1 (塔层1)	56.070	3.30
16	55.470	3.60
15	51.870	3.60
14	48.270	3.60
13	44.670	3.60
12	41.070	3.60
11	37.470	3.60
10	33.870	3.60
9	30.270	3.60
8	26.670	3.60
7	23.070	3.60
6	19.470	3.60
5	15.870	3.60
4	12.270	3.60
3	8.670	3.60
2	4.470	4.20
1	-0.030	4.50
-1	-0.530	4.50
-2	-9.030	4.50
层号	标高/m	层高/m

结构层楼面标高
结 构 层 高

15.870~26.670梁平法施工图

注：①可在“结构层楼面标高、结构层高”表中增加混凝土强度等级等栏目。
②横向粗线表示本页梁平法施工图中的楼面标高为5~8层楼面标高：15.870m、19.470m、23.070m、26.670m。

图 7-2-8 梁平法施工图平面注写方式示例

(二)梁截面注写方式

截面注写方式,系在分标准层绘制的梁平面布置图上,分别在不同编号的梁中各选择一根梁用剖面号引出配筋图,并在其上注写截面尺寸和配筋具体数值的方式来表达梁平法施工图,如图 7-2-9 所示。

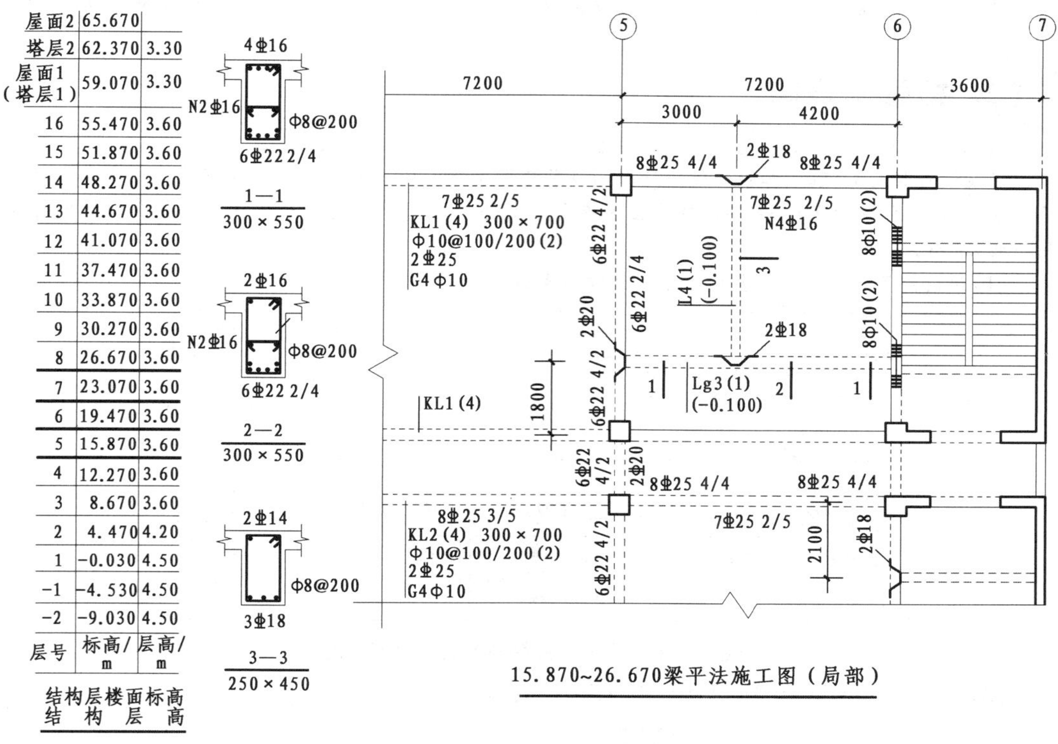

注:①可在“结构层楼面标高、结构层高”表中增加混凝土强度等级等栏目。
②横向粗线表示本页梁平法施工图中的楼面标高为5~8层楼面标高:15.870 m、19.470 m、23.070 m、26.670 m。

图 7-2-9　梁平面施工图截面注写方式

梁在进行截面注写时,从相同编号的梁中选择一根梁,用剖面号引出截面位置,再将截面配筋详图画在本图或其他图上。当某梁的顶面标高与结构层的楼面标高不同时,尚应继其梁编号后注写梁顶面标高高差(注写规定与平面注写方式相同)。

在截面配筋详图上注写截面尺寸 $b \times h$、上部筋、下部筋、侧面构造筋或受扭筋以及箍筋的具体数值时,其表达形式与平面注写方式相同。

截面注写方式既可以单独使用,也可与平面注写方式结合使用。在梁平法施工图中,一般采用平面注写方式,当平面图中局部区域的梁布置过密时,可以采用截面注写方式,或者将过密区用虚线框出,适当放大比例后再用平面注写方式表示,但是对异形截面梁的尺寸和配筋,用截面注写方式相对比较方便。

方法与步骤

(1)熟悉梁平法施工图标注的内容及规定。

(2)根据相应的建筑平面图,校对轴线网、轴线编号、轴线尺寸是否齐全正确。

(3)识读平法施工图中每一根梁的编号、跨数、是否有悬挑、截面尺寸、配筋、相对标高等内容。

拓展与提高

当梁设置竖向加腋时,加腋部位下部斜向纵筋应在支座下部以Y打头注写在括号内。当梁设置水平加腋时,水平加腋内上、下部斜纵筋应在加腋支座上部以Y打头注写在括号内,上、下部斜纵筋之间用斜线"/"分隔。

(1)识读图7-2-10所示梁竖向加腋平面注写表达示例。

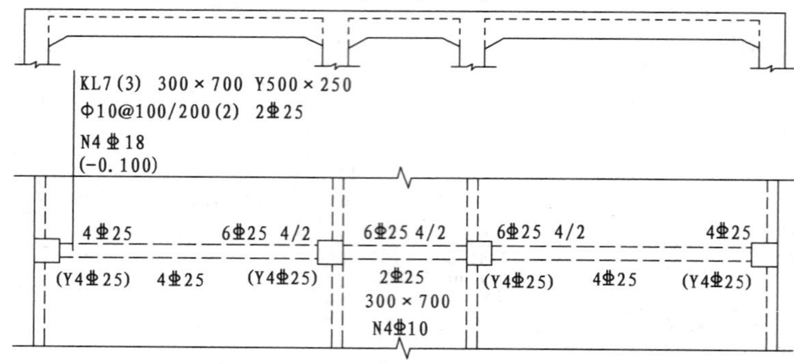

图7-2-10 梁竖向加腋平面注写表达示例

(2)识读图7-2-11所示梁水平加腋平面注写表达示例。

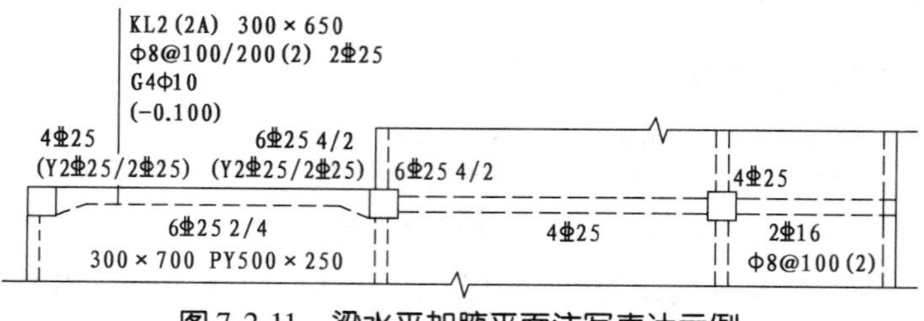

图7-2-11 梁水平加腋平面注写表达示例

思考与练习

(一)单项选择题

1. 梁平法施工图中,若梁内布置有"吊筋",应该按(　　)。

A. 集中注写方式注写

B. 原位注写方式注写

C. 截面注写方式注写
D. 在梁的平面图中画出“吊筋”，用引出线注写

2. 梁平法施工图中，梁的支座上部注写“2⌀25+2⌀22”，以下说明中错误的是(　　)。
A. 该支座上部共有 4 根钢筋
B. 4 根钢筋全部伸入支座
C. 4 根钢筋中，2 根直径 25 mm 的钢筋在角部
D. 4 根钢筋中，2 根直径 22 mm 的钢筋在角部

3. 梁平法施工图中，当同排纵筋既有通长筋又有架立筋时，梁的架立筋应(　　)。
A. 与受力筋注写方式相同进行标注　　B. 与构造筋注写方式相同进行标注
C. 注写在括号中　　D. 加双引号注写

4. 梁平法施工图中，标注“N6⌀22”表示(　　)。
A. 梁的两侧各有 6 根直径 22 mm 的抗扭钢筋
B. 梁的两侧各有 3 根直径 22 mm 的抗扭钢筋
C. 梁的两侧各有 6 根直径 22 mm 的抗剪钢筋
D. 梁的两侧各有 3 根直径 22 mm 的构造钢筋

5.【重庆市对口高职考试真题】梁编号 KL5(3A)表示(　　)。
A. 5 号楼层框架梁共有 3 跨，其中一端有悬挑
B. 3 号楼层框架梁共有 5 跨，其中一端有悬挑
C. 5 号楼层框架梁共有 3 跨，其中两端有悬挑
D. 3 号楼层框架梁共有 5 跨，其中两端有悬挑

(二)多项选择题

1. 梁平法施工图中，在梁的下部跨中位置原位标注 6⌀25(-2)/4，该标注表达了(　　)。
A. 该梁的下部配置 6 根直径 25 mm 的钢筋
B. 钢筋分为两排，上排 2 根，下排 4 根，上排两根钢筋不伸入支座
C. 上排 2 根钢筋为弯起钢筋，在梁端弯起至上部
D. 施工时，可以减少 2 根钢筋
E. 钢筋分为两排，上排 2 根，下排 4 根，下排 4 根钢筋不伸入支座

2. 梁平法施工图上的平面注写方式，既有集中注写，也有原位注写，它们的特点有(　　)。
A. 集中注写的是通用信息，原位注写的是特殊信息
B. 集中注写了的信息，在某处不适用时，要进行原位注写
C. 集中注写的信息与原位注写的信息不一致时，应以集中注写的为准
D. 梁的截面尺寸只能用集中注写方式注写
E. 梁的下部纵筋可以用集中注写方式，也可以用原位注写方式

3. 梁平法施工图中，在梁上部的集中注写中有“2⌀25+2⌀22;4⌀25”，以下说明正确的是(　　)。
A. 该梁上部配置 4 根钢筋，2 根直径 25 mm，2 根直径 22 mm
B. 该梁下部配置 4 根直径 25 mm 的钢筋

C. 该梁上部配置 8 根钢筋,6 根直径为 25 mm,2 根直径为 22 mm

D. 该梁全部钢筋都要伸入支座

E. 该梁全部钢筋都不伸入支座

(三)判断题

1. 梁的平法施工图有平面注写和截面注写两种方式。 (　　)

2. 梁平法施工图中,梁代号 KZL 表示框架梁。 (　　)

3. 梁平法施工图中,集中注写的选注值注写在括号内。 (　　)

4. 在梁的平面注写方式中,施工时,原位标注取值优先于集中标注。 (　　)

5. 在梁的平法标注中,300×700/500 表示,该悬挑梁宽 300 mm,根部高 700 mm,端部高 500 mm。 (　　)

(四)读图题

识读图 7-2-12 中 KL20(2)的标注内容,完成以下问题:

1. 集中标注中 KL20(2) 300×600 表示什么含义?

2. 集中标注中Φ8@100/200(2)是梁的什么钢筋?表示什么含义?

3. 梁的通长筋配置为什么钢筋?

4. 原位标注中梁上部的 2⊈25+2⊈20 和 5⊈25 3/2 表示什么含义?

5. 原位标注中梁下部跨中的 3⊈22 是梁的什么钢筋?表示什么含义?

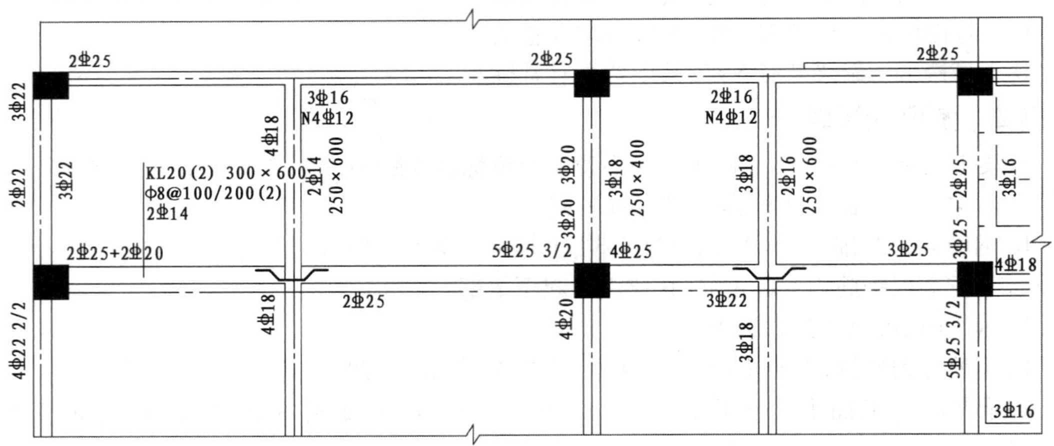

图 7-2-12　幼儿园 2F 梁配筋图(局部)

任务三　识读混凝土结构板平法施工图

任务描述与分析

板是房屋结构中的承重构件，起承受荷载和传递荷载的作用。要读懂板平法施工图，需要弄清其制图规则，才能明白图上的数字和符号表达的意思，也才能更准确地识读板平法施工图。

本任务的具体要求是：掌握有梁楼盖平法施工图的板块集中标注和板支座原位标注的内容及规定；了解无梁楼盖平法施工图的板块集中标注和板支座原位标注的内容及规定；能识读有梁楼盖平法施工图，达到能指导施工，进行钢筋抽样以及工程算量的能力。

知识与技能

(一)识读有梁楼盖平法施工图

有梁楼盖系以梁(墙)为支座的楼面及屋面板。有梁楼盖平法施工图，系在楼面板和屋面板布置图上采用平面注写的表达方式。板平面注写主要包括板块集中标注和板支座原位标注。

1. 板块集中标注

1)板块集中标注的内容

板块集中标注的内容：板块编号，板厚，上部贯通纵筋，下部纵筋以及当板面标高不同时的标高高差，如图 7-3-1 所示。

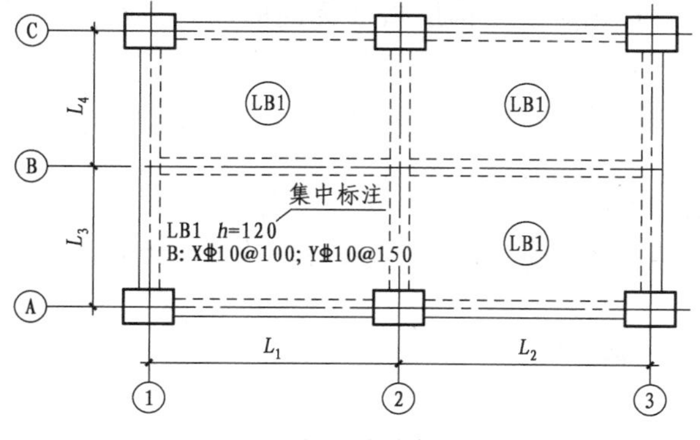

图 7-3-1　板块集中标注示例

2)板块集中标注格式

板块编号,板厚	例如:LB4　h=80
下部纵筋	B:X&Y ⌀10@150
上部贯通纵筋	T:X ⌀10@150
板面标高高差	(-0.050)

(1)板块编号:按表 7-3-1 的规定。

表 7-3-1　板编号

板类型	代　号	序　号
楼面板	LB	××
屋面板	WB	××
悬挑板	XB	××

(2)板厚:板厚注写为 h=×××(为垂直于板面的厚度);当悬挑板的端部改变截面厚度时,用斜线分隔根部与端部的高度值,注写为 h=×××/×××;当设计已在图注中统一注明板厚时,此项可不注。

(3)纵筋:按板块的下部纵筋和上部贯通纵筋分别注写(当板块上部不设贯通纵筋时则不注),符号意义如下:

B——下部纵筋;

T——上部贯通纵筋;

B&T——下部与上部纵筋;

X——x 向纵筋;

Y——y 向纵筋;

X&Y——板的 x 向和 y 向纵筋配置相同。

当在某些板内(例如在悬挑板 XB 的下部)配置有构造钢筋时,则 x 向以 Xc、y 向以 Yc 打头注写。

(4)板面标高高差:系指相对于结构层楼面标高的高差,应将其注写在括号内,且有高差则注,无高差则不注。

【例 7-3-1】　有一楼面板块注写为:

LB2　h=150

B:X ⌀12@120;Y ⌀10@110

表示 2 号楼面板,板厚 150 mm,板下部配置的纵筋 x 向为 ⌀12@120,y 向为 ⌀10@110;板上部未配置贯通纵筋。

【例 7-3-2】　有一悬挑板注写为:

XB1　h=150/100

B:Xc&Yc ⌀8@200

表示 1 号悬挑板,板根部厚 150 mm,端部厚 100 mm,板下部配置构造钢筋双向均为 ⌀8@200(上部受力钢筋见板支座原位标注)。

2. 板支座原位标注

板支座原位标注的主要内容:板支座上部非贯通纵筋和悬挑板上部受力钢筋。

板支座原位标注的钢筋,应在配置相同跨的第一跨表达(当在梁悬挑部位单独配置时则在原位表达)。在配置相同跨的第一跨(或梁悬挑部位),垂直于板支座(梁或墙)绘制一段适宜长度的中粗实线(当该筋通长设置在悬挑板或短跨板上部时,实线段应画至对边或贯通短跨),以该线段代表支座上部非贯通纵筋,并在线段上方注写钢筋编号(如①、②等)、配筋值、横向连续布置的跨数(注写在括号内,当为一跨时可不注),以及是否横向布置到梁的悬挑端。

板支座上部非贯通纵筋自支座边线向跨内的伸出长度,注写在线段的下方位置。当中间支座上部非贯通纵筋向支座两侧对称伸出时,可仅在支座一侧线段下方标注伸出长度,另一侧不注,如图 7-3-2(a)所示。当向支座两侧非对称伸出时,应分别在支座两侧线段下方注写伸出长度,如图 7-3-2(b)所示。

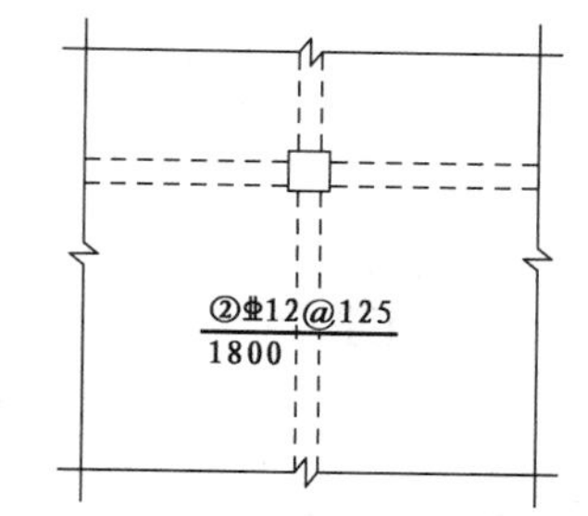

(a)板支座上部非贯通纵筋对称伸出　　(b)板支座上部非贯通纵筋非对称伸出

图 7-3-2　板支座上部非贯通纵筋伸出长度的标注

对线段画至对边贯通全跨或贯通全悬挑长度的上部通长纵筋,贯通全跨或伸出至全悬挑一侧的长度值不注,只注明非贯通纵筋另一侧的伸出长度值,如图 7-3-3 所示。

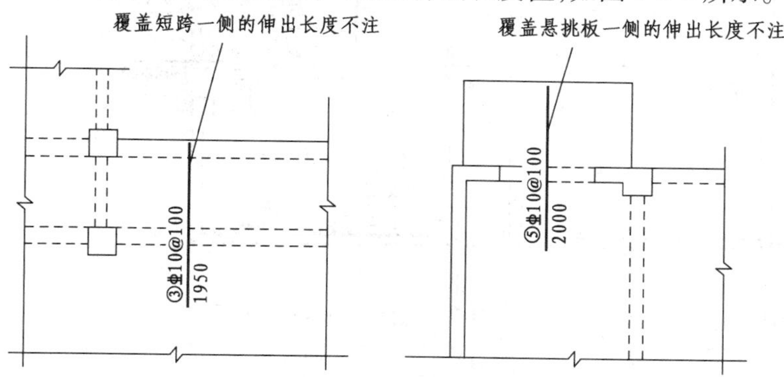

图 7-3-3　板支座非贯通纵筋贯通全跨或伸出至悬挑端的标注

3. 有梁楼盖平面注写方式示例

图 7-3-4 所示为有梁楼盖平法施工图示例。

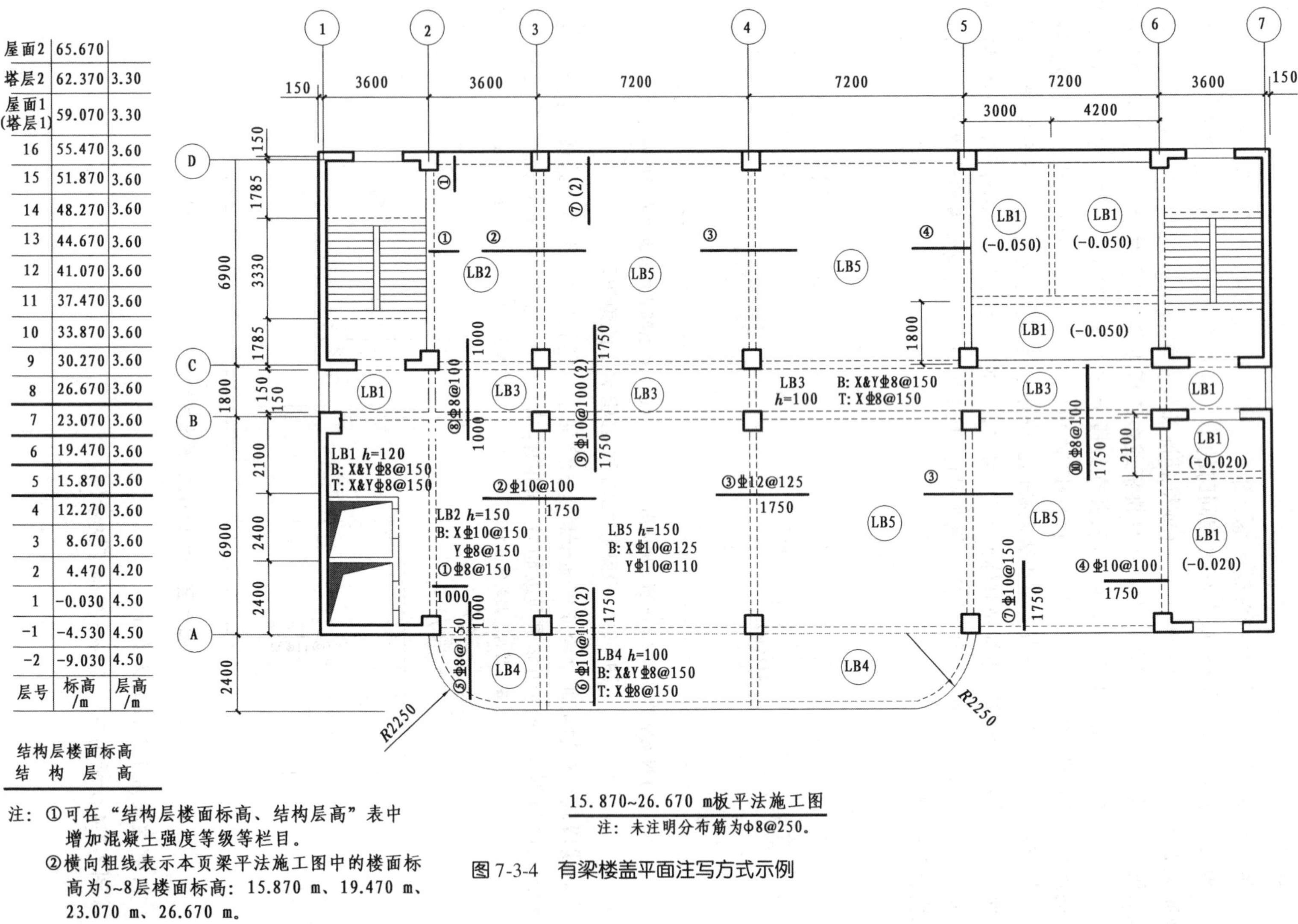

屋面2	65.670	
塔层2	62.370	3.30
屋面1 (塔层1)	59.070	3.30
16	55.470	3.60
15	51.870	3.60
14	48.270	3.60
13	44.670	3.60
12	41.070	3.60
11	37.470	3.60
10	33.870	3.60
9	30.270	3.60
8	26.670	3.60
7	23.070	3.60
6	19.470	3.60
5	15.870	3.60
4	12.270	3.60
3	8.670	3.60
2	4.470	4.20
1	-0.030	4.50
-1	-4.530	4.50
-2	-9.030	4.50
层号	标高/m	层高/m

结构层楼面标高
结 构 层 高

注：①可在“结构层楼面标高、结构层高”表中增加混凝土强度等级等栏目。
②横向粗线表示本页梁平法施工图中的楼面标高为5~8层楼面标高：15.870 m、19.470 m、23.070 m、26.670 m。

15.870~26.670 m板平法施工图

注：未注明分布筋为Φ8@250。

图 7-3-4 有梁楼盖平面注写方式示例

（二）识读无梁楼盖平法施工图

无梁楼盖系指没有梁的楼盖板，楼板由戴帽的柱头支撑，使同高的楼层扩大净空，节省建材，提高施工进度，而且质地更密，抗压性更高，抗振动冲击更强，结构更合理。

无梁楼盖平法施工图，系在楼面板和屋面板布置图上采用平面注写的表达方式。板平面注写主要包括板带集中标注和板带支座原位标注两部分内容。

1. 板带集中标注

集中标注应在板带贯通纵筋配置相同跨的第一跨（x 向为左端跨，y 向为下端跨）注写。对于相同编号的板带，可择其一做集中标注，其他仅注写板带编号。

1）板带集中标注格式

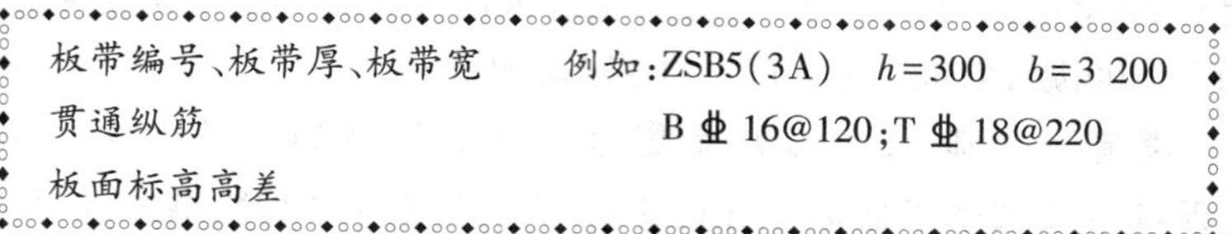

板带编号、板带厚、板带宽　　例如：ZSB5（3A）　h=300　b=3 200
贯通纵筋　　B Φ 16@120；T Φ 18@220
板面标高高差

2）集中标注的内容及规定

（1）板带编号：按表 7-3-2 的规定。

表 7-3-2　板带编号

板带类型	代　号	序　号	跨数及有无悬挑
柱上板带	ZSB	××	（××）、（××A）或（××B）
跨中板带	KZB	××	（××）、（××A）或（××B）

注：①跨数按柱网轴线计算（两相邻柱轴线之间为一跨）；
②（××A）为一端有悬挑，（××B）为两端有悬挑，悬挑不计入跨数。

（2）板带厚：注写为 h=×××，板带宽注写为 b=×××。当无梁楼盖整体厚度和板带宽度已在图中注明时，此项可不注。

（3）贯通纵筋：按板带下部和板带上部分别注写，并以 B 代表下部，T 代表上部，B&T 代表下部和上部。

【例 7-3-3】　有一板带注写为：ZSB2（5A）　h=300　b=3 000
B Φ16@100；T Φ18@200

表示 2 号柱上板带，有 5 跨且一端有悬挑；板带厚 300 mm，宽 3 000 mm；板带配置贯通纵筋下部为Φ16@100，上部为Φ18@200。

（4）板面标高高差：当局部区域的板面标高与整体不同时，应在无梁楼盖的板平法施工图上注明板面标高高差及分布范围。

2. 板带支座原位标注

板带支座原位标注的具体内容为：板带支座上部非贯通纵筋。以一段与板带同向的中粗实线段代表板带支座上部非贯通纵筋；对柱上板带，实线段贯穿柱上区域绘制；对跨中板带，实线段横贯柱网轴线绘制。在线段上注写钢筋编号(如①、②号等)、配筋值及在线段的下方注写自支座中线向两侧跨内的伸出长度。

当板带支座非贯通纵筋自支座中线向两侧对称伸出时,其伸出长度可仅在一侧标注;当配置在有悬挑端的边柱上时,该筋伸出到悬挑尽端,设计不注。当支座上部非贯通纵筋呈放射分布时,设计者应注明配筋间距的定位位置。

不同部位的板带支座上部非贯通纵筋相同者,可仅在一个部位注写,其余则在代表非贯通纵筋的线段上注写编号。

【例 7-3-4】 设有平面布置图的某部位,在横跨板带支座绘制的对称线段上注有②⏀18@250,在线段一侧的下方注有 1 500,系表示支座上部②号非贯通纵筋为⏀18@250,自支座中线向两侧跨内的伸出长度均为 1 500 mm。

当板带上部已经配有贯通纵筋,但需增加配置板带支座上部非贯通纵筋时,应结合已配同向贯通纵筋的直径与间距,采取"隔一布一"的方式配置。

【例 7-3-5】 设有一板带上部已配置贯通纵筋⏀18@250,板带支座上部非贯通纵筋为②⏀18@250,则板带在该位置实际配置的上部纵筋为⏀18@125,其中 1/2 为贯通纵筋,1/2 为②号非贯通纵筋(伸出长度略)。

【例 7-3-6】 设有一板带上部已配置贯通纵筋⏀18@250,板带支座上部非贯通纵筋为③⏀20@250,则板带在该位置实际配筋的上部纵筋为⏀18 和⏀20 间隔布置,二者之间间距为 125 mm(伸出长度略)。

方法与步骤

(1)熟悉有梁楼盖平法施工图标注的内容及规定。

(2)根据相应的建筑平面图,校对轴线网、轴线编号、轴线尺寸是否齐全正确。

(3)识读平法施工图中板的编号、板厚、配筋、相对标高等内容。

拓展与提高

当纵筋采用两种规格钢筋"隔一布一"方式时,表达为 *xx*/*yy*@×××,表示直径为 *xx* 的钢筋和直径为 *yy* 的钢筋间距相同,两者组合后的实际间距为×××。直径 *xx* 的钢筋的间距为×××的 2 倍,直径 *yy* 的钢筋的间距为×××的 2 倍。

【例 7-3-7】 有一楼面板块集中标注为:

LB3　*h*=150

B:X⏀10/12@100;Y⏀10@110

表示 3 号楼面板,板厚 150 mm,板下部配置的纵筋 *x* 向为⏀10、⏀12 隔一布一,⏀10 与⏀12 之间间距为 100 mm;*y* 向为⏀10@110;板上部未配置贯通纵筋。

思考与练习

(一)单项选择题

1. 板块编号中 XB 表示(　　)。

A. 现浇板　　B. 悬挑板　　C. 延伸悬挑板　　D. 屋面现浇板

2. 有梁楼盖的板块集中标注不包括(　　)。

A. 板块编号及板厚　　B. 板下部纵筋　　C. 板面负筋　　D. 板面标高高差

3. 下列关于板支座上部非贯通纵筋的解释,不正确的是(　　)。

A. 支座边线向跨内伸出长度,标在线段的下方位置

B. 如两边伸出长度相同,仅在支座一侧标出

C. 如两边伸出长度不相同,在支座两侧标出

D. 所标注数值表示从梁边伸出长度

4. 板支座原位标注⏀8@150(2A),下列表示正确的是(　　)。

A. 板支座上部贯通纵筋⏀8@150,板支座上部贯通纵筋横向布置两跨及一端的悬挑梁部位

B. 板支座上部贯通纵筋⏀8@150,板支座上部贯通纵筋横向布置两跨及两端的悬挑梁部位

C. 板支座上部非贯通纵筋⏀8@150,板支座上部非贯通纵筋横向布置两跨及一端的悬挑梁部位

D. 板支座上部非贯通纵筋⏀8@150,板支座上部非贯通纵筋横向布置一跨及两端的悬挑梁部位

(二)多项选择题

1. 在无梁楼盖的制图规则中规定了相关代号,下列对代号解释正确的是(　　)。

A. ZSB 表示柱上板带　　B. KZB 表示跨中板带

C. B 表示上部,T 表示下部　　D. h=×××表示板带宽

E. b=×××表示板带厚

2. 板内钢筋有(　　)。

A. 受力钢筋　　B. 负筋

C. 温度筋　　D. 架立筋

E. 分布筋

3. 有一楼面板块集中标注为:LB3　h=150　B:X⏀10/12@100;Y⏀10@110,下列解释正确的是(　　)。

A. 表示 3 号楼面板,板厚 150 mm

B. 板下部配置的纵筋 x 向为⏀10、⏀12 隔一布一,⏀10 与⏀12 之间间距为 100 mm;y 向为⏀10@110

C. 板下部配置的纵筋 x 向为⏀10 或⏀12,间距为 100 mm;y 向为⏀10@110

D. 板上部未配置贯通纵筋

E. 板上部配置的贯通纵筋 x 向为⊈10、⊈12 隔一布一，⊈10 与⊈12 之间间距为 100 mm；y 向为⊈10@110

（三）判断题

1. 板支座原位标注的主要内容有板支座下部非贯通纵筋和悬挑板下部受力钢筋。（　　）
2. 符号 KZB 表示柱上板带。（　　）
3. 板标注 B：Xc&Yc⊈8@150，表示板下部配置构造钢筋双向均为⊈8@150。（　　）

任务四　识读剪力墙平法施工图

任务描述与分析

剪力墙是房屋结构中的承重构件，起承受荷载、传递荷载和围护作用。剪力墙平法施工图有列表注写和截面注写两种表达方式，只有掌握了制图规则，才能从图纸中迅速准确地读取剪力墙的截面尺寸和配筋等相关信息。

本任务的具体要求是：熟悉剪力墙平法施工图的列表注写和截面注写的内容及规定；能识读剪力墙平法施工图，达到能指导施工的能力。

知识与技能

剪力墙平法施工图系在剪力墙平面布置图上采用列表注写方式或截面注写方式表达。在剪力墙平法施工图中，应按规定注明各结构层的楼面标高、结构层高及相应的结构层号，尚应注明上部结构嵌固部位位置。对于轴线未居中的剪力墙（包括端柱），应注明其与定位轴线之间的关系。

（一）剪力墙列表注写方式

为表达清楚、简便，剪力墙可视为由剪力墙柱、剪力墙身和剪力墙梁三类构件构成。列表注写方式，系分别在剪力墙柱表、剪力墙身表和剪力墙梁表中，对应于剪力墙平面布置图上的编号，用绘制截面配筋图并注写几何尺寸与配筋具体数值的方式来表达剪力墙平法施工图。

1. 编号规定

将剪力墙按剪力墙柱、剪力墙身、剪力墙梁（简称为墙柱、墙身、墙梁）三类构件分别编号。

1）墙柱编号

墙柱编号由墙柱类型代号和序号组成，表达形式应符合表 7-4-1 的规定。

表 7-4-1　墙柱编号

墙柱类型	代　号	序　号
约束边缘构件	YBZ	××
构造边缘构件	GBZ	××
非边缘暗柱	AZ	××
扶壁柱	FBZ	××

注:构造边缘构件包括构造边缘暗柱、构造边缘端柱、构造边缘翼墙、构造边缘转角墙 4 种。约束边缘构件包括约束边缘暗柱、约束边缘端柱、约束边缘翼墙、约束边缘转角墙 4 种。

2)墙身编号

墙身编号由墙身代号(Q)、序号以及墙身所配置的水平与竖向分布钢筋的排数组成,其中排数注写在括号内。墙身编号表达形式为:

Q××(××排)

墙身序号　钢筋排数

平法图集中,对剪力墙身有以下规定:

(1)在编号中,如若干墙柱的截面尺寸与配筋均相同,仅截面与轴线的关系不同时,可将其编为同一墙柱号;如若干墙身的厚度尺寸和配筋均相同,仅墙厚与轴线的关系不同或墙身长度不同时,也可将其编为同一墙身号,但应在图中注明与轴线的几何关系。

(2)当墙身所设置的水平与竖向分布钢筋的排数为 2 时可不注。

(3)对分布钢筋网的排数规定:当剪力墙厚度不大于 400 mm 时,应配置双排;当剪力墙厚度大于 400 mm,但不大于 700 mm 时,宜配置三排;当剪力墙厚度大于 700 mm 时,宜配置四排。

各排水平分布钢筋和竖向分布钢筋的直径与间距宜保持一致。

(4)当剪力墙配置的分布钢筋多于两排时,剪力墙拉结筋两端应同时勾住外排水平纵筋和竖向纵筋外,尚应与剪力墙内排水平纵筋和竖向纵筋绑扎在一起。

3)墙梁编号

墙梁编号由墙梁类型代号和序号组成,表达形式应符合表 7-4-2 的规定。

表 7-4-2　墙梁编号

墙梁类型	代　号	序　号
连梁	LL	××
连梁(跨高比不小于 5)	LLk	××
连梁(对角暗撑配筋)	LL(JC)	××
连梁(对角斜筋配筋)	LL(JX)	××
连梁(集中对角斜筋配筋)	LL(DX)	××
暗梁	AL	××
边框梁	BKL	××

注：在具体工程中，当某些墙身需设置暗梁或边框梁时，宜在剪力墙平法施工图或梁平法施工图中绘制暗梁或边框梁的平面布置图并编号，以明确其具体位置。

2. 剪力墙柱表中表达的内容规定

（1）注写墙柱编号，绘制该墙柱的截面配筋图，标注墙柱几何尺寸。

（2）注写各段墙柱的起止标高，自墙柱根部往上以变截面位置或截面未变但配筋改变处为界分段标注。墙柱根部标高一般指基础顶面标高（部分框支剪力墙结构则为框支梁顶面标高）。

（3）注写各段墙柱的纵向钢筋和箍筋，注写值应与在表中绘制的截面配筋图对应一致。纵向钢筋注总配筋值；墙柱箍筋的注写方式与柱箍筋相同。在剪力墙平面布置图中需注写约束边缘构件非阴影区内布置的拉筋或箍筋直径，与阴影区箍筋直径相同时，可不注。

剪力墙柱表示例，如图 7-4-5 所示。

3. 剪力墙身表中表达的内容规定

（1）注写墙身编号（含水平与竖向分布钢筋的排数）。

（2）注写各段墙身起止标高，自墙身根部往上以变截面位置或截面未变但配筋改变处为界分段注写。墙身根部标高一般指基础顶面标高（部分框支剪力墙结构则为框支梁的顶面标高）。

（3）注写水平分布钢筋、竖向分布钢筋和拉结筋的具体数值。注写数值为一排水平分布钢筋和竖向分布钢筋的规格与间距，具体设置几排已经在墙身编号后面表达。当内外排竖向分布钢筋配筋不一致时，应单独注写内、外排钢筋的具体数值。

剪力墙身表示例，如图 7-4-4 所示。

4. 剪力墙梁表中表达的内容规定

（1）注写墙梁编号。

（2）注写墙梁所在楼层号。

（3）注写墙梁顶面标高高差，系指相对于墙梁所在结构层楼面标高的高差值。高于者为正值，低于者为负值，当无高差时不注。

（4）注写墙梁截面尺寸 $b \times h$，上部纵筋、下部纵筋和箍筋的具体数值。

剪力墙梁表示例，如图 7-4-4 所示。

（5）当连梁设有对角暗撑时［代号为 LL（JC）××］，注写暗撑的截面尺寸（箍筋外皮尺寸）；注写一根暗撑的全部纵筋，并标注“×2”表明有两根暗撑相互交叉；注写暗撑箍筋的具体数值。连梁设有对角暗撑时列表注写示例如图 7-4-1 所示。

连梁设对角暗撑配筋表

编号	所在楼层号	梁顶相对标高高差	梁截面 $b \times h$	上部纵筋	下部纵筋	侧面纵筋	墙梁箍筋	对角暗撑		
								截面尺寸	纵筋	箍筋

图 7-4-1　连梁设对角暗撑配筋列表注写示例

（6）当连梁设有交叉斜筋时［代号为 LL（JX）××］，注写连梁一侧对角斜筋的配筋值，并标注“×2”表明对称设置；注写对角斜筋在连梁端部设置的拉筋根数、强度级别及直径，并标注“×4”表示 4 个角都设置；注写连梁一侧折线筋配筋值，并标注“×2”表明对称设置。连梁设有交叉斜筋时列表注写示例如图 7-4-2 所示。

连梁设交叉斜筋配筋表

编号	所　在楼层号	梁顶相对标高高差	梁截面 $b \times h$	上部纵筋	下部纵筋	侧面纵筋	墙梁箍筋	交叉斜筋		
								对角斜筋	拉筋	折线筋

图 7-4-2　连梁设交叉斜筋配筋列表注写示例

(7)当连梁设有集中对角斜筋时[代号为 LL(DX)××],注写一条对角线上的对角斜筋,并标注"×2"表明对称设置。连梁设有集中对角斜筋时列表注写示例如图 7-4-3 所示。

连梁设集中对角斜筋配筋表

编号	所　在楼层号	梁顶相对标高高差	梁截面 $b \times h$	上部纵筋	下部纵筋	侧面纵筋	墙梁箍筋	集中对角斜筋

图 7-4-3　连梁设集中对角斜筋配筋列表注写示例

(8)跨高比不小于 5 的连梁,按框架梁设计时(代号为 LLk××),采用平面注写方式,注写规则同框架梁,可采用适当比例单独绘制,也可与剪力墙平法施工图合并绘制。

(9)当设置双连梁、多连梁时,应分别表达在剪力墙平法施工图上。

墙梁侧面纵筋的配置,当墙身水平分布钢筋满足连梁和暗梁侧面纵向构造钢筋的要求时,该筋配置同墙身水平分布钢筋,表中不注,施工按标准构造详图的要求即可。

当墙身水平分布钢筋不满足连梁侧面纵向构造钢筋的要求时,应在表中补充注明设置的梁侧面纵筋的具体数值,纵筋沿梁高方向均匀布置;当采用平面注写方式时,梁侧面纵筋以大写字母"N"打头。

梁侧面纵向钢筋在支座内锚固要求同连梁中受力钢筋。

【例 7-4-1】　N6 ⌀12,表示连梁两个侧面共配置 6 根直径为 12 mm 的纵向构造钢筋,采用 HRB400 钢筋,每侧各配置 3 根。

5. 剪力墙列表注写方式示例

图 7-4-4 和图 7-4-5 所示为剪力墙平法施工图列表注写方式示例。

(二)剪力墙截面注写方式

1. 剪力墙截面注写方式规定

截面注写方式,系在按标准层绘制的剪力墙平面布置图上,以直接在墙柱、墙身、墙梁上注写截面尺寸和配筋具体数值的方式来表达剪力墙平法施工图。选用适当比例原位放大绘制剪力墙平面布置图,其中对墙柱绘制配筋截面图;对所有墙柱、墙身、墙梁分别进行编号,并分别在相同编号的墙柱、墙身、墙梁中选择一根墙柱、一道墙身、一根墙梁进行注写,其注写方式按以下规定进行:

(1)从相同编号的墙柱中选择一个截面,原位绘制墙柱截面配筋图,注明几何尺寸,并在各配筋图上继其编号后标注全部纵筋及箍筋的具体数值。

(2)从相同编号的墙身中选择一道墙身,按顺序引注的内容为:墙身编号(应包括注写在括号内墙身所配置的水平与竖向分布钢筋的排数)、墙厚尺寸,水平分布钢筋、竖向分布钢筋和拉筋的具体数值。

层号	标高/m	层高/m
屋面2	65.670	
塔层2	62.370	3.30
屋面1 (塔层1)	59.070	3.30
16	55.470	3.60
15	51.870	3.60
14	48.270	3.60
13	44.670	3.60
12	41.070	3.60
11	37.470	3.60
10	33.870	3.60
9	30.270	3.60
8	26.670	3.60
7	23.070	3.60
6	19.470	3.60
5	15.870	3.60
4	12.270	3.60
3	8.670	3.60
2	4.470	4.20
1	-0.030	4.50
-1	-4.530	4.50
-2	-9.030	4.50

结构层楼面标高
结构层高

注：上部结构嵌固部位：-0.030 m。

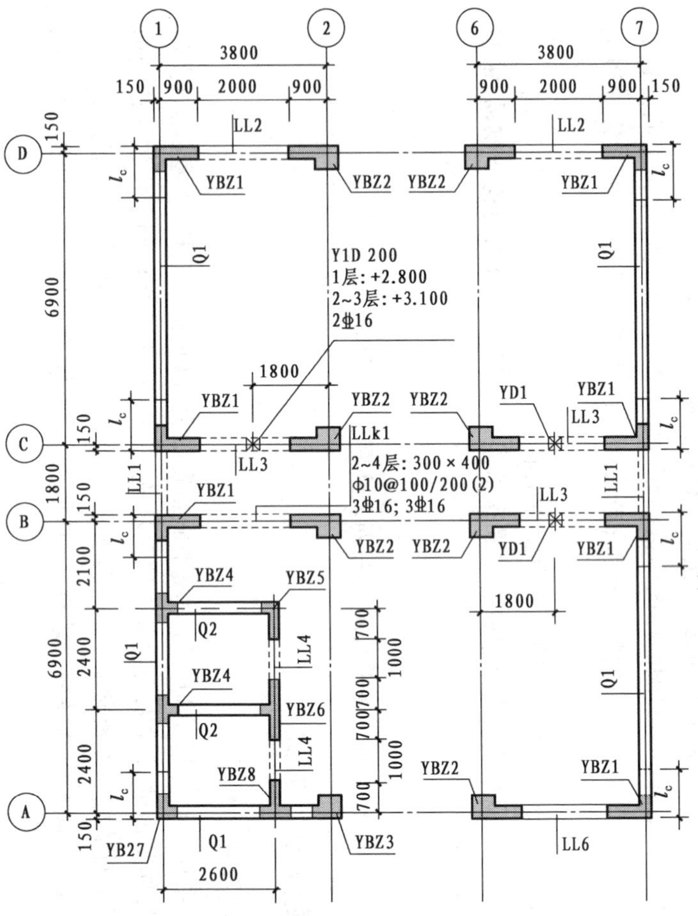

-0.030~12.270剪力墙平法施工图（局部）

（剪力墙柱表见下页）

剪力墙梁表

编号	所在楼层号	梁顶相对标高高差	梁截面 $b \times h$	上部纵筋	下部纵筋	侧面纵筋	墙梁箍筋
LL1	2~9	0.800	300×2000	4⌀25	4⌀25	同墙体水平分布筋	ϕ10@100(2)
	10~16	0.800	250×2000	4⌀22	4⌀22		ϕ10@100(2)
	屋面1		250×1200	4⌀20	4⌀20		ϕ10@100(2)
LL2	3	-1.200	300×2520	4⌀25	4⌀25	22⌀12	ϕ10@150(2)
	4	-0.900	300×2070	4⌀25	4⌀25	18⌀12	ϕ10@150(2)
	5~9	-0.900	300×1770	4⌀25	4⌀25	16⌀12	ϕ10@150(2)
	10~屋面1	-0.900	250×1770	4⌀22	4⌀22	16⌀12	ϕ10@150(2)
LL3	2		300×2070	4⌀25	4⌀25	18⌀22	ϕ10@100(2)
	3		300×1770	4⌀25	4⌀25	16⌀12	ϕ10@100(2)
	4~9		300×1170	4⌀25	4⌀25	10⌀12	ϕ10@100(2)
	10~屋面1		250×1170	4⌀22	4⌀22	10⌀12	ϕ10@100(2)
LL4	2		250×2070	4⌀20	4⌀20	18⌀12	ϕ10@125(2)
	3		250×1770	4⌀20	4⌀20	16⌀12	ϕ10@125(2)
	4~屋面1		250×1170	4⌀20	4⌀20	10⌀12	ϕ10@125(2)
AL1	2~9		300×600	3⌀20	3⌀20	同墙体水平分布筋	ϕ8@150(2)
	10~16		250×500	3⌀18	3⌀18		ϕ8@150(2)
BKL1	屋面1		500×750	4⌀22	4⌀22	4⌀16	ϕ10@150(2)

注：当剪力墙厚度发生变化时，连梁LL宽度随墙厚变化。

剪力墙身表

编号	标高/m	墙厚/mm	水平分布筋	垂直分布筋	拉筋(矩形)
Q1	-0.030~30.270	300	⌀12@200	⌀12@200	ϕ6@600@600
	30.270~59.070	250	⌀10@200	⌀10@200	ϕ6@600@600
Q2	-0.030~30.270	250	⌀10@200	⌀10@200	ϕ6@600@600
	30.270~59.070	200	⌀10@200	⌀10@200	ϕ6@600@600

注：①可在“结构层楼面标高、结构层高”表中增加混凝土强度等级等栏目。
②本示例中l_c为约束边缘构件沿墙肢的长度（实际工程中应注明具体值）。
③层高表中，竖向粗线表示本页平面图所示剪力墙的起止标高为-0.030~12.1270 m，所在层为1~3层；横向粗线表示本页平面图所示墙梁的楼面标高为2~4层楼面标高：4.470 m，8.670 m，12.270 m。

图7-4-4　剪力墙平法施工图列表注写方式示例(一)

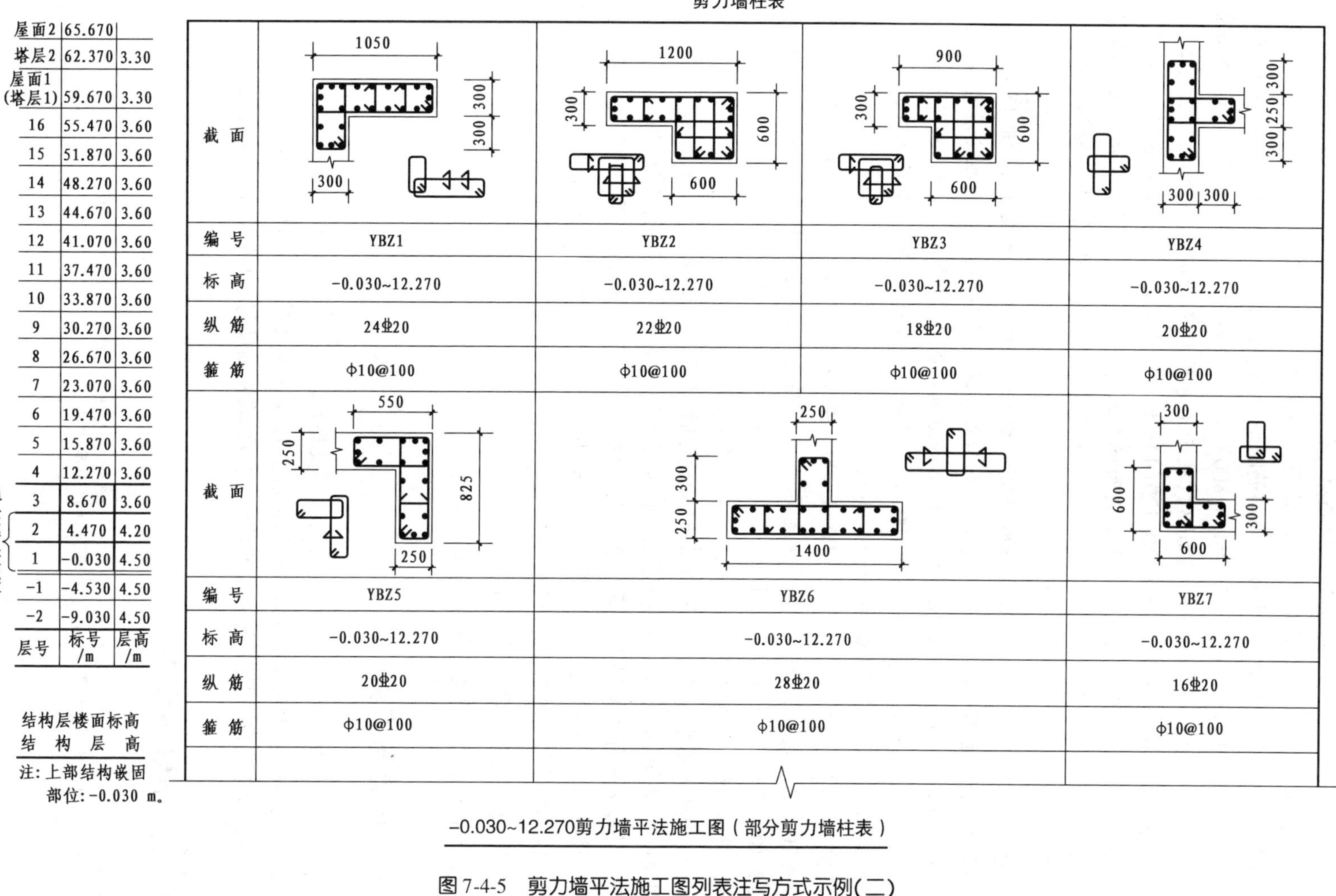

剪力墙柱表

截面	(YBZ1 截面)	(YBZ2 截面)	(YBZ3 截面)	(YBZ4 截面)
编号	YBZ1	YBZ2	YBZ3	YBZ4
标高	-0.030~12.270	-0.030~12.270	-0.030~12.270	-0.030~12.270
纵筋	24⌀20	22⌀20	18⌀20	20⌀20
箍筋	ϕ10@100	ϕ10@100	ϕ10@100	ϕ10@100

截面	(YBZ5 截面)	(YBZ6 截面)	(YBZ7 截面)
编号	YBZ5	YBZ6	YBZ7
标高	-0.030~12.270	-0.030~12.270	-0.030~12.270
纵筋	20⌀20	28⌀20	16⌀20
箍筋	ϕ10@100	ϕ10@100	ϕ10@100

层号	标号/m	层高/m
屋面2	65.670	
塔层2	62.370	3.30
屋面1(塔层1)	59.670	3.30
16	55.470	3.60
15	51.870	3.60
14	48.270	3.60
13	44.670	3.60
12	41.070	3.60
11	37.470	3.60
10	33.870	3.60
9	30.270	3.60
8	26.670	3.60
7	23.070	3.60
6	19.470	3.60
5	15.870	3.60
4	12.270	3.60
3	8.670	3.60
2	4.470	4.20
1	-0.030	4.50
-1	-4.530	4.50
-2	-9.030	4.50

底部加强部位（1~3层）

结构层楼面标高
结构层高

注：上部结构嵌固部位：-0.030 m。

-0.030~12.270剪力墙平法施工图（部分剪力墙柱表）

图 7-4-5　剪力墙平法施工图列表注写方式示例(二)

(3)从相同编号的墙梁中选择一根墙梁，采用平面注写方式，按顺序引注墙梁编号、墙梁所在层及截面尺寸 $b×h$、墙梁箍筋、上部纵筋、下部纵筋和墙梁顶面标高高差的具体数值。当连梁设有对角暗撑、对角斜筋、集中对角斜筋时也应当表达清楚，其规则同列表注写方式。

【例 7-4-2】 LL(JC)1　5 层:500×1 800　⌀10@100(4)　4⌀25;4⌀25　N18⌀14　JC300×300　6⌀22(×2)　⌀10@200(3)，表示 1 号设对角暗撑连梁，所在楼层为 5 层；连梁宽 500 mm，高 1 800 mm；箍筋为⌀10@100(4)；上部纵筋 4⌀25，下部纵筋 4⌀25；连梁两侧配置纵筋 18⌀14；梁顶标高相对于 5 层楼面标高无高差；连梁设有两根相互交叉的暗撑，暗撑截面(箍筋外皮尺寸)宽 300 mm，高 300 mm；每根暗撑纵筋为 6⌀22，上下排各 3 根；箍筋为⌀10@200(3)。

【例 7-4-3】 LL(JX)2　6 层:300×800　⌀10@100(4)　4⌀18;4⌀18　N6⌀14　(+0.100)　JX2⌀22(×2)　3⌀10(×4)，表示 2 号设交叉斜筋连梁，所在楼层为 6 层；连梁宽 300 mm，高 800 mm；箍筋为⌀10@100(4)；上部纵筋 4⌀18，下部纵筋 4⌀18；连梁两侧配置纵筋 6⌀14；梁顶高于 6 层楼面标高 0.100 m；连梁对称设置交叉斜筋，每侧配筋 2⌀22；交叉斜筋在连梁端部设置拉筋 30⌀10，四个角都设置。

【例 7-4-4】 LL(DX)3　6 层:400×1 000　⌀10@100(4)　4⌀20;4⌀20　N8⌀14　DX8⌀20(×2)，表示 3 号设对角斜筋连梁，所在楼层为 6 层；连梁宽 400 mm，高 1 000 mm；箍筋为⌀10@100(4)；上部纵筋 4⌀20，下部纵筋 4⌀20；连梁两侧配置纵筋 8⌀14；连梁对称设置对角斜筋，每侧斜筋配筋 8⌀20，上下排各 4⌀20。

(4)跨高比不小于 5 的连梁，按框架梁设计时(代号为 LLk××)，采用平面注写方式，注写规则同框架梁，可采用适当比例单独绘制，也可与剪力墙平法施工图合并绘制。

当墙身水平分布钢筋不能满足连梁的侧面纵向构造钢筋的要求时，应补充注明梁侧面纵筋的具体数值；注写时，以大写字母"N"打头，接续注写梁侧面纵筋的总根数与直径。其在支座内的锚固要求同连梁中受力钢筋。

2. 剪力墙截面注写方式示例

图 7-4-6 所示为剪力墙平法施工图截面注写方式示例。

方法与步骤

(1)熟悉剪力墙平法施工图注写的内容及规定。

(2)根据相应的建筑平面图，校对轴线网、轴线编号、轴线尺寸是否齐全正确。

(3)识读平法施工图中剪力墙的墙身、墙梁、墙柱的编号、截面尺寸、配筋、标高等内容。

拓展与提高

结合 22G101—1 图集，了解剪力墙洞口的表示方法。

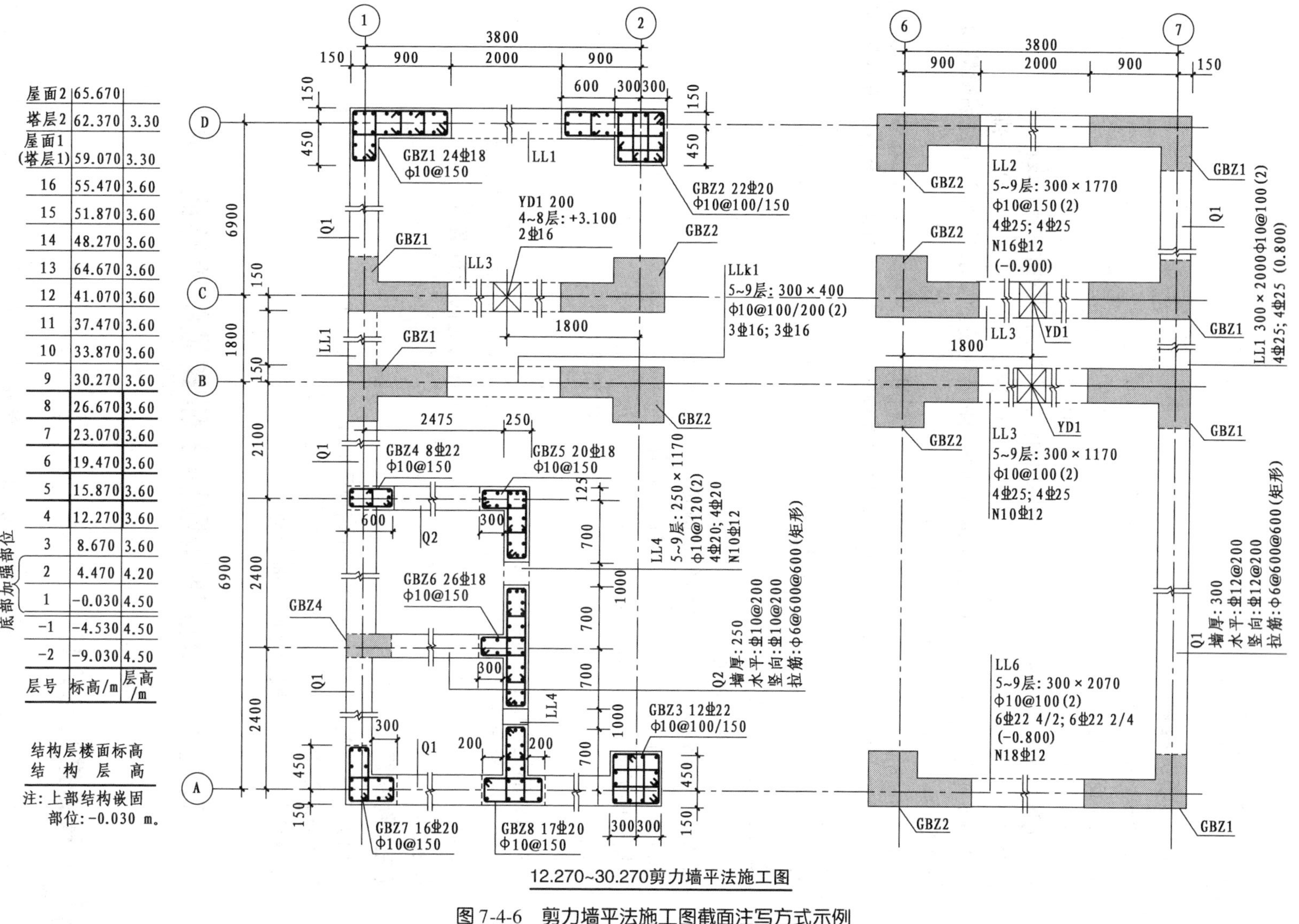

层号	标高/m	层高/m
屋面2	65.670	
塔层2	62.370	3.30
屋面1（塔层1）	59.070	3.30
16	55.470	3.60
15	51.870	3.60
14	48.270	3.60
13	64.670	3.60
12	41.070	3.60
11	37.470	3.60
10	33.870	3.60
9	30.270	3.60
8	26.670	3.60
7	23.070	3.60
6	19.470	3.60
5	15.870	3.60
4	12.270	3.60
3	8.670	3.60
2	4.470	4.20
1	-0.030	4.50
-1	-4.530	4.50
-2	-9.030	4.50

图 7-4-6　剪力墙平法施工图截面注写方式示例

思考与练习

(一)单项选择题

1. 墙柱编号中 GBZ 表示(　　)。

A. 约束边缘构件　　B. 构造边缘构件

C. 非边缘暗柱　　D. 扶壁柱

2. 剪力墙厚大于 400 mm,且不大于 700 mm 时,分布钢筋网的排数规定设(　　)。

A. 两排　　B. 三排　　C. 四排　　D. 一排

3. 墙身水平分布钢筋不能满足连梁的侧面纵向构造钢筋的要求时,应补充注明梁侧面纵筋的具体数值,注写时以大写字母(　　)打头。

A. G　　B. N　　C. M　　D. J

4. 当连梁设有集中对角斜筋时[代号为 LL(DX)××],注写一条对角线上的对角斜筋,并标注“×2”表明(　　)。

A. 两边设置　　B. 设置两排　　C. 对角设置　　D. 对称设置

(二)多项选择题

1. 剪力墙墙身钢筋种类有(　　)。

A. 水平分布钢筋　　B. 竖向分布钢筋　　C. 拉筋

D. 洞口加强筋　　E. 侧面纵向构造钢筋

2. 按构件类型分,剪力墙包括(　　)。

A. 墙身　　B. 墙梁　　C. 墙柱

D. 板　　E. 墙洞

3. 在剪力墙柱表中表达的内容有(　　)。

A. 注写墙柱编号　　B. 注写各段墙柱的起止标高

C. 注写水平分布钢筋　　D. 注写竖向分布钢筋

E. 拉筋

(三)判断题

1. 剪力墙平法施工图有平面注写方式和截面注写方式两种表达方式。　　(　　)

2. 剪力墙梁编号由墙梁类型代号、序号和跨数组成。　　(　　)

3. 墙身根部标高一般指基础顶面标高。　　(　　)

任务五　识读现浇混凝土板式楼梯平法施工图

任务描述与分析

楼梯是建筑物中重要的垂直交通设施,起承受荷载、传递荷载和上下楼层的作用。要读懂现浇混凝土板式楼梯平法施工图需要弄清其制图规则，才能明白图上的数字和符号表达的意思，也才能更准确地识读现浇混凝土板式楼梯平法施工图。

本任务的具体要求是：熟悉板式楼梯的平面注写、剖面注写、列表注写的内容及规定；能识读现浇混凝土板式楼梯平法施工图，达到能指导施工的能力。

知识与技能

现浇混凝土板式楼梯平法施工图有平面注写、剖面注写、列表注写三种表达方式，设计者可根据工程具体情况任选一种。

（一）板式楼梯平面注写方式

板式楼梯平面注写方式，系在楼梯平面布置图上注写截面尺寸和配筋具体数值的方式来表达楼梯施工图。楼梯平面注写方式包括集中标注和外围标注。

1. 楼梯集中标注

楼梯集中标注内容有 5 项，具体规定如下：

梯板类型代号与序号，梯板厚度	AT1，h=120
踏步段总高度/踏步级数	1 800/12
上部纵筋；下部纵筋	Φ10@200；Φ12@150
梯板分布筋（可统一说明）	F φ8@250

（1）梯板类型代号与序号，如 AT××。楼梯类型及代号见表 7-5-1。

表 7-5-1　楼梯类型及代号

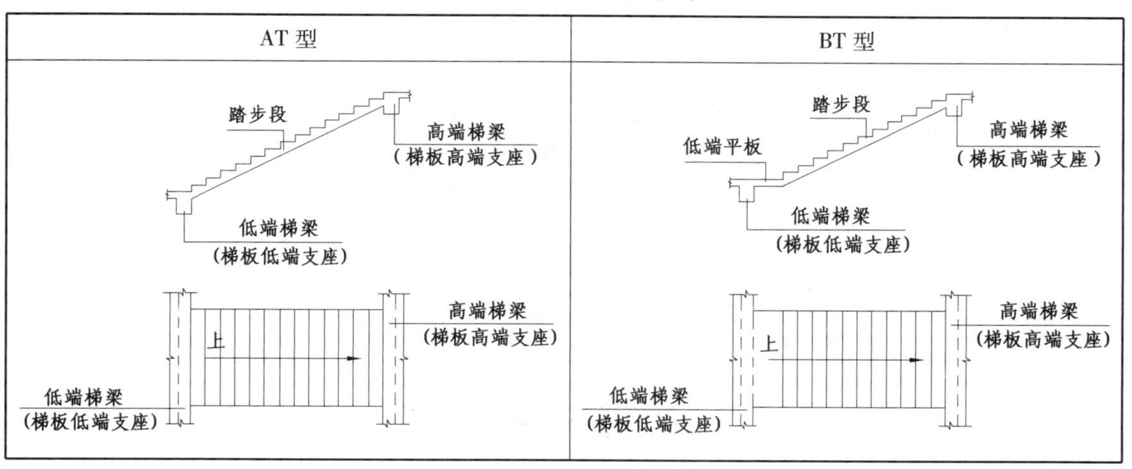

续表

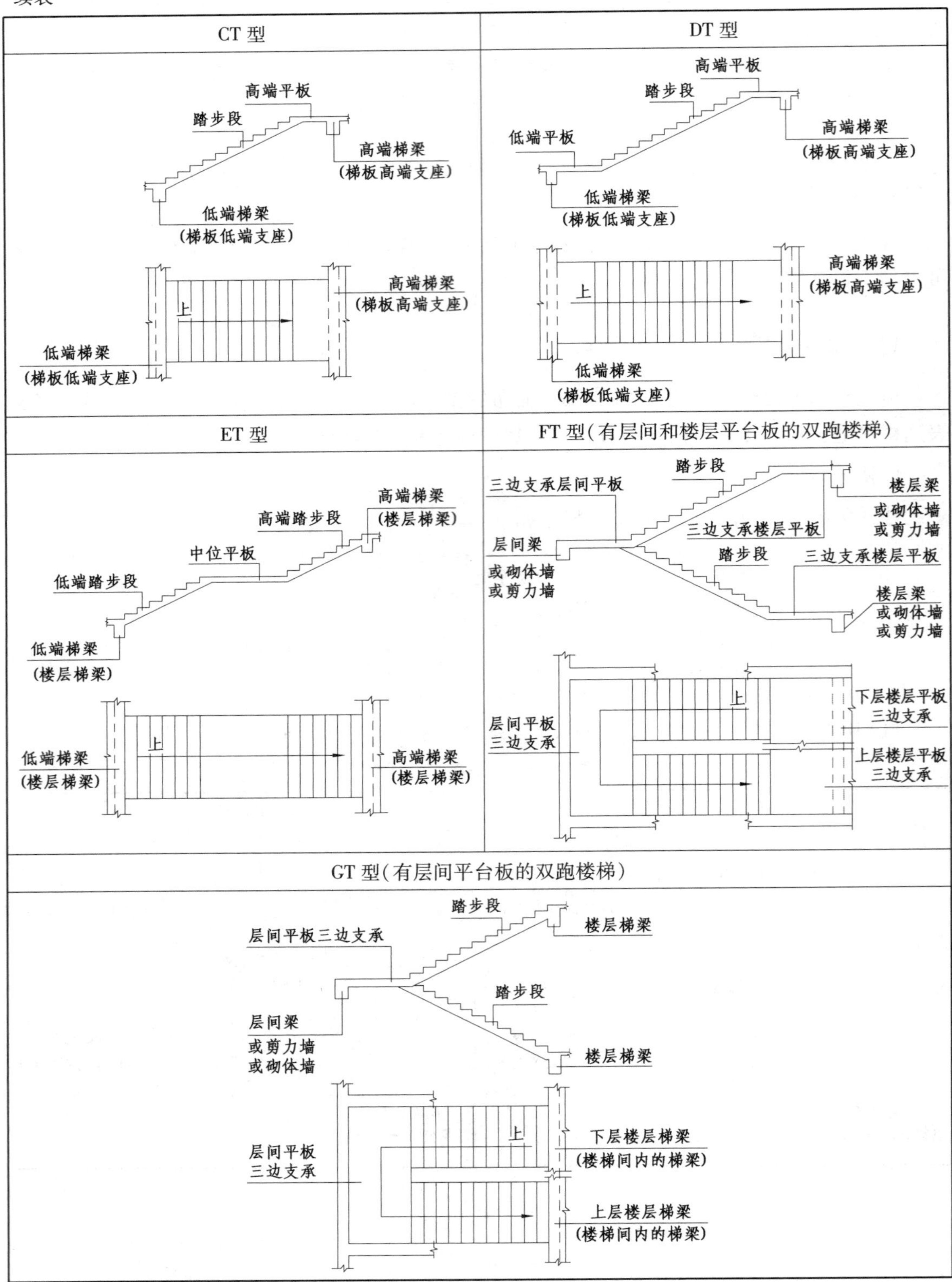
CT 型
高端平板
踏步段
高端梯梁
(梯板高端支座)
低端梯梁
(梯板低端支座)
高端梯梁
(梯板高端支座)
上
低端梯梁
(梯板低端支座)
DT 型
高端平板
踏步段
低端平板
高端梯梁
(梯板高端支座)
低端梯梁
(梯板低端支座)
高端梯梁
(梯板高端支座)
上
低端梯梁
(梯板低端支座)
ET 型
高端梯梁
(楼层梯梁)
高端踏步段
中位平板
低端踏步段
低端梯梁
(楼层梯梁)
上
低端梯梁
(楼层梯梁)
高端梯梁
(楼层梯梁)
FT 型(有层间和楼层平台板的双跑楼梯)
踏步段
三边支承层间平板
楼层梁
或砌体墙
或剪力墙
三边支承楼层平板
层间梁
或砌体墙
或剪力墙
踏步段
三边支承楼层平板
楼层梁
或砌体墙
或剪力墙
上
层间平板
三边支承
下层楼层平板
三边支承
上层楼层平板
三边支承
GT 型(有层间平台板的双跑楼梯)
踏步段
层间平板三边支承
楼层梯梁
踏步段
层间梁
或剪力墙
或砌体墙
楼层梯梁
上
层间平板
三边支承
下层楼层梯梁
(楼梯间内的梯梁)
上层楼层梯梁
(楼梯间内的梯梁)

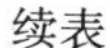
续表

ATa 型	ATb 型	ATc 型
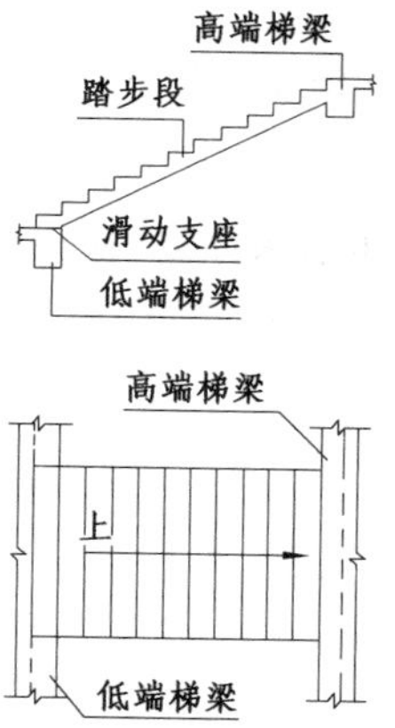 高端梯梁 踏步段 滑动支座 低端梯梁 高端梯梁 上 低端梯梁	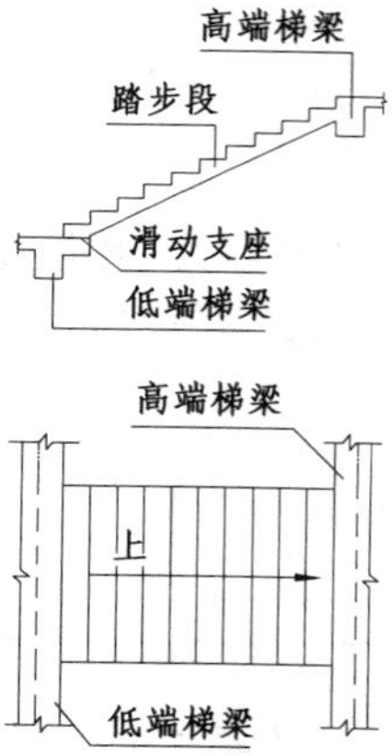 高端梯梁 踏步段 滑动支座 低端梯梁 高端梯梁 上 低端梯梁	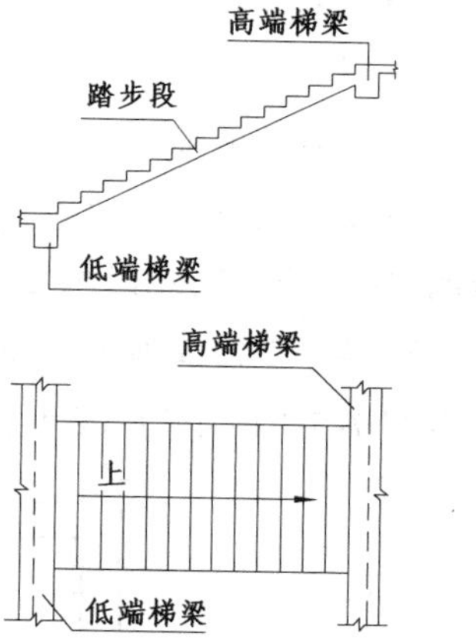 高端梯梁 踏步段 低端梯梁 高端梯梁 上 低端梯梁

BTb 型	DTb 型
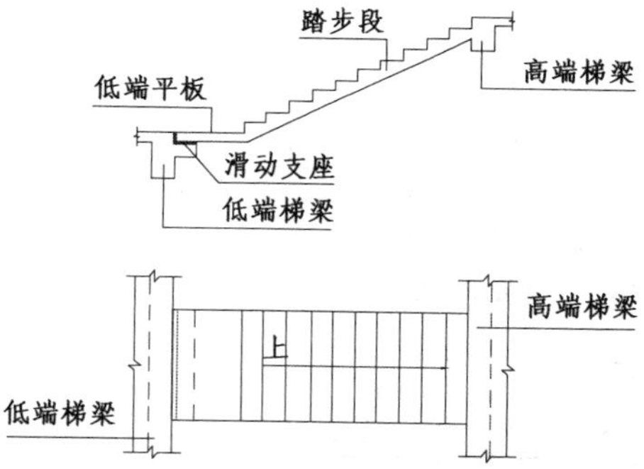 踏步段 高端梯梁 低端平板 滑动支座 低端梯梁 高端梯梁 上 低端梯梁	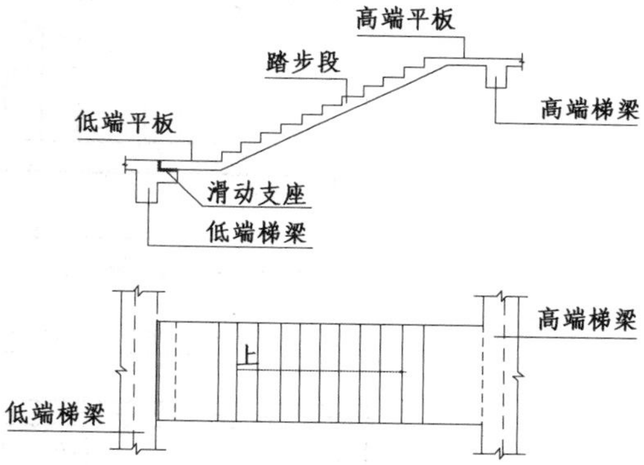 高端平板 踏步段 高端梯梁 低端平板 滑动支座 低端梯梁 高端梯梁 上 低端梯梁

CTa 型	CTb 型
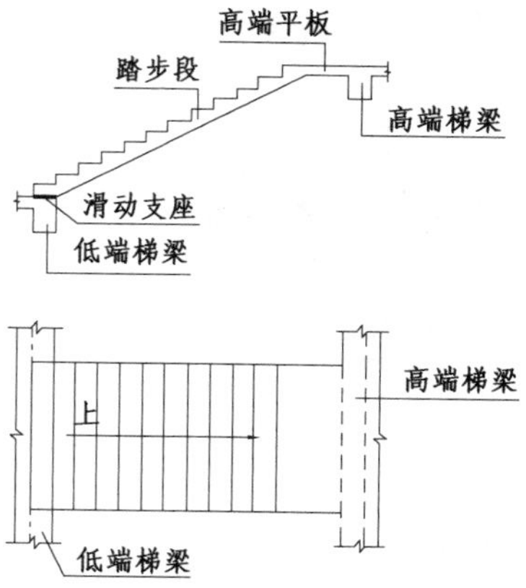 高端平板 踏步段 高端梯梁 滑动支座 低端梯梁 上 高端梯梁 低端梯梁	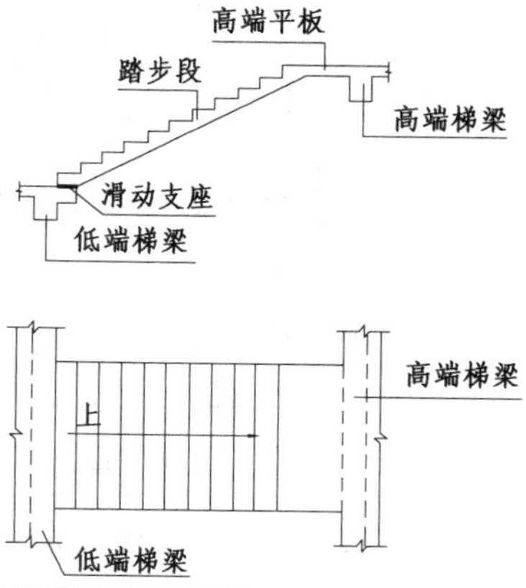 高端平板 踏步段 高端梯梁 滑动支座 低端梯梁 高端梯梁 上 低端梯梁

(2)梯板厚度:注写为 $h=\times\times\times$。当为带平板的梯板且踏步段板厚度和平板厚度不同时,可在梯板厚度后面括号内以字母 P 打头注写平板厚度。

【例 7-5-1】 $h=130$(P150),130 表示梯板踏步段厚度,150 表示梯板平板的厚度。

(3)踏步段总高度和踏步级数,之间以"/"分隔。

(4)梯板上部纵筋、下部纵筋,之间以";"分隔。

(5)梯板分布筋,以 F 打头注写分布钢筋具体值,该项也可在图中统一说明。

2. 楼梯外围标注

楼梯外围标注的内容,包括楼梯间的平面尺寸、楼层结构标高、层间结构标高、楼梯的上下方向、梯板的平面几何尺寸、平台板配筋、梯梁及梯柱配筋等。

3. 楼梯平面注写方式示例

图 7-5-1 所示为 AT 型楼梯平面注写方式示例。

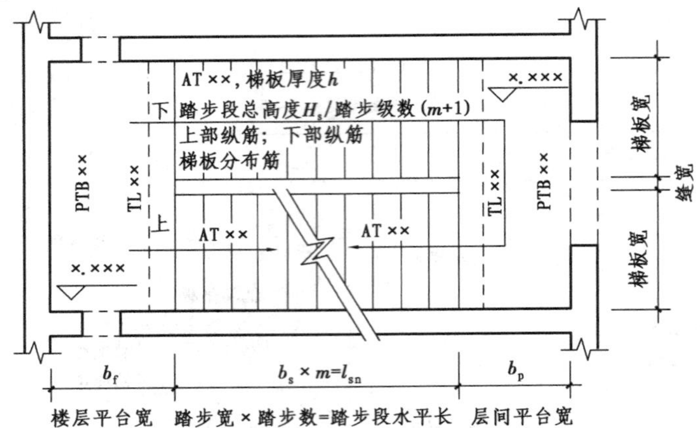

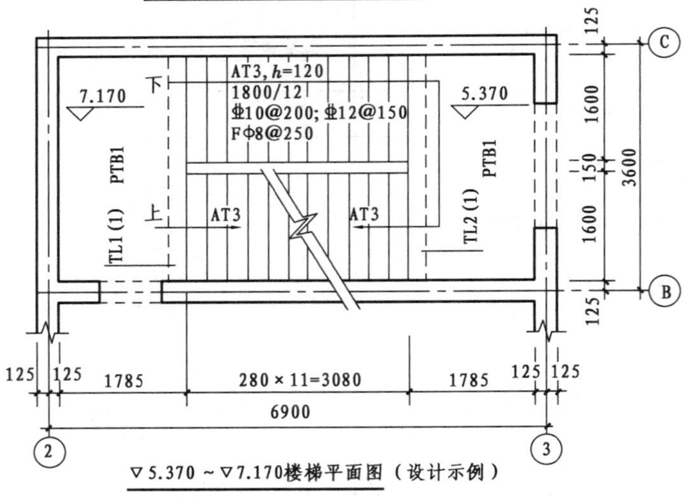

图 7-5-1 楼梯平面注写示例(AT 型)

按平法规则,根据楼梯型号(AT),在对应的国家建筑标准图集 22G101—2 中查找到 AT 型楼梯板配筋构造详图(图 7-5-2),AT 型楼梯平法施工图加上 AT 型楼梯板配筋构造详图就构成了完整的平法施工图。

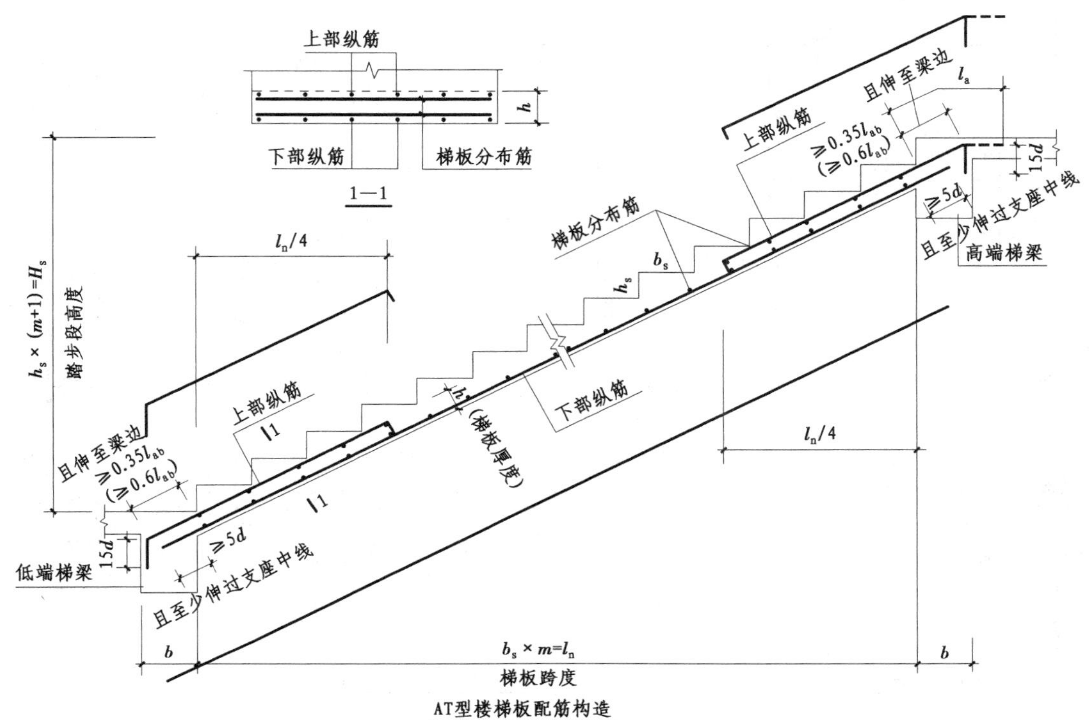

注：①图中上部纵筋锚固长度0.35l_{ab}用于设计按铰接的情况，括号内数据0.6l_{ab}用于设计考虑充分利用钢筋抗拉强度的情况，具体工程中设计应指明采用何种情况。

②上部纵筋有条件时可直接伸入平台板内锚固，从支座内边算起应满足锚固长度l_a，如图中虚线所示。

③高端、低端踏步高度调整见22G101—2图集第2-39页。

图 7-5-2　AT 型楼梯板配筋构造

(二)板式楼梯剖面注写方式

剖面注写方式需在楼梯平法施工图中绘制楼梯平面布置图和楼梯剖面图，注写方式分为平面图注写和剖面图注写两部分。

1. 楼梯平面布置图注写内容

楼梯平面布置图注写内容，包括楼梯间的平面尺寸、楼层结构标高、层间结构标高、楼梯的上下方向、梯板的平面几何尺寸、梯板类型及编号、平台板配筋、梯梁及梯柱配筋等。

2. 楼梯剖面图注写内容

楼梯剖面图注写内容，包括梯板集中标注、梯梁梯柱编号、梯板水平及竖向尺寸、楼层结构标高、层间结构标高等。

3. 梯板集中标注的内容

梯板集中标注的内容有四项，具体规定如下：

(1)梯板类型及编号，如 AT××。

(2)梯板厚度，注写为 h=×××。当梯板由踏步段和平板构成，且梯板踏步段厚度和平板厚度不同时，可在梯板厚度后面括号内以字母 P 打头注写平板厚度。

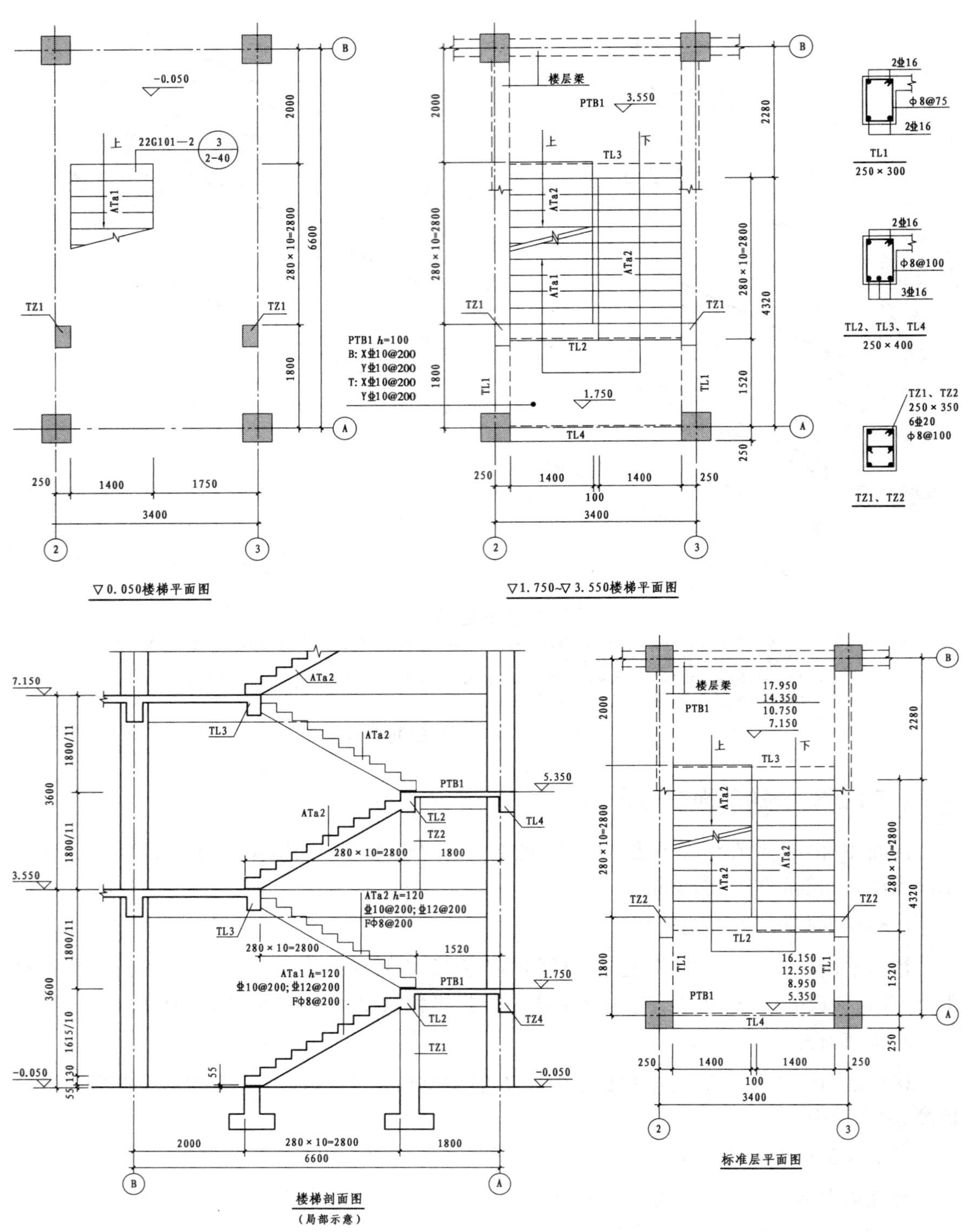

注：滑动支座采用22G101—2第2-25页②节点及第2-40页③节点。

图7-5-3　楼梯剖面注写方式示例(ATa型)

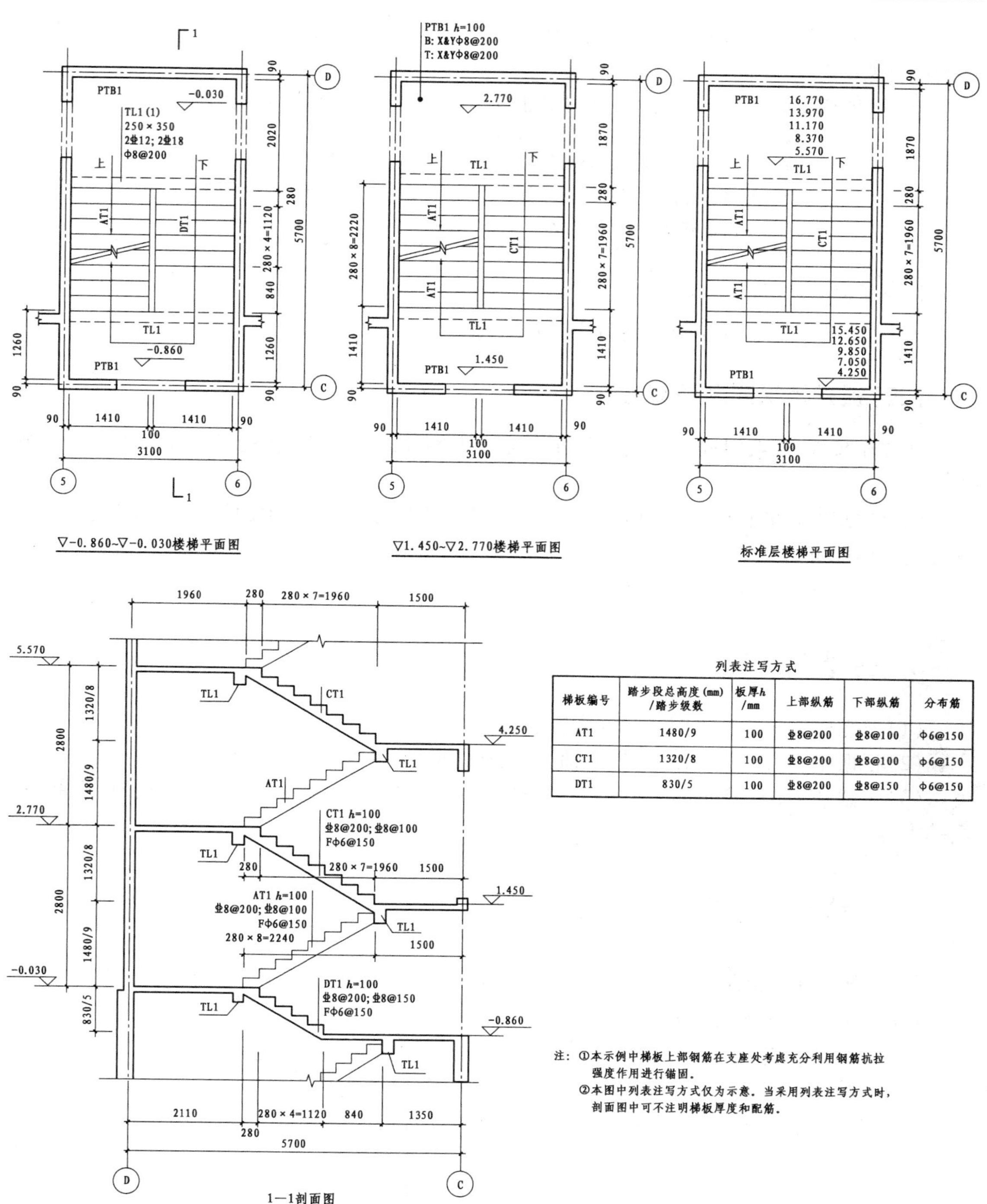

列表注写方式

梯板编号	踏步段总高度(mm)/踏步级数	板厚h/mm	上部纵筋	下部纵筋	分布筋
AT1	1480/9	100	⌀8@200	⌀8@100	Φ6@150
CT1	1320/8	100	⌀8@200	⌀8@100	Φ6@150
DT1	830/5	100	⌀8@200	⌀8@150	Φ6@150

注：①本示例中梯板上部钢筋在支座处考虑充分利用钢筋抗拉强度作用进行锚固。

②本图中列表注写方式仅为示意。当采用列表注写方式时，剖面图中可不注明梯板厚度和配筋。

图 7-5-4 楼梯列表注写方式示例

(3)梯板配筋。注明梯板上部纵筋和梯板下部纵筋,用分号“;”将上部与下部纵筋的配筋值分隔开来。

(4)梯板分布筋,以 F 打头注写分布钢筋具体值,该项也在图中统一说明。

梯板类型及编号,梯板板厚	AT1,h=120
上部纵筋;下部纵筋	⊈10@200;⊈12@150
梯板分布筋(可统一说明)	FΦ8@250

4. 楼梯剖面注写方式示例

图 7-5-3 所示为 ATa 型楼梯剖面注写方式例。

(三)板式楼梯列表注写方式

列表注写方式,系用列表方式注写梯板截面尺寸和配筋具体数值的方式来表达楼梯施工图。

列表注写方式的具体要求同剖面注写方式,仅将剖面注写方式中的梯板配筋注写项改为列表注写项即可。

楼梯列表注写方式示例,如图 7-5-4 所示。

方法与步骤

(1)熟悉楼梯平法施工图注写的内容及规定。

(2)根据相应的建筑平面图,校对轴线网、轴线编号、轴线尺寸是否齐全正确。

(3)识读平法施工图中楼梯的编号、类型、踏步高、踏步级数、梯梁尺寸、梯板厚、配筋、标高等内容。

思考与练习

(一)单项选择题

1. 踏步段总高和踏步级数之间(　　)。

A. 以逗号“,”分隔　　B. 以斜线“/”分隔

C. 以加号“+”分隔　　D. 以横线“-”分隔

2. 梯板分布筋,以(　　)打头注写分布钢筋具体数值。

A. X　　B. Y

C. F　　D. P

3. 楼梯集中标注第一行:楼梯类型为 AT,序号 3,楼梯板厚 120 mm,注写为(　　)。

A. AT3　h=120　　B. AT3　L=120

C. AT3　F=120　　D. AT3　H=120

4. 楼梯集中标注第二行 2 000/15，含义是(　　)。

A. 踏步段总高度 2 000 mm/踏步级数 15

B. 楼梯序号是 2 000，板厚 15 mm

C. 上部纵筋和下部纵筋信息

D. 楼梯平面几何尺寸

(二)多项选择题

1. 现浇混凝土板式楼梯平法施工图表达方式有(　　)。

A. 平面注写方式　　B. 剖面注写方式

C. 截面注写方式　　D. 列表注写方式

E. 断面注写方式

2. 楼梯外围尺寸注写的内容，包括(　　)。

A. 楼梯平面尺寸　　B. 梯梁及梯柱配筋

C. 梯板的平面几何尺寸　　D. 混凝土强度等级

E. 楼层结构标高

3. 楼梯剖面图注写内容包括(　　)。

A. 梯板集中标注　　B. 梯梁梯柱编号

C. 梯板水平及竖向尺寸　　D. 楼层结构标高

E. 层间结构标高

(三)判断题

1. AT 型楼梯全部由踏步段构成。(　　)

2. DT 型梯板由低端平板、踏步段和高端平板构成。(　　)

3. HT 型支撑方式：梯板一端的层间平板采用三边支承，另一端的梯段采用单边支承(在梯梁上)。(　　)

任务六　识读现浇钢筋混凝土基础平法施工图

任务描述与分析

基础是房屋结构中最下部的承重构件，起承受房屋的全部荷载并传递给地基的作用。要读懂基础平法施工图，需要弄清其制图规则，才能明白图上的数字和符号表达的意思，也才能更准确地识读基础平法施工图。

本任务的具体要求是：熟悉独立基础的平面注写、截面注写和列表注写三种注写方式的内容及规定；了解条形基础的平面注写方式的内容及规定；了解桩基础和桩基承台的平面注写方式的内容及规定；能初步识读独立基础和条形基础平法施工图。

知识与技能

(一)独立基础平法施工图

当绘制独立基础平面布置图时,应将独立基础平面与基础所支承的柱一起绘制。当设置基础联系梁时,可根据图面的疏密情况,将基础联系梁与基础平面布置图一起绘制,或将基础联系梁布置图单独绘制。在独立基础平面布置图上应标注基础定位尺寸;当独立基础的柱中心线或杯口中心线与建筑轴线不重合时,应标注其定位尺寸。编号相同且定位尺寸相同的基础,可仅选择一个进行标注。

独立基础平法施工图,有平面注写、截面注写和列表注写三种表达方式,设计者可根据具体工程情况选择一种,或将两种方式相结合进行独立基础的施工图设计。

1. 独立基础平面注写方式

独立基础平面注写方式分为集中标注和原位标注两部分内容。

1)独立基础集中标注

普通独立基础和杯口独立基础的集中标注,系在基础平面图上集中引注:基础编号、截面竖向尺寸、配筋三项必注内容,以及基础底面标高(与基础底面基准标高不同时)和必要的文字注解两项选注内容。

(1)注写独立基础编号:按表 7-6-1 的规定。

表 7-6-1　独立基础编号

类　型	基础底板截面形状	代　号	序　号
普通独立基础	阶形	DJj	××
	锥形	DJz	××
杯口独立基础	阶形	BJj	××
	锥形	BJz	××

(2)注写独立基础截面竖向尺寸。

普通独立基础,注写 $h_1/h_2/\cdots$,如图 7-6-1 所示。杯口独立基础,当为阶形截面时,其竖向尺寸分两组,一组表达杯口内,另一组表达杯口外,两组尺寸以“,”分隔,注写为:$a_0/a_1,h_1/h_2\cdots$,如图 7-6-2(a)所示;当为锥形截面时,注写为:$a_0/a_1,h_1/h_2/h_3\cdots$,如图 7-6-2(b)所示。其中,$a_0$ 为杯口深度。

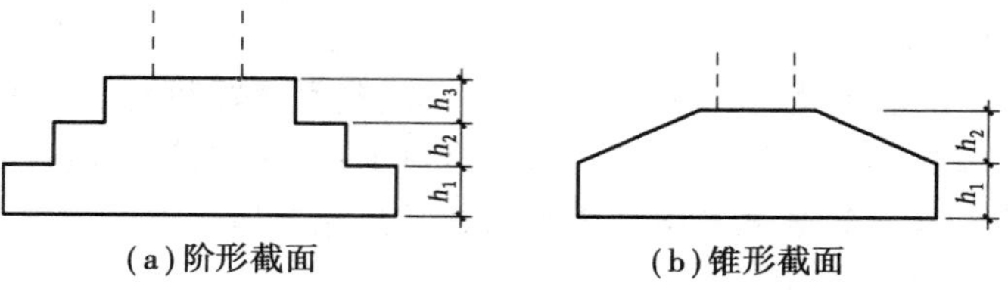

(a)阶形截面　　(b)锥形截面

图 7-6-1　普通独立基础截面竖向尺寸

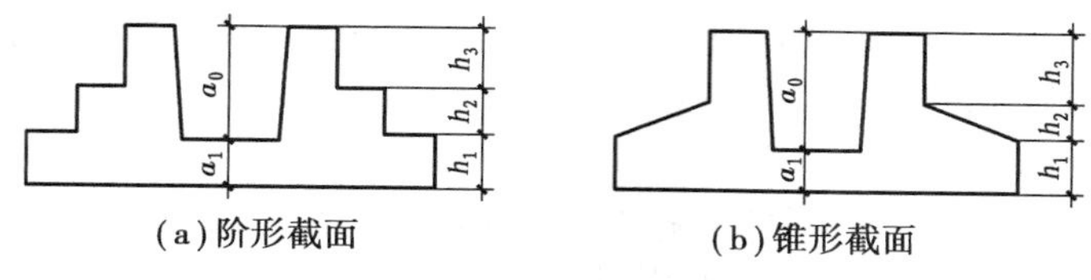

(a)阶形截面　　　　(b)锥形截面

图 7-6-2　杯口独立基础截面竖向尺寸

(3)注写独立基础配筋。

①普通独立基础和杯口独立基础底部双向配筋注写规定如下：

- 以 B 代表各种独立基础底板的底部配筋。
- x 向配筋以 X 打头、y 向配筋以 Y 打头注写；当两向配筋相同时，则以 X&Y 打头注写。

【例 7-6-1】　当独立基础底板配筋标注为：

B：X Φ 16@150

Y Φ 16@200

表示基础底板底部配置 HRB400 钢筋，x 向钢筋直径为 16 mm，间距 150 mm；y 向钢筋直径为 16 mm，间距 200 mm，如图 7-6-3 所示。

②注写杯口独立基础顶部焊接钢筋网。以 Sn 打头引注杯口顶部焊接钢筋网的各边钢筋。

【例 7-6-2】　当单杯口独立基础顶部焊接钢筋网标注为：Sn 2 Φ 14，表示杯口顶部每边配置 2 根 HRB400 级直径为 14 mm 的焊接钢筋网，如图 7-6-4 所示（本图只表示钢筋网）。

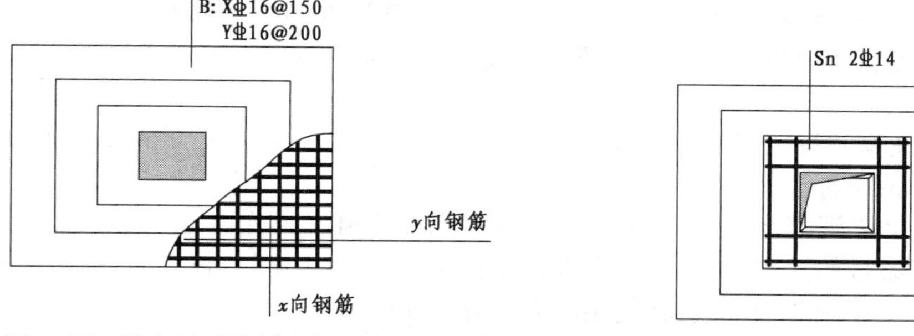

图 7-6-3　独立基础底板底部双向配筋示意　　图 7-6-4　单杯口独立基础顶部焊接钢筋网示意

③注写高杯口独立基础的短柱配筋（亦适用于杯口独立基础杯壁有配筋的情况）。具体注写规定如下：

- 以 O 代表短柱配筋。
- 先注写短柱纵筋，再注写箍筋。注写为：角筋/x 边中部筋/y 边中部筋，箍筋（两种间距，短柱杯口壁内箍筋间距/短柱其他部位箍筋间距）。

【例 7-6-3】　当高杯口独立基础的短柱配筋标注为：

O 4 Φ 20/5 Φ 16/5 Φ 16

ϕ 10@150/300

表示高杯口独立基础的短柱配置 HRB400 竖向纵筋和 HPB300 箍筋。其竖向纵筋为：角筋 4 Φ 20、x 边中部筋 5 Φ 16、y 边中部筋 5 Φ 6；其箍筋直径为 10 mm，短柱杯口壁内间距 150 mm，短柱其他部位间距 300 mm，如图 7-6-5 所示（本图只表示基础短柱纵筋与矩形箍筋）。

④注写普通独立基础带短柱竖向尺寸及钢筋。当独立基础埋深较大，设置短柱时，短柱配筋应注写在独立基础中。具体注写规定如下：

- 以 DZ 代表普通独立基础短柱。

● 先注写短柱纵筋，再注写箍筋，最后注写短柱标高范围。注写为：角筋/x边中部筋/y边中部筋，箍筋，短柱标高范围。

【例 7-6-4】 当短柱配筋标注为：

DZ 4 ⌀20/5 ⌀18/5 ⌀18
ϕ10@100
−2.500 ~ −0.050

表示独立基础的短柱设置在−2.500 ~ −0.050 m高度范围内，配置HRB400竖向纵筋和HPB300箍筋。其竖向纵筋为：角筋4 ⌀20、x边中部筋5 ⌀18、y边中部筋5 ⌀18；其箍筋直径为10 mm，间距100 mm，如图7-6-6所示。

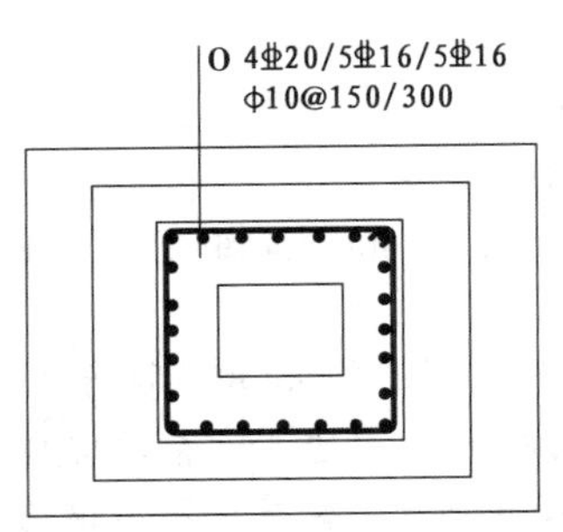

图 7-6-5 高杯口独立基础短柱配筋示意

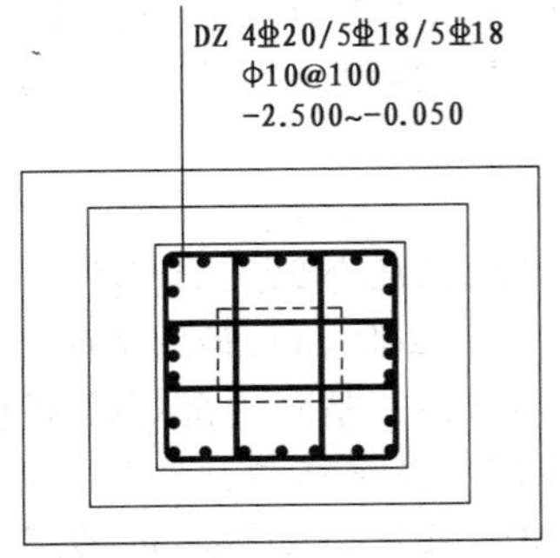

图 7-6-6 独立基础短柱配筋示意

(4)注写基础底面标高。当独立基础的底面标高与基础底面基准标高不同时，应将独立基础底面标高直接注写在“（ ）”内。

(5)必要的文字注解。当独立基础的设计有特殊要求时，宜增加必要的文字注解。

2)独立基础原位标注

钢筋混凝土和素混凝土独立基础的原位标注，系在基础平面布置图上标注独立基础的平面尺寸。对相同编号的基础，可选择一个进行原位标注；当平面图形较小时，可将所选定进行原位标注的基础按比例适当放大；其他相同编号者仅注编号。

原位标注的具体内容规定如下：

(1)普通独立基础。原位标注x、y，x_i、y_i，$i=1,2,3\cdots$。其中，x、y为普通独立基础两向边长；x_i、y_i为阶宽或锥形平面尺寸（当设置短柱时，尚应标注短柱对轴线的定位情况，用x_{DZi}表示）。

对称阶形截面普通独立基础的原位标注，如图7-6-7(a)所示；非对称阶形截面普通独立基础的原位标注，如图7-6-7(b)所示；设置短柱独立基础的原位标注，如图7-6-7(c)所示。

对称锥形截面普通独立基础的原位标注，如图7-6-7(d)所示；非对称锥形截面普通独立基础的原位标注，如图7-6-7(e)所示。

(2)杯口独立基础。原位标注x、y，x_u、y_u，x_{ui}、y_{ui}，t_i，x_i、y_i，$i=1,2,3\cdots$。其中，x、y为杯口独立基础两向边长，x_u、y_u为杯口上口尺寸，x_{ui}、y_{ui}为杯口上口边到轴线的尺寸，t_i为杯壁上口厚度，下口厚度为t_i+25 mm，x_i、y_i为阶宽或锥形截面尺寸。

杯口上口尺寸x_u、y_u，按柱截面边长两侧双向各加75 mm；杯口下口尺寸为插入杯口的相应柱截面边长尺寸，每边各加50 mm。

阶形截面杯口独立基础的原位标注，如图7-6-8(a)所示。锥形杯口独立基础的原位标注，如图7-6-8(b)所示。

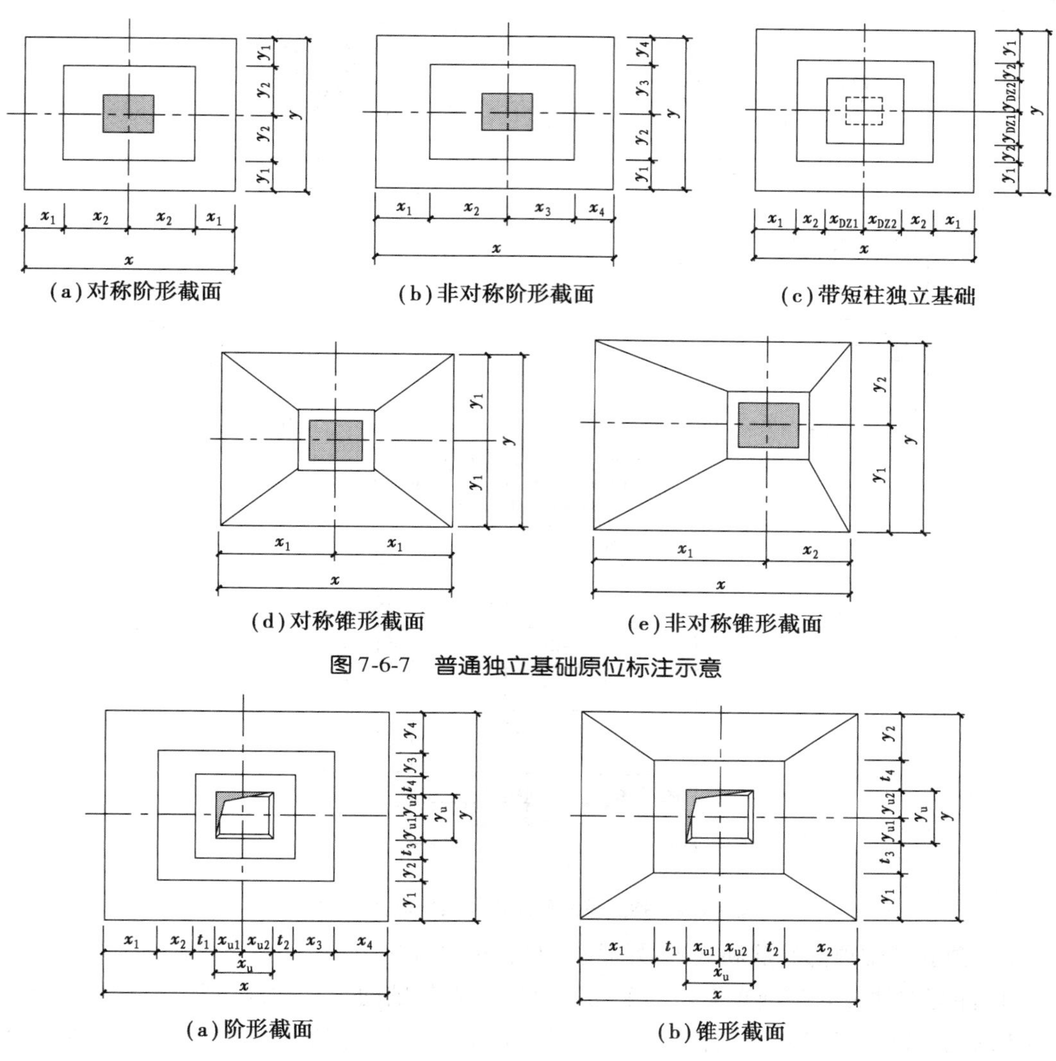
(a)对称阶形截面　(b)非对称阶形截面　(c)带短柱独立基础

(d)对称锥形截面　(e)非对称锥形截面

图 7-6-7　普通独立基础原位标注示意

(a)阶形截面　(b)锥形截面

图 7-6-8　杯口独立基础原位标注示意

3)独立基础施工图平面注写方式示例

图 7-6-9 所示为独立基础施工图平面注写方式示例。普通独立基础采用平面注写方式的集中标注和原位标注综合设计表达示意,如图 7-6-9(a)所示。带短柱独立基础采用平面注写方式的集中标注和原位标注综合设计表达示意,如图 7-6-9(b)所示。杯口独立基础采用平面注写方式的集中标注和原位标注综合设计表达示意,如图 7-6-9(c)所示。

4)多柱独立基础

独立基础通常为单柱独立基础,也可为多柱独立基础(双柱或四柱等)。多柱独立基础的编号、几何尺寸和配筋的标注方法与单柱独立基础相同。

当为双柱独立基础且柱距较小时,通常仅配置基础底部钢筋;当柱距较大时,除基础底部配筋外,尚需在两柱间配置基础顶部钢筋或设置基础梁;当为四柱独立基础时,通常可设置两道平行的基础梁,需要时可在两道基础梁之间配置基础顶部钢筋。

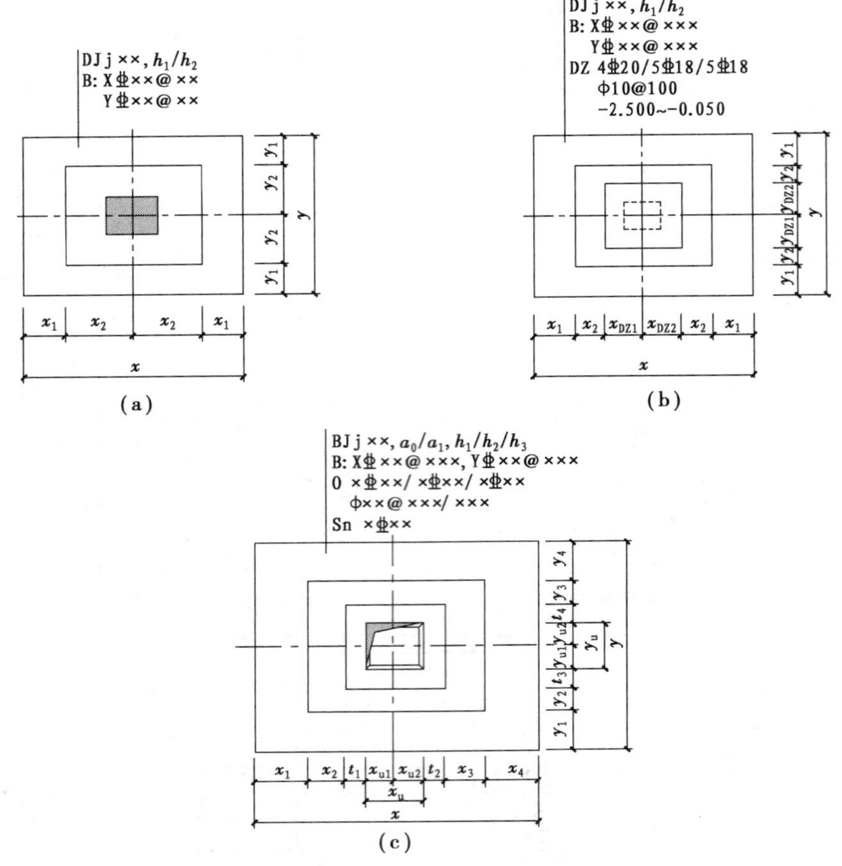

图 7-6-9　独立基础施工图平面注写方式示意

多柱独立基础顶部配筋和基础梁的注写方法规定如下：

(1)注写双柱独立基础底板顶部配筋。双柱独立基础的顶部配筋，通常对称分布在双柱中心线两侧。以大写字母“T”打头，注写为：双柱间纵向受力钢筋/分布钢筋。当纵向受力钢筋在基础底板顶面非满布时，应注明其总根数。

【例 7-6-5】　T:11⊈18@100/Φ10@200，表示独立基础顶部配置 HRB400 纵向受力钢筋，直径为 18 mm，设置 11 根，间距 100 mm；配置 HPB300 分布筋，直径为 10 mm，间距 200 mm，如图 7-6-10 所示。

(2)注写双柱独立基础的基础梁配筋。基础梁的注写规定与条形基础的基础梁注写规定相同，如图 7-6-11 所示。

(3)注写双柱独立基础的底板配筋。双柱独立基础底板配筋的注写，可以按条形基础底板的注写规定，也可以按独立基础底板的注写规定，注写示意图如图 7-6-11 所示。

(4)注写配置两道基础梁的四柱独立基础底板顶部配筋。当四柱独立基础已设置两道平行的基础梁时，根据内力需要可在双梁之间及梁的长度范围内配置基础顶部钢筋，注写为：梁间受力钢筋/分布钢筋。

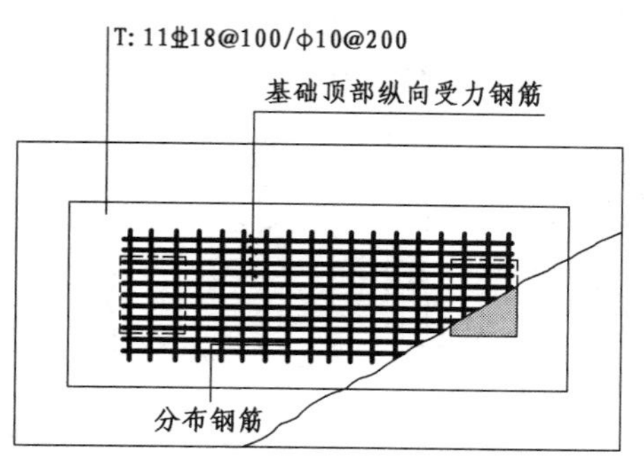

图 7-6-10　双柱独立基础顶部配筋示意

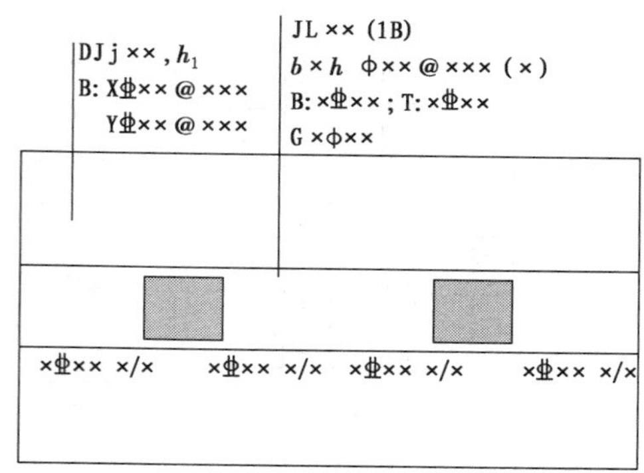

图 7-6-11　双柱独立基础的基础梁配筋注写示意

【例 7-6-6】　T:⌀16@120/ϕ10@200,表示在四柱独立基础顶部两道基础梁之间配置 HRB400 钢筋,直径为 16 mm,间距 120 mm;分布筋为 HPB300 钢筋,直径为 10 mm,间距 200 mm,如图 7-6-12 所示。

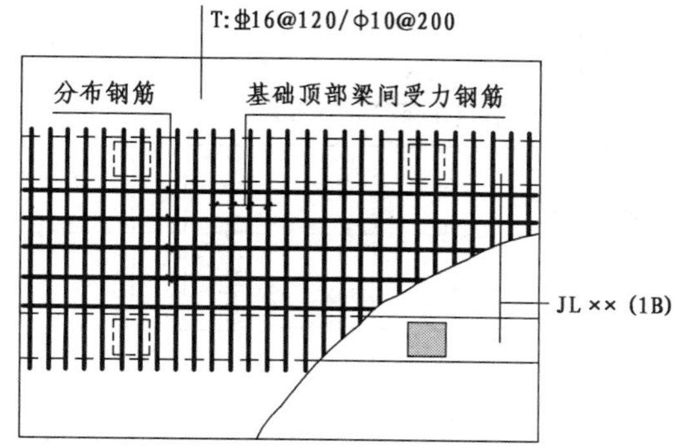

图 7-6-12　四柱独立基础底板顶部基础梁间配筋注写示意

5)独立基础施工图平面注写方式示例

图 7-6-13 所示为独立基础施工图平面注写方式示例。

2. 独立基础截面注写方式

独立基础采用截面注写方式,应在基础平面布置图上对所有基础进行编号,标注独立基础的平面尺寸,并用剖面号引出对应的截面图;对相同编号的基础,可选择一个进行标注,见表 7-6-1。

对单个基础进行截面标注的内容和形式,与传统“单构件正投影表示方法”基本相同。对于已在基础平面布置图上原位标注清楚的该基础的平面几何尺寸,在截面图上可不再重复表达。

3. 独立基础列表注写方式

独立基础采用列表注写方式,应在基础平面布置图上对所有基础进行编号,见表 7-6-1。

对多个同类基础,可采用列表注写(结合平面和截面示意图)的方式进行集中表达。表中内容为基础截面的几何数据和配筋等,在平面和截面示意图上应标注与表中栏目相对应的代号。列表注写的具体内容规定如下:

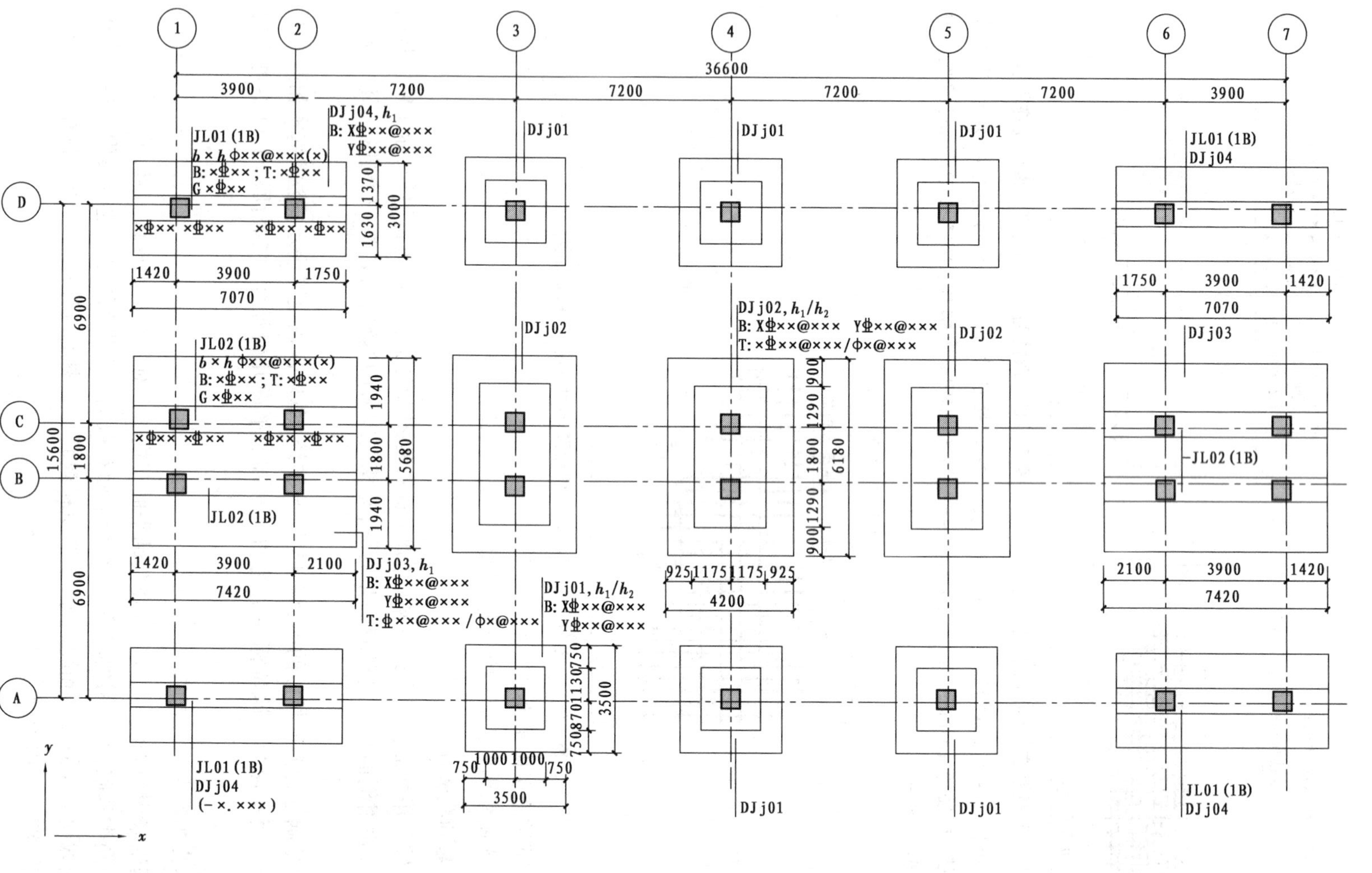

注：①x、y为图面方向；
②±0.000的绝对标高(m)：×××.×××；
基础底面基准标高(m)：-×.×××。

图 7-6-13　独立基础施工图平面注写方式示例

1)普通独立基础

普通独立基础列表集中注写栏目为:

(1)编号:应符合表 7-6-1 规定。

(2)几何尺寸:水平尺寸 x、y,x_i、y_i,$i=1,2,3\cdots$;竖向尺寸 $h_1/h_2/h_3\cdots$。

(3)配筋:B:X Φ××@ ×××,Y Φ××@ ×××。

普通独立基础列表格式见表 7-6-2。

表 7-6-2　普通独立基础几何尺寸和配筋表

基础编号/截面号	截面几何尺寸						底部配筋(B)	
	x	y	x_i	y_i	h_1	h_2	x 向	y 向

注:①表中可根据实际情况增加栏目。例如:当基础底面标高与基础底面基准标高不同时,加注基础底面标高;当为双柱独立基础时,加注基础顶部配筋或基础梁几何尺寸和配筋;当设置短柱时增加短柱尺寸及配筋等。

②平面和截面示意图参见"独立基础平面注写方式"的相关规定。

2)杯口独立基础

杯口独立基础列表集中注写栏目为:

(1)编号:应符合表 7-6-1 规定。

(2)几何尺寸:水平尺寸 x、y,x_u、y_u,x_{ui}、y_{ui},t_i,x_i、y_i,$i=1,2,3\cdots$;竖向尺寸 a_0、a_1,$h_1/h_2/h_3\cdots$。

(3)配筋:B:X Φ××@ ×××,Y Φ××@ ×××,Sn×Φ××

O ×Φ××/×Φ××/×Φ××,φ××@ ×××/×××

杯口独立基础列表格式见表 7-6-3。

表 7-6-3　杯口独立基础几何尺寸和配筋表

基础编号/截面号	截面几何尺寸								底部配筋(B)		杯口顶部钢筋网(Sn)	短柱配筋(O)	
	x	y	x_i	y_i	a_0	a_1	h_1	h_2	x 向	y 向		角筋/x 边中部筋/y 边中部筋	杯口壁箍筋/其他部位箍筋

注:①表中可根据实际情况增加栏目,如当基础底面标高与基础底面基准标高不同时,加注基础底面标高;或增加说明栏目等。

②短柱配筋适用于高杯口独立基础,并适用于杯口独立基础杯壁有配筋的情况。

(二)条形基础平法施工图

条形基础整体上可分为梁板式条形基础和板式条形基础两类。梁板式条形基础[图 7-6-14(a)]适用于钢筋混凝土框架结构、框架-剪力墙结构、部分框支剪力墙结构和钢结构。

平法施工图将梁板式条形基础分解为基础梁和条形基础底板分别进行表达。板式条形基础[图7-6-14(b)]适用于钢筋混凝土剪力墙结构和砌体结构。平法施工图仅表达条形基础底板。

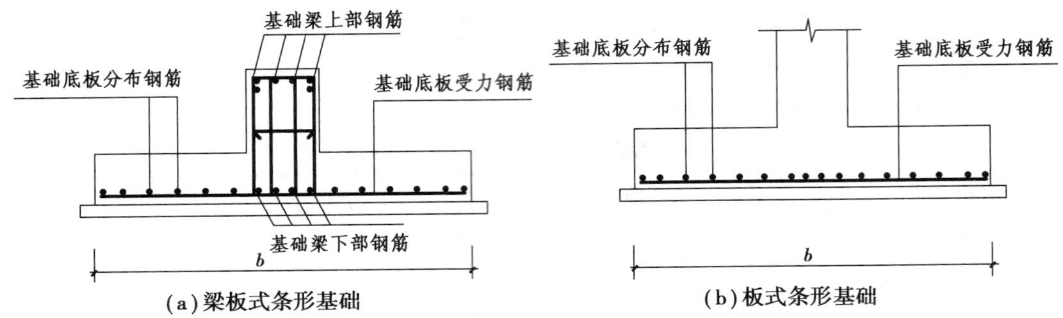

图7-6-14　条形基础

条形基础平法施工图可分为平面注写和列表注写两种表达方式,设计者可根据具体工程情况选择一种,或将两种方式相结合进行条形基础的施工图设计。

条形基础编号分为基础梁和条形基础底板编号,见表7-6-4。

表7-6-4　条形基础编号

类　型		代　号	序　号	跨数及有无外伸
基础梁		JL	××	(××)端部无外伸 (××A)一端有外伸 (××B)两端有外伸
条形基础底板	坡　形	TJBp	××	
	阶　形	TJBj	××	

注:条形基础通常采用坡形截面或单阶形截面。

1. 条形基础的平面注写方式

1)基础梁的平面注写方式

基础梁的平面注写方式分集中标注和原位标注两部分内容。当集中标注的某项数值不适用于基础梁的某部位时,则将该项数值采用原位标注,施工时,原位标注优先。

(1)条形基础梁的集中标注内容:基础梁编号、截面尺寸和配筋三项必注内容,以及基础梁底面标高(与基础底面基准标高不同时)和必要的文字注解两项选注内容。具体规定如下:

基础梁编号、截面尺寸	如:JL1(2A)　200×450
加密区箍筋/非加密区箍筋	9 ⌀ 6@100/⌀ 16@200(6)
底部纵向钢筋;梁顶部纵向钢筋	B:4 ⌀ 25;T:12 ⌀ 25 7/5
梁侧面构造筋	G:8 ⌀ 14
梁底面标高	(-0.500)

①注写基础梁编号(必注内容),见表7-6-4。

②注写基础梁截面尺寸(必注内容)。注写 $b\times h$,表示梁截面宽度与高度。当为竖向加腋梁时,用 $b\times h$ Y$c_1\times c_2$ 表示,其中 c_1 为腋长,c_2 为腋高,如图7-6-15所示。

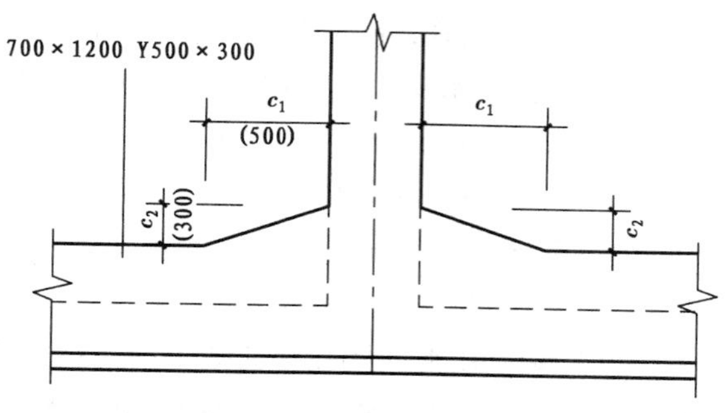

图 7-6-15　竖向加腋截面注写示意

③注写基础梁配筋(必注内容)。

A. 注写基础梁箍筋。

• 当具体设计仅采用一种箍筋间距时,注写钢筋种类、直径、间距与肢数(箍筋肢数写在括号内,下同)。

• 当具体设计采用两种箍筋时,用斜线"/"分隔不同箍筋,按照从基础梁两端向跨中的顺序注写。先注写第 1 段箍筋(在前面加注箍筋道数),在斜线后再注写第 2 段箍筋(不再加注箍筋道数)。

【例 7-6-7】　9 ⊈ 16@100/⊈ 16@200(6),表示配置两种间距的 HRB400 箍筋,直径为 16 mm,从梁两端起向跨内按箍筋间距 100 mm 每端设置 9 道,梁其余部位的箍筋间距为 200 mm,均为 6 肢箍。

B. 注写基础梁底部、顶部及侧面纵向钢筋。

• 以 B 打头,注写梁底部贯通纵筋(不应少于梁底部受力钢筋总截面面积的 1/3)。当跨中所注根数少于箍筋肢数时,需要在跨中增设梁底部架立钢筋以固定箍筋,采用加号"+"将贯通纵筋与架立筋相联,架立筋注写在加号后面的括号内。

• 以 T 打头,注写梁顶部贯通纵筋。注写时用分号";"将底部与顶部贯通纵筋分隔开,如有个别跨与其不同者按原位标注的规定处理。

• 当梁底部或顶部贯通纵筋多于一排时,用斜线"/"将各排纵筋自上而下分开。

【例 7-6-8】　B:4 ⊈ 25;T:12 ⊈ 25 7/5,表示梁底部配置贯通纵筋为 4 ⊈ 25;梁顶部配置贯通纵筋上一排为 7 ⊈ 25,下一排为 5 ⊈ 25,共 12 ⊈ 25。

• 以"G"打头注写梁两侧面对称设置的纵向构造钢筋的总配筋值(当梁腹板净高 h_w 不小于 450 mm 时,根据需要配置)。

④注写基础梁底面标高(选注内容)。当条形基础的底面标高与基础底面基准标高不同时,将条形基础底面标高注写在"(　)"内。

⑤必要的文字注解(选注内容)。当基础梁的设计有特殊要求时,宜增加必要的文字注解。

(2)条形基础梁的原位标注。

①基础梁支座的底部纵筋,系指包含贯通纵筋与非贯通纵筋在内的所有纵筋。原位注写规定如下:当底部纵筋多于一排时,用斜线"/"将各排纵筋自上而下分开;当同排纵筋有两种

直径时,用加号“+”将两种直径的纵筋相联,注写时角筋写在前面;当梁支座两边的底部纵筋配置不同时,需在支座两边分别标注;当梁支座两边的底部纵筋相同时,可仅在支座的一边标注;当梁支座底部全部纵筋与集中注写过的底部贯通纵筋相同时,可不再重复做原位标注;竖向加腋梁加腋部位钢筋,需在设置加腋的支座处以 Y 打头注写在括号内。

②原位注写基础梁的附加箍筋或(反扣)吊筋。当两向基础梁十字交叉,但交叉位置无柱时,应根据需要设置附加箍筋或(反扣)吊筋。

将附加箍筋或(反扣)吊筋直接画在平面图中条形基础主梁上,原位直接引注总配筋值(附加箍筋的肢数注写在括号内)。当多数附加箍筋或(反扣)吊筋相同时,可在条形基础平法施工图上统一注明。少数与统一注明值不同时,再原位直接引注。

③原位注写基础梁外伸部位的变截面高度尺寸。当基础梁外伸部位采用变截面高度时,在该部位原位注写 $b \times h_1/h_2$,h_1 为根部截面高度,h_2 为尽端截面高度,如图 7-6-16 所示。

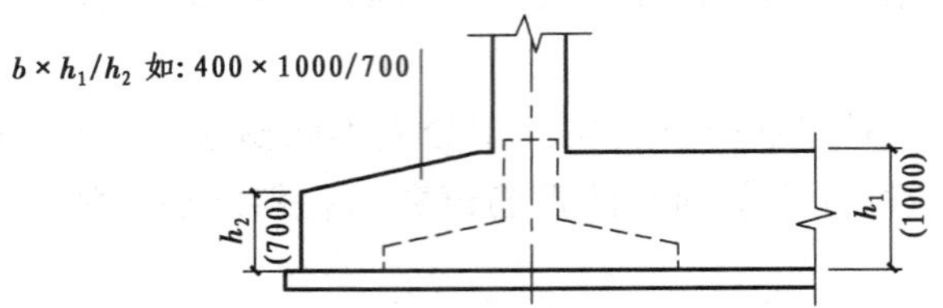

图 7-6-16 基础梁外伸部位变截面高度注写示意

④原位注写修正内容。当在基础梁上集中标注的某项内容(如截面尺寸、箍筋、底部与顶部贯通纵筋或架立筋、梁侧面纵向构造钢筋、梁底面标高等)不适用于某跨或某外伸部位时,将其修正内容原位标注在该跨或该外伸部位,施工时原位标注取值优先。

当在多跨基础梁的集中标注中已注明竖向加腋,而该梁某跨根部不需要竖向加腋时,则应在该跨原位标注截面尺寸 $b \times h$,以修正集中标注中的竖向加腋要求。

2)条形基础底板的平面注写方式

条形基础底板的平面注写方式分集中标注和原位标注两部分内容。

(1)条形基础底板的集中标注内容及格式。

条形基础底板编号,截面竖向尺寸	如:TJB×××(×××) h_1/h_2
条形基础底板底部配筋	B:××@ ×××/×× @ ×××
条形基础底板顶部配筋	T:××@ ×××/×× @ ×××
条形基础底板底面标高(选注)	(××××)
必要的文字注解(选注)	

【例 7-6-9】 当条形基础底板配筋标注为:B:⏀14@150/ϕ8@250,表示条形基础底板底部配置 HRB400 横向受力钢筋,直径 14 mm,间距 150 mm;配置 HPB300 纵向分布钢筋,直径 8 mm,间距 250 mm,如图 7-6-17 所示。

当为双梁(或双墙)条形基础底板时,除在底板底部配置钢筋外,一般尚需在两根梁或两道墙之间的底板顶部配置钢筋,如图 7-6-18 所示。

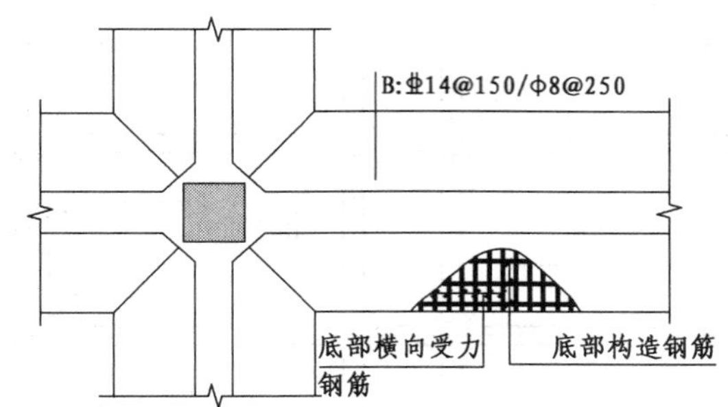

图 7-6-17　条形基础底板底部配筋示意

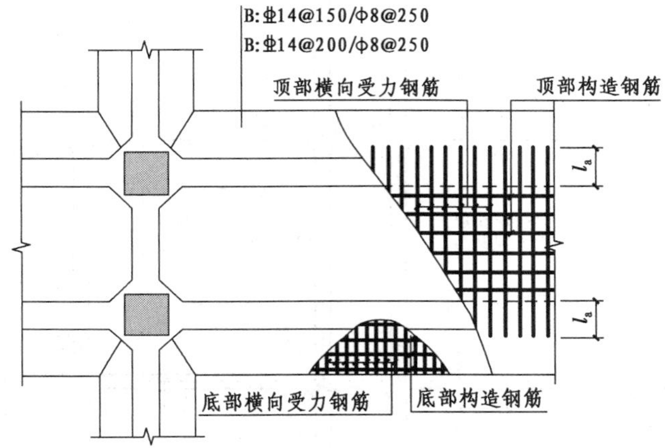

图 7-6-18　双梁条形基础底板配筋示意

（2）条形基础底板的原位标注。

①原位注写条形基础底板的平面定位尺寸。原位注写 b，b_i，$i=1,2,\cdots$。其中，b 为基础底板总宽度，b_i 为基础底板台阶的宽度。

②原位注写修正内容。

3）条形基础平法施工图平面注写方式示例

条形基础平法施工图平面注写方式示例如图 7-6-19 所示。

2. 条形基础列表注写方式

采用列表注写方式，应在基础平面布置图上对所有条形基础进行编号，编号原则见表 7-6-4。

对多个条形基础可采用列表注写（结合截面示意图）的方式进行集中表达。表中内容为条形基础截面的几何数据和配筋，截面示意图上应标注与表中栏目相对应的代号。列表注写的具体内容规定如下：

1）基础梁

（1）编号：标注 JL××（××）、JL××（××A）或 JL××（××B）。

（2）几何尺寸：梁截面宽度与高度 $b\times h$。当为竖向加腋梁时，注写 $b\times h$ Y$c_1\times c_2$，其中 c_1 为腋长，c_2 为腋高。

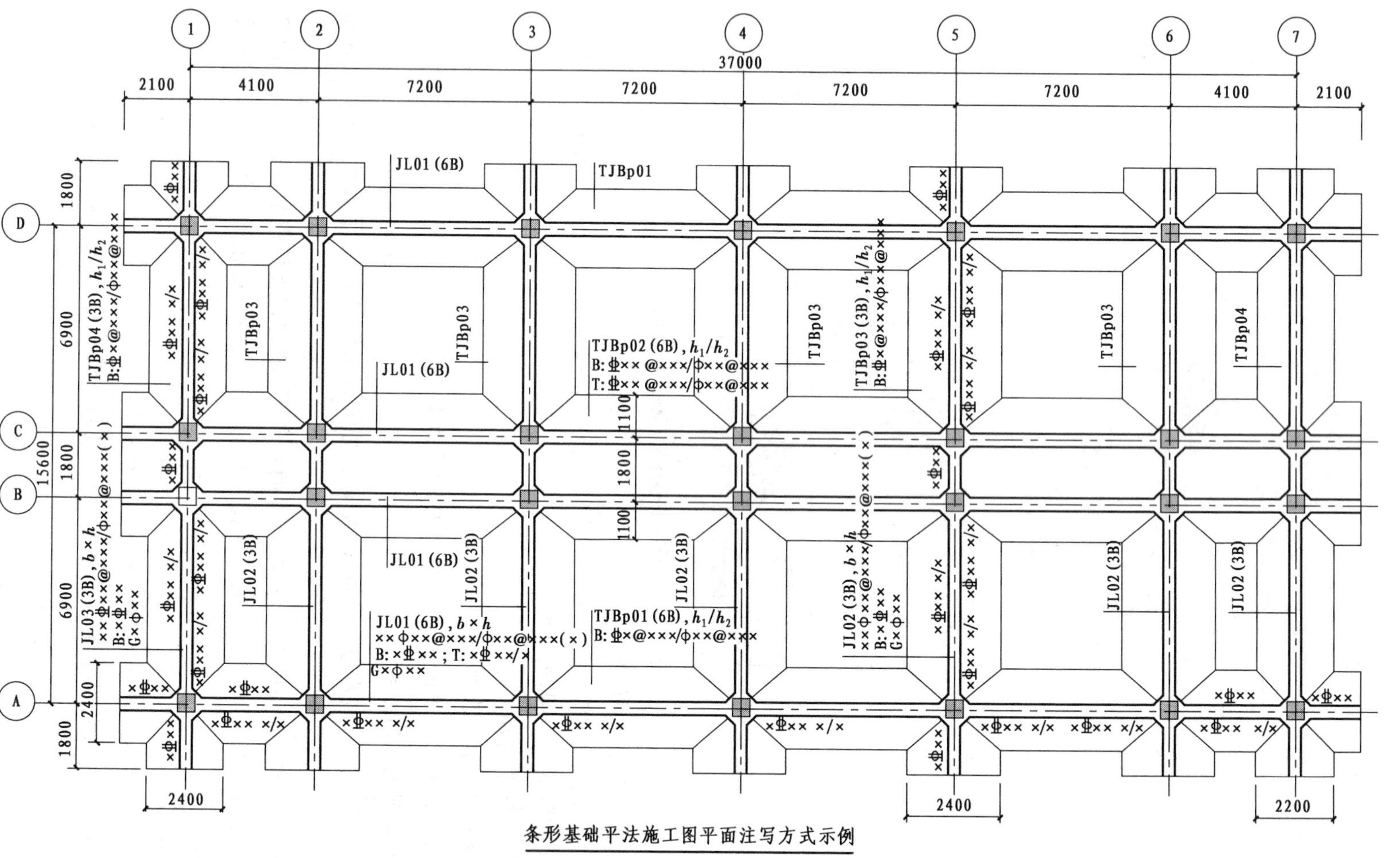

注：±0.0000的绝对标高(m)：×××.×××；基础底面标高(m)：-×.×××。

图 7-6-19　条形基础平法施工图平面注写方式示例

(3)配筋:注写基础梁底部贯通纵筋+非贯通纵筋,顶部贯通纵筋,箍筋。当设计为两种箍筋时,箍筋注写为:第一种箍筋/第二种箍筋,第一种箍筋为梁端部箍筋,注写内容包括箍筋的箍数、钢筋种类、直径、间距与肢数。

基础梁列表格式见表 7-6-5。

表 7-6-5 基础梁几何尺寸和配筋表

基础梁编号/截面号	截面几何尺寸		配筋	
	$b×h$	竖向加腋 $c_1×c_2$	底部贯通纵筋+非贯通纵筋,顶部贯通纵筋	第一种箍筋/第二种箍筋

注:①表中可根据实际情况增加栏目,如增加基础梁底面标高等。
②表中非贯通纵筋需配合原位标注使用。

2)条形基础底板

(1)编号:坡形截面编号为 TJBp××(××)、TJBp××(××A)或 TJBp××(××B),阶形截面编号为 TJBj××(××)、TJBj××(××A)或 TJBj××(××B)。

(2)几何尺寸:水平尺寸 b、b_i,$i=1,2,3\cdots$;竖向尺寸 h_1/h_2。

(3)配筋:B:⌀××@×××/⌀××@×××。

条形基础底板列表格式见表 7-6-6。

表 7-6-6 条形基础底板几何尺寸和配筋表

基础底板编号/截面号	截面几何尺寸			底部配筋(B)	
	b	b_i	h_1/h_2	横向受力钢筋	纵向分布钢筋

注:表中可根据实际情况增加栏目,如增加上部配筋、基础底板底面标高(与基础底板底面基准标高不一致时)等。

(三)桩基础平法施工图

1. 灌注桩平法施工图

灌注桩平法施工图系在灌注桩平面布置图上采用平面注写方式或列表注写方式进行表达。

1)灌注桩平面注写方式

平面注写方式,系在灌注桩平面布置图上集中标注灌注桩的编号、尺寸、纵筋、螺旋箍筋、桩顶标高、单桩竖向承载力特征值,如图 7-6-20 所示。

桩平面注写内容规定如下:

(1)桩编号。桩编号由类型和序号组成,应符合表 7-6-7 的规定。

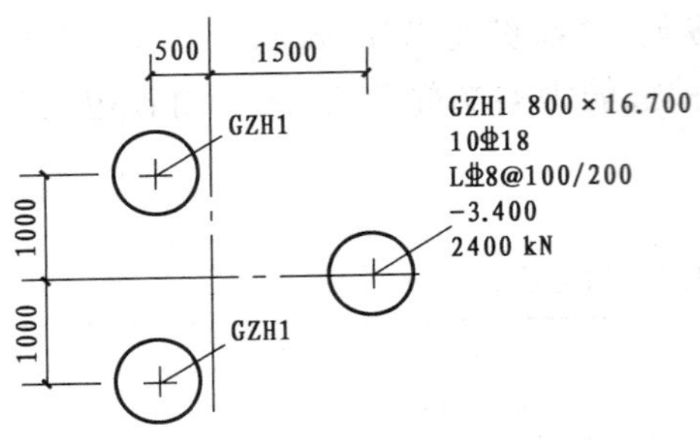

图 7-6-20 灌注桩平面注写示意

表 7-6-7 桩编号

类　型	代　号	序　号
灌注桩	GZH	××
扩底灌注桩	GZHk	××

（2）桩尺寸。包括桩径 D 和桩长 L，当为扩底灌注桩时，还应在括号内注写扩底端尺寸 $D_0/h_b/h_c$ 或 $D_0/h_b/h_{c1}/h_{c2}$。其中，D_0 表示扩底端直径，h_b 表示扩底端锅底形矢高，h_c（h_{c1}、h_{c2}）表示扩底端高度，如图 7-6-21 所示。

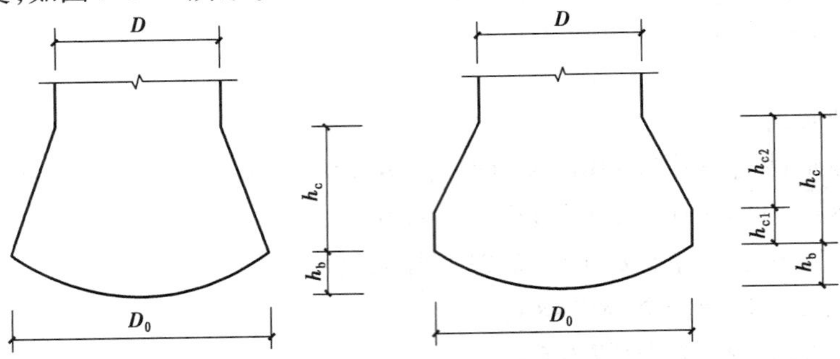

图 7-6-21 扩底灌注桩扩底端示意

（3）桩纵筋。包括桩周均布的纵筋根数、钢筋种类、直径、从桩顶起算的纵筋配置长度。

①通长等截面配筋：注写全部纵筋，如××⌀××。

②部分长度配筋：注写桩纵筋，如××⌀××/*L*1，其中 *L*1 表示从桩顶起算的入桩长度。

③通长变截面配筋：注写桩纵筋，包括通长纵筋××⌀××；非通长纵筋××⌀××/*L*1，其中 *L*1 表示从桩顶起算的入桩长度。通长纵筋与非通长纵筋沿桩周间隔均匀布置。

【例 7-6-10】 15 ⌀ 20，15 ⌀ 18/6 000，表示采用通长变截面配筋方式，桩通长纵筋为 15 ⌀ 20；桩非通长纵筋为 15 ⌀ 18，从桩顶起算的入桩长度为 6 000 mm。实际桩上段纵筋为 15 ⌀ 20+15 ⌀ 18，通长纵筋与非通长纵筋间隔均匀布置于桩周。

（4）以大写字母 L 打头，注写桩螺旋箍筋，包括钢筋种类、直径与间距。

①用斜线“ / ”区分桩顶箍筋加密区与桩身箍筋非加密区长度范围内箍筋的间距。标准图集中箍筋加密区为桩顶以下 5*D*（*D* 为桩身直径），若与实际工程情况不同，需设计者在图中注明。

②当桩身位于液化土层范围内时，箍筋加密区长度应由设计者根据具体工程情况注明，或者箍筋全长加密。

【例 7-6-11】 L ⌀ 8@100/200，表示箍筋为 HRB400 钢筋，直径为 8 mm，加密区间距为 100 mm，非加密区间距为 200 mm，L 表示采用螺旋箍筋。

【例 7-6-12】 L ⌀ 8@100，表示沿桩身纵筋范围内箍筋均为 HRB400 钢筋，直径为 8 mm，间距为 100 mm，L 表示采用螺旋箍筋。

(5)注写桩顶标高。

(6)注写单桩竖向承载力特征值,单位以 kN 计。

2)灌注桩列表注写方式

列表注写方式,系在灌注桩平面布置图上分别标注定位尺寸;在桩表中注写桩编号、桩尺寸、纵筋、螺旋箍筋、桩顶标高和单桩竖向承载力特征值,注写规则同平面注写方式。

灌注桩列表注写的格式见表 7-6-8。

表 7-6-8　灌注桩表

桩　号	桩径 D /mm	桩长 L /m	通长纵筋	非通长纵筋	箍　筋	桩顶标高 /m	单桩竖向承载力特征值/kN
GZH1	800	16.700	16 ⌀ 18	—	L ⌀ 8@100/200	-3.400	2 400
GZH2	800	16.700	—	16 ⌀ 18/6 000	L ⌀ 8@100/200	-3.400	2 400
GZH3	800	16.700	10 ⌀ 18	10 ⌀ 20/6 000	L ⌀ 8@100/200	-3.400	2 400

注:①表中可根据实际情况增加栏目。例如:当采用扩底灌注桩时,增加扩底端尺寸。

②当为通长等截面配筋方式时,非通长纵筋一栏不注,如表中 GZH1;当为部分长度配筋方式时,通长纵筋一栏不注,如表中 GZH2;当为通长变截面配筋方式时,通长纵筋和非通常纵筋均应注写,如表中 GZH3。

2. 桩基承台平法施工图

桩基承台平法施工图有平面注写、列表注写和截面注写三种表达方式,设计者可根据具体工程情况选择一种,或将两种方式相结合进行桩基承台施工图设计。

当绘制桩基承台平面布置图时,应将承台下的桩位和承台所支承的柱、墙一起绘制。当设置基础联系梁时,可根据图面的疏密情况,将基础联系梁与基础平面布置图一起绘制,或将基础联系梁布置图单独绘制。

当桩基承台的柱中心线或墙中心线与建筑定位轴线不重合时,应标注其定位尺寸;编号相同的桩基承台,可仅选择一个进行标注。

桩基承台分为独立承台和承台梁,分别按表 7-6-9 和表 7-6-10 的规定编号。

表 7-6-9　独立承台编号表

类　型	独立承台截面形状	代　号	序　号	说　明
独立承台	阶形 锥形	CTj CTz	×× ××	单阶截面即为平板式独立承台

注:杯口独立承台代号可为 BCTj 和 BCTz,设计注写方式可参照杯口独立基础,施工详图应由设计者提供。

表 7-6-10　承台梁编号

类　型	代　号	序　号	跨数及有无外伸
承台梁	CTL	××	(××)端部无外伸 (××A)一端有外伸 (××B)两端有外伸

1）独立承台的平面注写方式

独立承台的平面注写方式分为集中标注和原位标注两部分内容。

（1）独立承台的集中标注。

独立承台的集中标注，系在承台平面上集中引注：独立承台编号、截面竖向尺寸、配筋三项必注内容，以及承台板底面标高（与承台底面基准标高不同时）和必要的文字注解两项选注内容。具体规定如下：

①注写独立承台编号（必注内容），编号由代号和序号组成，见表7-6-9。

②注写独立承台截面竖向尺寸（必注内容）。即注写 $h_1/h_2/\cdots$。

当阶形截面独立承台为单阶时，截面竖向尺寸仅为一个，且为独立承台总高度，如图7-6-22所示。当阶形截面独立承台为两阶及多阶时，各阶尺寸自下而上用斜线“/”分隔顺写。锥形截面独立承台的截面竖向尺寸注写参见22G101—3图集。

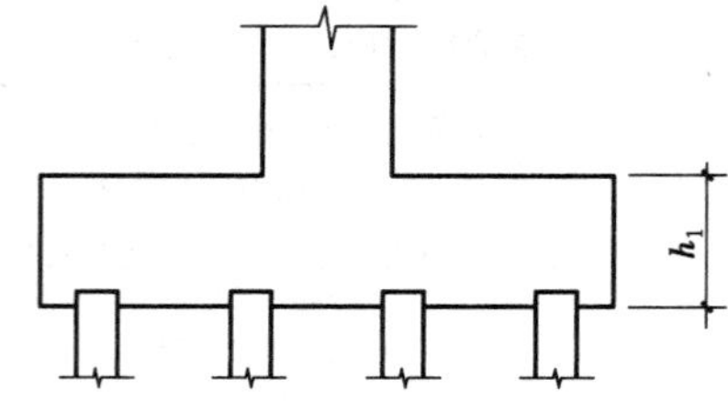

图7-6-22　单阶截面独立承台竖向尺寸

③注写独立承台配筋（必注内容）。底部与顶部双向配筋应分别注写，顶部配筋仅用于双柱或四柱等独立承台。当独立承台顶部无配筋时则不注顶部。注写规定如下：

- 以B打头注写底部配筋，以T打头注写顶部配筋。
- 矩形承台 x 向配筋以X打头，y 向配筋以Y打头；当两向配筋相同时，则以X&Y打头。

等边三桩承台、等腰三桩承台以及多边形（五边形或六边形）承台或异形独立承台的注写规定参见22G101—3图集。

④注写基础底面标高（选注内容）。当独立承台的底面标高与桩基承台底面基准标高不同时，应将独立承台底面标高注写在括号内。

⑤必要的文字注解（选注内容）。当独立承台的设计有特殊要求时，宜增加必要的文字注解。

（2）独立承台的原位标注。

独立承台的原位标注，系在桩基承台平面布置图上标注独立承台的平面尺寸，相同编号的独立承台可仅选择一个进行标注，其他仅注编号。注写规定如下：

①矩形独立承台：原位标注 x、y，x_i、y_i，a_i、b_i，$i=1,2,3\cdots$。其中，x、y 为独立承台两向边长，x_i、y_i 为阶宽或锥形平面尺寸，a_i、b_i 为桩的中心距及边距（a_i、b_i 根据具体情况可不注），如图7-6-23所示。

②其他形状独立承台注写规定参见22G101—3图集。

（3）矩形独立承台平面标注示例，如图7-6-24所示。

2）承台梁的平面注写方式

承台梁CTL的平面注写方式，分集中标注和原位标注两部分内容。

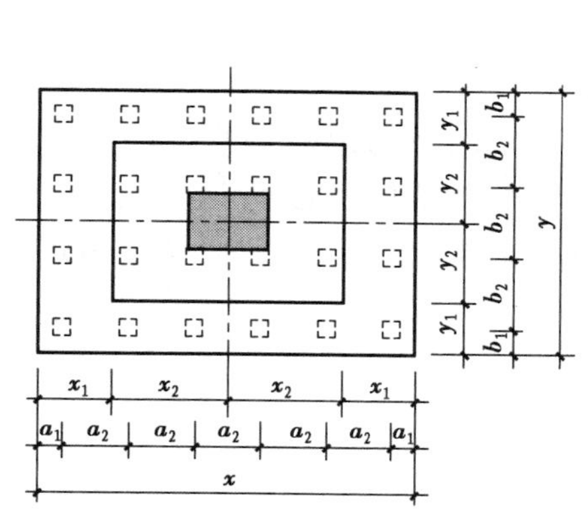
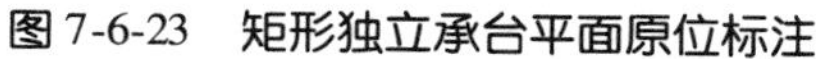

图 7-6-23　矩形独立承台平面原位标注

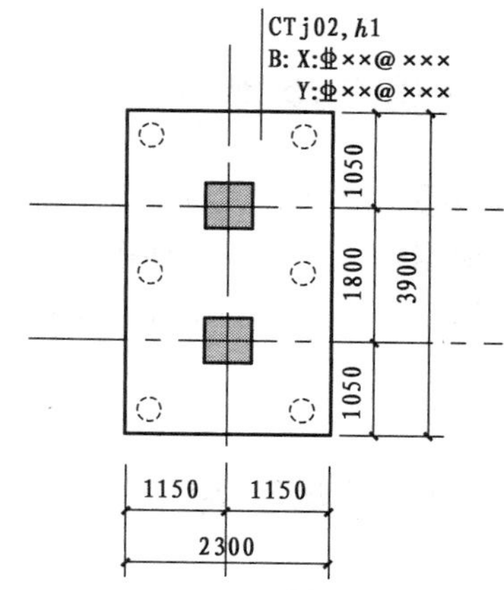

图 7-6-24　矩形独立承台平面注写示意

承台梁集中标注内容：承台梁编号、截面尺寸、配筋三项必注内容，以及承台梁底面标高（与承台底面基准标高不同时）、必要的文字注解两项选注内容，具体规定见 22G101—3 图集。

承台梁原位标注内容：原位标注承台梁的附加箍筋或（反扣）吊筋，原位注写修正内容。

3）桩基承台的截面注写方式和列表注写方式

桩基承台的截面注写和列表注写（结合截面示意图）应在桩基平面布置图上对所有桩基承台进行编号。

桩基承台的截面注写方式和列表注写方式可参照独立基础的注写方式，进行设计施工图的表达。

桩基础平法施工图平面注写示例（局部），如图 7-6-25 所示。

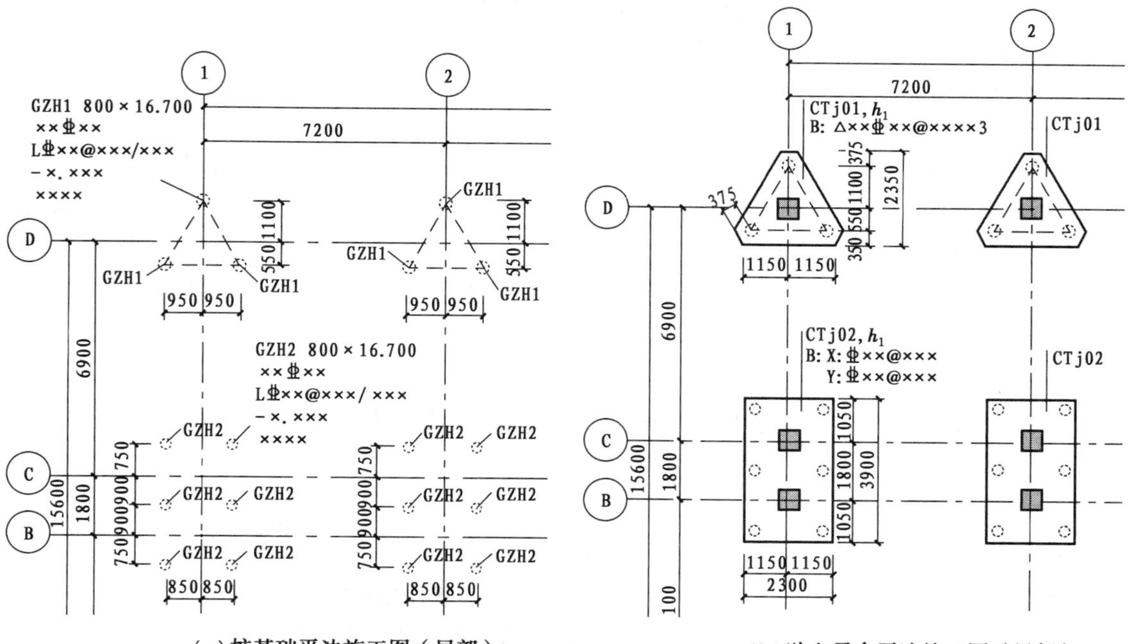

(a) 桩基础平法施工图（局部）　　(b) 独立承台平法施工图（局部）

图 7-6-25　某工程桩基础平法施工图(局部)

方法与步骤

（1）熟悉独立基础、条形基础、灌注桩基础平法施工图标注的内容及规定。

（2）根据相应的建筑平面图，校对轴线网、轴线编号、轴线尺寸是否齐全正确。

（3）识读平法施工图中独立基础、条形基础、灌注桩基础的编号、截面尺寸、配筋、标高等内容。

思考与练习

（一）单项选择题

1. 普通独立基础底板的截面形状通常有（　　）两种。

A. DJj××和 DJz××　　B. JJz××和 PDj××

C. JP××和 DJj××　　D. LJz××和 LPj××

2. 杯口独立基础，当为阶形截面时，其竖向尺寸分两组，一组表达杯口内，另一组表达杯口外，下面正确的两组是（　　）。

A. $b_0/a_1,h_1/h_2$　　B. $c_0/a_1,h_1/h_2$

C. $a_0/a_1,h_1/h_2$　　D. $a_0/a_1,h_0/h_2$

3. T：⌀ 18@100/⌀ 10@200，表示独立基础顶部配置纵向受力钢筋（　　）。

A. HRB400　　B. HRB500　　C. HPB300　　D. HRBF400

4. 增设梁底部架立筋以固定箍筋，采用（　　）将贯通纵筋与架立筋相联。

A. 斜线“/”　　B. 加号“+”　　C. 横线“-”　　D. 分号“;”

4. 灌注桩列表注写方式包含两个内容，一个是桩表，另一个是在灌注桩平面布置图上，分别标注各桩的（　　）。

A. 定形尺寸　　B. 定位尺寸　　C. 长度尺寸　　D. 宽度尺寸

5. 15 ⌀ 20，15 ⌀ 18/6 000，表示桩通长纵筋为 15 ⌀ 20；桩非通长纵筋为 15 ⌀ 18，从（　　）起算的入桩长度为 6 000 mm。

A. 桩顶　　B. 桩底　　C. 标高 0.000 处　　D. 标高 0.100 处

6. 灌注桩平法表达中螺旋箍筋用符号（　　）表示。

A. N　　B. L　　C. L1　　D. S

7. 独立承台的原位标注，系在桩基承台平面布置图上标注独立承台的（　　）。

A. 平面尺寸　　B. 平面形状　　C. 定位尺寸　　D. 定形尺寸

（二）多项选择题

1. 梁板式条形基础底板集中标注内容有（　　）。

A. 条形基础底板编号　　B. 条形基础底板底部配筋

C. 条形基础底板顶部配筋　　D. 条形基础底板底面标高

E. 条形基础底板截面竖向尺寸

2. 基础梁标注 B:4 ⏀22;T:12 ⏀25 7/5 表示正确的是(　　)。

A. 梁顶部配置贯通纵筋为 4 ⏀22

B. 梁顶部配置贯通纵筋第一排为 7 ⏀25

C. 梁顶部配置贯通纵筋第二排为 5 ⏀25

D. 梁底部配置贯通纵筋为 4 ⏀22

E. 梁底部配置贯通纵筋分两排,共 12 ⏀25

3. 灌注桩列表注写方式中,桩表应注写(　　)、螺旋箍筋、单桩竖向承载力特征值。

A. 桩编号　　B. 纵筋　　C. 桩尺寸

D. 洞口加强筋　　E. 桩顶标高

4. 独立承台集中标注的三项必注内容是(　　)。

A. 独立承台编号　　B. 截面竖向尺寸　　C. 配筋

D. 承台板底面标高　　E. 文字注解

(三)判断题

1. 梁板式条形基础,该类条形基础适用于钢筋混凝土框架结构、框架-剪力墙结构、框支剪力墙结构和钢结构。(　　)

2. 基础梁 JL 的平面注写方式,分集中标注、截面标注、列表标注和原位标注四部分内容。(　　)

3. 当梁支座底部全部纵筋与集中注写过的底部贯通纵筋相同时,可不再重复做原位标注。(　　)

4. 灌注桩平法施工图系在灌注桩平面布置图上采用列表注写方式或平面注写方式进行表达。(　　)

5. 桩基承台平法施工图有平面注写与截面注写两种表达方式。(　　)

6. 独立承台的平面注写方式分为集中标注和原位标注两部分内容。(　　)

考核与鉴定七

(一)单项选择题

1. 平法施工图中,柱类型代号 KZ 是(　　)。

A. 框支柱　　B. 梁上柱　　C. 芯柱　　D. 框架柱

2. 柱箍筋Φ10@100/220,表示正确的是(　　)。

A. 箍筋为 HPB300 钢筋,直径为 10 mm,加密区间距为 100 mm,非加密区间距为 220 mm

B. 箍筋为 HRB400 钢筋,直径为 10 mm,加密区间距为 100 mm,非加密区间距为 220 mm

C. 箍筋为 HPB300 钢筋,直径为 10 mm,加密区间距为 220 mm,非加密区间距为 100 mm

D. 箍筋为 HRB400 钢筋,直径为 10 mm,加密区间距为 220 mm,非加密区间距为 100 mm

3. 梁平法施工图中,若梁内布置有“吊筋”,应该按(　　)。

A. 集中注写方式注写

B. 原位注写方式注写

C. 截面注写方式注写

D. 在梁的平面图中画出“吊筋”,用引出线注写

4. 平法标注梁的钢筋6 ⌀25 4/2,含义是(　　)。

A. 表示6根直径25 mm的钢筋,4根布置在梁上部,2根布置在梁下部

B. 表示6根直径25 mm的钢筋,2根布置在梁上部,4根布置在梁下部

C. 表示6根直径25 mm的钢筋,分为两排,上排4根,下排2根

D. 表示6根直径25 mm的钢筋,分为两排,上排2根,下排4根

5. 在梁的平法标注中,“$b \times h$　Y$c_1 \times c_2$”表示(　　)。

A. 梁的截面宽×高,c_1、c_2代表加腋的长度、高度

B. 梁的截面宽×高,c_1、c_2代表加腋的长度、宽度

C. 梁的截面宽×高,c_1、c_2代表加腋的宽度、长度

D. 梁的截面宽×高,c_1、c_2代表加腋的宽度、高度

6. 梁平法施工图中,梁的支座上部注写“2 ⌀25+2 ⌀22”,以下说明错误的是(　　)。

A. 该支座上部共有4根钢筋

B. 4根钢筋全部伸入支座

C. 4根钢筋中,2根直径25 mm的钢筋在角部

D. 4根钢筋中,2根直径22 mm的钢筋在角部

7. 梁平法施工图中,在梁上部的集中注写中有“2 ⌀25+2 ⌀22;4 ⌀25”信息,以下说明错误的是(　　)。

A. 该梁上部配置4根钢筋,两根直径25 mm,两根直径22 mm

B. 该梁下部配置4根直径25 mm的钢筋

C. 该梁上部配置8根钢筋,6根直径为25 mm,2根直径为22 mm

D. 该梁全部钢筋都要伸入支座

8. 板平法标注为LB2　h=150;B:X ⌀12@120,Y ⌀10@150,下列解释错误的是(　　)。

A. 2号楼面板,板厚150 mm

B. 板下部配置的贯通筋x向为⌀12@120,y向为⌀10@150

C. 板上部配置的贯通筋x向为⌀12@120,y向为⌀10@150

D. 板上部未配置贯通筋

9. 墙身水平分布筋不能满足连梁、暗梁及框梁的侧面纵向构造要求时,应补充注明梁侧面纵筋的具体数值,标注时以大写字母(　　)打头。

A. G　　B. N　　C. M　　D. J

10. 楼梯集中标注第二行2000/15,标注的内容是(　　)。

A. 踏步段总高度2 000 mm,踏步级数15　　B. 楼梯序号是2 000,板厚15 mm

C. 上部纵筋和下部纵筋信息　　D. 楼梯平面几何尺寸

(二)多项选择题

1. 柱截面注写方式中,集中标注:KZ2 650×600;4 ⌀22;ϕ10@100/200。以上注写的信息有(　　)。

A. 柱编号为KZ2 ,柱为矩形截面,尺寸为650 mm×600 mm

B. 全部纵筋为 4 ⌀ 22

C. 箍筋直径 10 mm，通长布置

D. 箍筋加密区间距为 100 mm

E. 箍筋非加密区间距为 200 mm

2. 平法施工图中，梁类型代号表达正确的是(　　)。

A. 框架梁 KL　　B. 屋面框架梁 WKL　　C. 框支梁 KLL　　D. 圈梁 QL

E. 非框架梁 LL

3. 有一楼面板块集中标注为：LB3　h =150　B：X ⌀ 10/12@100；Y ⌀ 10@110。下列解释正确的是(　　)。

A. 表示 3 号楼面板，板厚 150 mm

B. 板下部配置的贯通纵筋 x 向为⌀ 10、⌀ 12 隔一布一，⌀ 10 与⌀ 12 之间间距为 100 mm；y 向为⌀ 10@110

C. 板下部配置的贯通纵筋 x 向为⌀ 10 或⌀ 12，间距为 100 mm；y 向为⌀ 10@110

D. 板上部未配置贯通纵筋

E. 板上部配置的贯通纵筋 x 向为⌀ 10、⌀ 12 隔一布一，⌀ 10 与⌀ 12 之间间距为 100 mm；y 向为⌀ 10@110

4. 平法施工图，梁平面注写方式的原位标注有(　　)规则。

A. 梁支座处上部全部纵筋，包括集中标注已注写了的，注写在梁端上部

B. 梁跨中下部纵筋，注写在梁中间下部，集中标注已注写了的，不再做原位标注

C. 纵筋多于一排布置时，用“/”自上而下分开注写

D. 多跨梁的中间支座两侧上部纵筋，即使配置情况相同，也要分别标注

E. 当钢筋有两种规格时，用“+”将两种钢筋相联，角部筋注写在前

5. 平法注写梁的各项参数时，常用“+”“-”“/”“；”作为各参数的连接符号，以下说明正确的有(　　)。

A. 同排两种规格的钢筋用“+”相连接

B. 同排两种规格的钢筋用“/”分开注写

C. 纵筋多于一排时，用“/”分开注写各排数量

D. 不伸入支座的钢筋数量，用“-”注写在括号内

E. 集中标注上部纵筋时，可用“；”接续注写下部纵筋

6. 平法施工图中，梁下部原位注写“2 ⌀ 25+3 ⌀ 22(-3)/5 ⌀ 25”，以下说明正确的是(　　)。

A. 该梁下部共配置 10 根钢筋，7 根直径为 25 mm，3 根直径为 22 mm

B. 该梁上部配置 5 根钢筋，2 根直径为 25 mm，3 根直径为 22 mm，下部配置 5 根直径均为 25 mm 的钢筋

C. 钢筋分为两排，上排 2 根直径 25 mm+3 根直径 22 mm，下排 5 根直径均为 25mm

D. 上排钢筋不伸入支座，下排钢筋伸入支座

E. 上排 3 根直径为 22 mm 的钢筋不伸入支座，其余钢筋都伸入支座

7. 平法施工图中,“WKL7(5A)”表示不正确的是(　　)。
A. 楼层框架梁,序号为7,五跨,两端有悬挑
B. 楼层框架梁,序号为7,五跨,一端有悬挑
C. 屋面框架梁,序号为7,五跨,两端有悬挑
D. 屋面框架梁,序号为7,五跨,一端有悬挑
E. 框架梁,序号为7,五跨,一端有悬挑
8. 识读平法施工图时,对于各项标注的理解错误的是(　　)。
A. 通长布置的钢筋,全部都要伸入支座
B. 注写在“括号”内的数值,均为选择使用值
C. 没有注写顶面标高的梁,一律按结构层楼面标高施工
D. 没有单独标明的构造做法,均按相关标准图集施工
E. 集中标注与原位标注要结合识读,方能全面了解构件配筋情况
9. 灌注桩列表注写方式中, 桩表应注写(　　)、单桩竖向承载力特征值。
A. 桩编号　　B. 纵筋　　C. 桩尺寸　　D. 螺旋箍筋
E. 桩顶标高

(三)判断题

1. 混凝土按其抗压强度分为14个等级,数字越大,抗压强度越小。　(　　)
2. 截面注写方式适用于梁、柱、剪力墙、基础结构施工图。　(　　)
3. 梁的平法施工图中,集中注写的是通用信息,原位注写的是特殊信息。　(　　)
4. 梁平法施工图,集中注写的选注值,注写在括号内。　(　　)
5. 板平面注写主要包括板块集中标注和板支座原位标注。　(　　)
6. 梯板分布筋,以“F”打头标注分布钢筋具体值,该项不可在图中统一说明。　(　　)
7. 楼梯板的截面尺寸和配筋具体数值不可以用列表注写方式表达。　(　　)

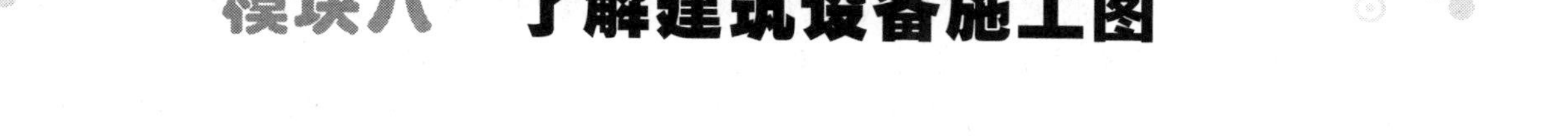

模块八　了解建筑设备施工图

建筑设备是指房屋建筑工程中的给水、排水、消防、供暖、通风、空调、照明等系统，是房屋建筑工程中不可或缺的重要组成部分。设置在建筑物内的建筑设备，必须与建筑、结构、生产工艺等相互协调，才能满足生产和生活的需要，发挥建筑物应有的功能。本模块主要了解建筑设备中的给水排水系统、通风空调系统和电气系统施工图的相关知识，主要有三个任务，即了解建筑给水排水施工图，了解建筑通风空调施工图，了解建筑电气施工图，为与建筑设备相关专业协调施工打下基础。

学习目标

（一）知识目标

1. 了解建筑给水排水施工图的组成和内容；
2. 了解建筑通风空调施工图的组成和内容；
3. 了解建筑电气施工图的组成和内容。

（二）技能目标

1. 能概述建筑设备施工图的内容。
2. 能识别建筑设备施工图中常见的图例符号。

（三）职业素养目标

1. 培养团队协作精神。
2. 培养严谨认真的工作态度。
3. 具有统筹意识和全局意识。

任务一　了解建筑给水排水施工图

任务描述与分析

建筑给水系统是将城镇给水管网或自备水源给水管网的水引入室内,经配水管送至生活、生产和消防用水设备,并满足各用水点对水量、水压和水质要求的冷水供应系统。建筑室内排水系统是将人们在日常生活和工业生产过程中使用过的、受到污染的水以及降落到屋面的雨水和雪水收集起来,及时排到室外的系统。

本任务的具体要求是:了解建筑给水排水施工图的组成及其内容;能识别施工图的线型,管道、管道附件、管道连接、管件、阀门、给水配件图例;能大致了解建筑给水排水施工图的设计内容。

知识与技能

(一)建筑给水排水施工图的组成

建筑给水排水施工图一般由设计说明、平面图、系统图、详图、材料及设备明细表等部分组成,简单工程可不编制材料及设备明细表。

1. 设计说明

设计图纸上用图或符号表达不清楚的问题,需用文字加以说明。设计说明主要包括给水排水系统的形式,采用的管材及接口方式,管道防腐、防结露、保温的方法,卫生器具的类型及安装方式,所采用的标准图号及名称,施工注意事项,施工验收应达到的质量要求,系统的水压试验要求以及有关图例,图中尺寸采用的单位,给水设备的型号、规格及运行要求等。

2. 平面图

建筑给水排水系统施工图中的平面图是在土建施工图的基础上绘制的,用来表示建筑物内给水排水管道及设备的各层平面布置。平面图一般包括建筑物内与给水排水有关的建筑物轮廓,定位轴线、尺寸线及用水房间名称,卫生器具的类型及位置,给水引入管、污水排出管的平面位置、平面定位尺寸、管径及系统编号,给水排水干、立、横支管的位置、管径及立管编号,各种设备、管道部件的平面位置等。

3. 系统图

系统图分为给水系统图和排水系统图。系统图也称轴测图,是按正面斜轴测图绘制的。系统图表示给水排水系统的空间位置及上下各层之间、前后左右之间的关系。系统图的主要内容包括给水系统、排水系统的空间走向和布置情况,各种设备的接管情况、设置位置、标高、连接方式及规格,管道的管径、标高、坡度、坡向、系统编号、立管编号,给水系统中阀门、水龙头等附件的位置，排水系统中存水弯、地漏、清扫口、检查口等附件的位置，排水系统中通气管的设置方式、与排水立管的连接方式、通气帽的设置及标高，节点图的索引号等。

4. 详图

详图包括节点图、标准图和大样图。某些设备的构造或管道间的连接情况在平面图和系统图上表达不清楚，也无法用文字说明时，可将这些部位局部放大比例，画出详图。详图用来表示某些给水排水设备和管道节点的详细构造及安装要求。一般的卫生器具、用水设备、管道附件、管道支吊架等的安装均可引用国家和有关部委出版的给水排水标准图集，没有标准图集的，可自行绘制节点详图或大样图。

5. 材料及设备明细表

为了使施工准备的材料和设备符合图纸要求，对重要工程中的材料和设备应编制材料及设备明细表，以便进行工程预算及施工备料。材料及设备明细表应包括序号、名称、型号规格、单位、数量、质量、附注等项目。对于一些不影响工程进度和质量的零星材料，可不列入表中。

（二）建筑给水排水施工图中常用线型及图例

建筑给水排水施工图中的管道、管件、附件、阀门、卫生器具、设备等均按照《建筑给水排水制图标准》（GB/T 50106—2010）使用统一的图例来表示，下面列出了一些常用给水排水图例。

1. 线型

在图纸中，各种管道无论管径大小都用单线条表示，见表 8-1-1。

表 8-1-1　线型

名　称	线　型	线　宽	用　途
粗实线	————————	b	新设计的各种排水和其他重力流管线
粗虚线	— — — — — — — —	b	新设计的各种排水和其他重力流管线的不可见轮廓线
中粗实线	————————	$0.7b$	新设计的各种给水和其他压力流管线；原有的各种排水和其他重力流管线
中粗虚线	— — — — — — — —	$0.7b$	新设计的各种给水和其他压力流管线及原有的各种排水和其他重力流管线的不可见轮廓线
中实线	————————	$0.5b$	给水排水设备、零（附）件的可见轮廓线；总图中新建的建筑物和构筑物的可见轮廓线；原有的各种给水和其他压力流管线

续表

名　称	线　型	线　宽	用　途
中虚线	———————	0.5b	给水排水设备、零(附)件的不可见轮廓线;总图中新建的建筑物和构筑物的不可见轮廓线;原有的各种给水和其他压力流管线的不可见轮廓线
细实线	——————	0.25b	建筑的可见轮廓线;总图中原有的建筑物和构筑物的可见轮廓线;制图中的各种标注线
细虚线	———————	0.25b	建筑的不可见轮廓线;总图中原有的建筑物和构筑物的不可见轮廓线
单点长画线	——·——·——	0.25b	中心线、定位轴线
折断线	——\\/——	0.25b	断开界线
波浪线	～～～	0.25b	平面图中水面线;局部构造层次范围线;保温范围示意线

2. 管道

施工图上的管件和阀件采用规定的图例表示,这些图样只是示意性地表示具体设备或管、阀件。管道类别应以汉语拼音字母表示,图例如表 8-1-2 所示。

表 8-1-2　管道图例

序号	名　称	图　例	备　注	序号	名　称	图　例	备　注
1	生活给水管	—— J ——	—	11	废水管	—— F ——	可与中水原水管合用
2	热水给水管	—— RJ ——	—	12	压力废水管	—— YF ——	—
3	热水回水管	—— RH ——	—	13	通气管	—— T ——	—
4	中水给水管	—— ZJ ——	—	14	污水管	—— W ——	—
5	循环冷却给水管	—— XJ ——	—	15	压力污水管	—— YW ——	—
6	循环冷却回水管	—— XH ——	—	16	雨水管	—— Y ——	—
7	热媒给水管	—— RM ——	—	17	压力雨水管	—— YY ——	—
8	热媒回水管	—— RMH ——	—	18	虹吸雨水管	—— HY ——	—
9	蒸汽管	—— Z ——	—	19	膨胀管	—— PZ ——	—
10	凝结水管	—— N ——	—	20	保温管	～～～	也可用文字说明保温范围

续表

序号	名称	图例	备注	序号	名称	图例	备注
21	伴热管		也可用文字说明保温范围	25	管道立管	XL-1 平面 XL-1 系统	X 为管道类别 L 为立管 1 为编号
22	多孔管		—	26	空调凝结水管	KN	—
23	地沟管		—	27	排水明沟	坡向	—
24	防护套管		—	28	排水暗沟	横向	—

注:①分区管道用加注角标方式表示;

②原有管线可用比同类型的新设管线细一级的线型表示,并加斜线,拆除管线则加叉线。

3. 管道附件

管道附件图例见表 8-1-3。

表 8-1-3 管道附件图例

序号	名称	图例	备注	序号	名称	图例	备注
1	管道伸缩器		—	9	清扫口	平面 系统	—
2	方形伸缩器		—	10	通气帽	成品 蘑菇形	—
3	刚性防水套管		—	11	雨水斗	YD- 平面 YD- 系统	—
4	柔性防水套管		—	12	排水漏斗	平面 系统	—
5	波纹管		—	13	圆形地漏	平面 系统	通用,如无水封,地漏应加存水弯
6	可曲挠橡胶接头	单球 双球	—	14	方形地漏	平面 系统	—
7	管道固定支架		—	15	自动冲洗水箱		—
8	立管检查口		—	16	挡墩		—

续表

序号	名称	图例	备注	序号	名称	图例	备注
17	减压孔板		—	21	吸气阀		—
18	Y 形除污器		—	22	真空破坏器		—
19	毛发聚集器	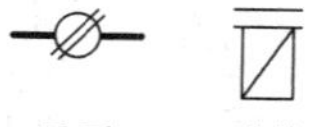 平面 系统	—	23	防虫网罩		—
20	倒流防止器		—	24	金属软管		—

4. 管道连接图例

管道连接图例见表 8-1-4。

表 8-1-4　管道连接图例

序号	名称	图例	备注	序号	名称	图例	备注
1	法兰连接	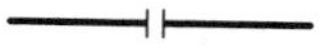	—	6	盲板		—
2	承插连接		—	7	弯折管	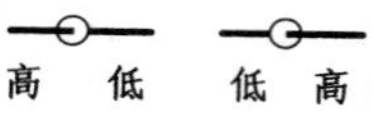 高 低 低 高	—
3	活接头	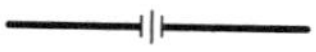	—	8	管道丁字上接	 高 低	—
4	管堵		—	9	管道丁字下接	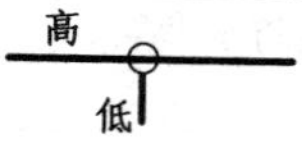 高 低	—
5	法兰堵盖		—	10	管道交叉	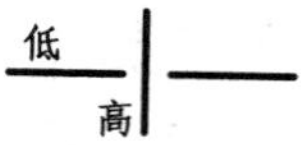 低 高	在下面和后面的管道应断开

5. 管件图例

管件图例见表 8-1-5。

表 8-1-5　管件图例

序号	名称	图例	序号	名称	图例
1	偏心异径管	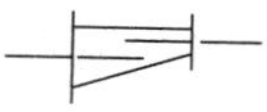	3	乙字管	
2	同心异径管	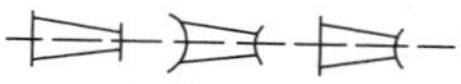	4	喇叭口	

续表

序号	名　称	图　例	序号	名　称	图　例
5	转动接头		10	TY 三通	
6	S 形存水弯		11	斜三通	
7	P 形存水弯		12	正四通	
8	90°弯头		13	斜四通	
9	正三通		14	浴盆排水管	

6. 阀门图例

阀门图例见表 8-1-6。

表 8-1-6　阀门图例

序号	名　称	图　例	备　注	序号	名　称	图　例	备　注
1	闸阀		—	11	液动蝶阀		—
2	角阀		—	12	气动蝶阀		—
3	三通阀		—	13	减压阀		左侧为高压端
4	四通阀		—	14	旋塞阀	平面　系统	—
5	截止阀		—	15	底阀	平面　系统	—
6	蝶阀		—	16	球阀		—
7	电动闸阀		—	17	隔膜阀		—
8	液动闸阀		—	18	气开隔膜阀		—
9	气动闸阀		—	19	气闭隔膜阀		—
10	电动蝶阀		—	20	电动隔膜阀		—

续表

序号	名　称	图　例	备　注	序号	名　称	图　例	备　注
21	温度调节阀		—	29	平衡锤安全阀		—
22	压力调节阀		—	30	自动排气阀	平面　系统	—
23	电磁阀	M	—	31	浮球阀	平面　系统	—
24	止回阀		—	32	水力液位控制阀	平面　系统	—
25	消声止回阀		—	33	延时自闭冲洗阀		—
26	持压阀	C	—	34	感应式冲洗阀		—
27	泄压阀		—	35	吸水喇叭口	平面　系统	—
28	弹簧安全阀		左侧为通用	36	疏水器		—

7. 给水配件

给水配件图例见表 8-1-7。

表 8-1-7　给水配件图例

序号	名　称	图　例	序号	名　称	图　例
1	水嘴	平面　系统	6	脚踏开关水嘴	
2	皮带水嘴	平面　系统	7	混合水嘴	
3	洒水(栓)水嘴		8	旋转水嘴	
4	化验水嘴		9	浴盆带喷头混合水嘴	
5	肘式水嘴		10	蹲便器脚踏开关	

拓展与提高

建筑给水排水系统的分类

一、建筑给水系统

建筑给水系统按用途一般分为生活给水系统、生产给水系统和消防给水系统三类。

1. 为民用、公共建筑和工业企业建筑内的饮用、烹调、盥洗、洗涤、沐浴等生活方面用水所设的给水系统,称为生活给水系统。生活给水系统除满足所需的水量、水压要求外,其水质必须严格符合国家规定的饮用水水质标准。

2. 为工业企业生产方面用水所设的给水系统,称为生产给水系统。如冷却用水、原料和产品的洗涤用水、锅炉的软化给水及某些工业原料的用水等。生产用水对水质、水量、水压的要求因生产工艺及产品不同而异。

3. 为建筑物扑救火灾而设置的给水系统称为消防给水系统。消防给水系统又划分为消火栓灭火系统和自动喷水灭火系统。消防用水对水质要求不高,但必须符合《建筑设计防火规范》(GB 50016—2014,2018 年版)的要求,保证有足够的水量和水压。

在一幢建筑内,可以单独设置以上 3 种给水系统,也可以考虑水质、水压、水量和安全方面需要,结合室外给水系统的情况,组成不同的共用给水系统。

二、建筑内部排水系统

建筑内部排水系统分为污废水排水系统(排除人类生存过程中产生的污水与废水)和屋面雨水排水系统(排除自然降水)两大类。按照污废水的来源,污废水排水系统又分为生活排水系统和工业废水排水系统。

思考与练习

(一)单项选择题

1. 主要表达给排水系统的空间走向和布置情况,各种设备的接管情况、设置位置、标高、连接方式及规格等内容的是(　　)。

A. 平面布置图　　B. 系统图　　C. 详图　　D. 设计说明

2. 图例 　 的名称是(　　)。

A. 蝶阀　　B. 截止阀　　C. 闸阀　　D. 角阀

3. 　 表示(　　)。

A. 止回阀　　B. 泄压阀　　C. 压力调节阀　　D. 电磁阀

(二)多项选择题

1. 建筑给水排水系统施工图一般包括(　　)。

A. 设计说明　　B. 平面图　　C. 系统图

D. 详图　　E. 材料及设备明细表

2. 建筑给水系统按用途一般分为(　　)。

A. 生活给水系统　　B. 生产给水系统　　C. 消防给水系统　　D. 以上都不是

(三)判断题

1. 建筑给水排水系统施工图中的平面图是在结构施工图的基础上绘制的。 ( )

2. 在一幢建筑内,可以单独设置生活给水系统、生产给水系统和消防给水系统,也可以考虑水质、水压、水量和安全方面需要,结合室外给水系统的情况,组成不同的共用给水系统。 ( )

3. 消防给水系统又划分为消火栓灭火系统和自动喷水灭火系统。 ( )

任务二 了解建筑通风空调施工图

任务描述与分析

通风空调的主要功能是提供人呼吸所需要的氧气,稀释室内污染物或气味,排除室内工艺过程产生的污染物,除去室内的余热或余湿,提供室内燃烧所需的空气,主要用在家庭、商业、酒店、学校等建筑中。

本任务的具体要求是:了解建筑通风空调施工图的组成;了解建筑通风空调施工图的设计内容。

知识与技能

建筑通风空调施工图一般由设计说明、平面图、系统原理图、系统轴测图、剖面图、详图等组成。

1. 设计说明

设计说明中应包括以下内容:

(1)工程性质、规模、服务对象及系统工作原理。

(2)通风空调系统的工作方式、系统划分和组成,以及系统总送风、排风量和各风口的送、排风量。

(3)通风空调系统的设计参数,如室外气象参数、室内的温度和湿度、室内含尘浓度、换气次数以及空气状态参数等。

(4)施工质量要求和特殊的施工方法。

(5)保温、油漆等的施工要求。

2. 平面图

在通风空调系统平面图上应标明风管、部件及设备在建筑物内的平面坐标位置。其中包括:

(1)风管,送、回(排)风口,风量调节阀,测孔等部件和设备的平面位置,与建筑物墙面的距离及各部位尺寸。

(2)送、回(排)风口的空气流动方向。

(3)通风空调设备的外形轮廓、规格型号及平面坐标位置。

3. 系统原理图

系统原理图是综合性的示意图，是将空气处理设备、通风管路、冷热源管路、自动调节及检测系统联结成一个整体，构成一个整体的通风空调系统。它表达了系统的工作原理及各环节的有机联系。

4. 系统轴测图

通风空调系统管路纵横交错，在平面图和剖面图上难以表达管线的空间走向，采用轴测投影绘制出管路系统单线条的立体图，可以完整而形象地将风管、部件及附属设备之间相对位置的空间关系表示出来。系统轴测图上还应注明风管、部件及附属设备的标高，各段风管的断面尺寸，送、回(排)风口的形式和风量值等。

5. 剖面图

系统剖面图上应标明通风管路及设备在建筑物中的垂直位置、相互之间的关系、标高及尺寸。在剖面图上可以看出风机、风管及部件、风帽的安装高度等。

6. 详图

详图又称大样图，包括制作加工详图和安装详图。如果是国家通用标准图，则只标明图号，不再将图画出，需用时直接查标准图即可。如果没有标准图，必须画出大样图，以便加工、制作和安装。通风空调详图需标明风管、部件及设备制作和安装的具体形式、方法和详细构造及加工尺寸。对于一般性的通风空调工程，通常都使用国家标准图册，对于一些有特殊要求的工程，则由设计部门根据工程的特殊情况设计施工详图。

拓展与提高

空气调节的任务与作用

空气调节(简称空调)是用人工的方法把某种特定空间内部的空气环境控制在一定状态下，使其满足生产、生活需求，改善劳动卫生条件。对空气控制的内容主要包括温度、湿度、空气流速、压力、洁净度以及噪声等参数。

对上述参数产生干扰的来源主要有两个：一是室外气温变化，太阳辐射通过建筑围护结构对室温的影响和外部空气带入室内的有害物；二是内部空间的人员、设备与工艺过程产生的热、湿与有害物。为此，我们需要采用一定的技术手段和方法消除室内的余热、余湿，从而清除空气中的有害物，保证内部空间具有足够的新鲜空气。

一般我们将保证人体舒适的空调系统称为“舒适性空调”，将为生产或科学实验过程服务的空调系统称为“工艺性空调”。

舒适性空调主要应用于公共和民用建筑中，对空气的要求除了保证一定的温、湿度以外，还要求保证足够的新鲜空气、适当的空气成分，以及一定的空气洁净度和流速。

工艺性空调对于现代化生产来说，是必不可少的。一般来说，工艺性空调对新鲜空气量没有特殊要求，但对温度、湿度、洁净度的要求比舒适性空调要高。工艺性空调往往需要同时满足工作人员的舒适性要求，所以二者又是相互关联、统一的。

思考与练习

(一)单项选择题

1. 表达系统的工作原理及各环节的有机联系的是(　　)。

A. 平面图　　B. 系统原理图　　C. 系统轴测图　　D. 大样图

2. 表达通风空调设备的外形轮廓、规格型号及平面坐标位置的是(　　)。

A. 设计说明　　B. 平面图　　C. 系统轴测图　　D. 详图

(二)多项选择题

1. 以下不属于通风空调设备施工图设计说明的内容的是(　　)。

A. 工程性质、规模、服务对象及系统工作原理　　B. 室外气象参数

C. 通风空调设备的外形轮廓、规格型号　　D. 通风空调系统的工作方式

E. 各段风管的断面尺寸

2. 空气调节对空气控制的主要内容包括(　　)。

A. 温度　　B. 湿度　　C. 空气流速、压力　　D. 洁净度

3. 可以看出风机、风管及部件、风帽的安装高度的是(　　)。

A. 平面图　　B. 系统原理图　　C. 系统轴测图　　D. 剖面图

(三)判断题

1. 生活中常用的空调是工艺性空调。(　　)

2. 对于一般性的通风空调工程,通常都使用国家标准图册;对于一些有特殊要求的工程,则由设计者根据工程的特殊情况设计施工详图。(　　)

3. 如果是国家通用标准图,则只标明图号,不再将图画出,需用时直接查标准图即可。(　　)

任务三　了解建筑电气施工图

任务描述与分析

建筑电气施工图是建筑施工图的一部分,是进行电气施工的基础,也是进行工程预算、编制招投标文件的依据。在电气施工过程中,要严格按图施工,所有的操作要符合设计要求以及相关技术规范。

本任务的具体要求是:了解建筑电气施工图的组成;了解建筑电气施工图的设计内容。

知识与技能

建筑电气施工图是进行电气工程施工的指导性文件,它用图形图例、文字标注、文字说明

相结合的形式,把建筑中电气设备安装位置、配管配线方式、安装规格、型号以及其他一些特征和它们相互之间的联系表示出来。电气施工图一般包含以下内容:

1. 图纸目录、设计说明、图例、设备材料明细表

(1)图纸目录:包括序号、图纸名称、编号、张数等。

(2)设计说明:主要阐述电气工程设计的依据、施工原则和要求、建筑特点、电气安装标准、安装方法、工程等级、工艺要求等,以及有关设计的补充说明。

(3)图例:即图形符号,一般只列出本套图纸中涉及的图形符号,图纸中会尽量采用通用符号,但也有一些是设计人员自定义的。

(4)设备材料明细表:列出该项电气工程所需要的设备和材料名称、符号、规格和数量,供设计概算和施工预算时参考。

2. 电气系统图

电气系统图是用电气符号加简单连线,来清晰地表示该系统的基本组成、各个组成部分之间的相互关系、连接方式、各组成部分的电气元件和设备的主要特征。通过系统图可以了解工程的全貌和规模,但它只表示电气回路中各元件的连接关系,不表示元件的具体情况、安装位置和接线方法。系统图有变配电系统图、动力系统图、照明系统图、弱电系统图等,如图 8-3-1 所示。

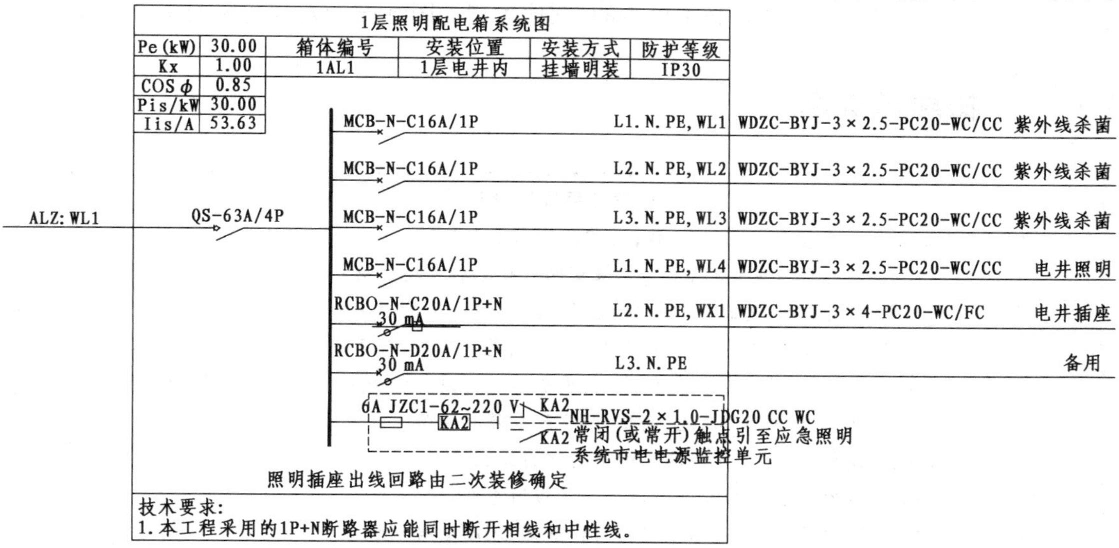

1层照明配电箱系统图

Pe(kW)	30.00	箱体编号	安装位置	安装方式	防护等级
Kx	1.00	1AL1	1层电井内	挂墙明装	IP30
COS φ	0.85				
Pis/kW	30.00				
Iis/A	53.63				

ALZ: WL1
QS-63A/4P
MCB-N-C16A/1P　L1. N. PE, WL1　WDZC-BYJ-3 × 2.5-PC20-WC/CC　紫外线杀菌
MCB-N-C16A/1P　L2. N. PE, WL2　WDZC-BYJ-3 × 2.5-PC20-WC/CC　紫外线杀菌
MCB-N-C16A/1P　L3. N. PE, WL3　WDZC-BYJ-3 × 2.5-PC20-WC/CC　紫外线杀菌
MCB-N-C16A/1P　L1. N. PE, WL4　WDZC-BYJ-3 × 2.5-PC20-WC/CC　电井照明
RCBO-N-C20A/1P+N 30 mA　L2. N. PE, WX1　WDZC-BYJ-3 × 4-PC20-WC/FC　电井插座
RCBO-N-D20A/1P+N 30 mA　L3. N. PE　备用
6A JZC1-62~220 V　KA2　KA2　NH-RVS-2 × 1.0-JDG20 CC WC
KA2 常闭(或常开)触点引至应急照明系统市电电源监控单元
照明插座出线回路由二次装修确定
技术要求:
1. 本工程采用的1P+N断路器应能同时断开相线和中性线。

图 8-3-1　电气系统图

3. 电气平面图

电气平面图是通过一定的图形符号、文字符号具体地表示所有电气设备和线路的平面位置、安装高度、设备和线路的型号、规格、线路的走向和敷设部位的图纸。它是进行电气安装的主要依据。但它采用了较大的缩小比例,不能表现电气设备的具体形状。常用的电气平面图有变配电所平面图、动力平面图、照明平面图、防雷平面图、接地平面图、弱电平面图等。平面图按工程复杂程度,每层绘制一张或多张,但在高层建筑中,形式一样的多个楼层可以只绘制一张标准层平面图作为代表。

4. 设备布置图

设备布置图是表示各种电气设备、电气元件的平面与空间位置的相互关系以及安装方式的图纸，通常由平面图、立面图、剖面图及各种构件详图组成。

5. 安装接线图

安装接线图又称安装配线图，是用来表示电气设备、元件和线路的安装位置、配线方式、接线方式、配线场所等特征的图纸，通常用来指导安装、接线和查线。

6. 电气原理图

电气原理图是表示某一设备或系统的电气工作原理的图纸。它是按照各个部分的动作原理采用展开法来绘制的。通过分析电气原理图，可以清楚地了解整个系统的动作顺序。电气原理图不能表明电气设备和元件的实际安装位置和具体接线，但可以用来指导电气设备和元件的安装、接线、调试、使用与维修。

7. 详图

详图是表示电气工程中某一部分的具体安装要求和做法的图纸。常用的设备安装详图可以查阅专业安装图集或标准图册。在一般工程中，一套图纸的目录、说明、图例、设备材料明细表、电气系统图、电气平面图都是必不可少的，其他类型的图纸设计人员会根据需要加入。

拓展与提高

电气工程项目分类

电气工程是指某建筑的供电、用电工程，通常包括以下几类项目：

(1)外线工程：室外电源供电线路，主要是架空电力线路和电缆线路。

(2)变配电工程：由变压器、高低压配电柜、电缆、母线、继电保护与电气计量等设备构建的变配电所。

(3)室内配线工程：主要有线管配线、桥架线槽配线、瓷瓶配线、钢索配线等。

(4)电力工程：各种风机、水泵、电梯、机床、起重机等动力设备(电动机)和控制器与动力配电箱。

(5)照明工程：照明灯具、开关、插座、电扇、照明配电箱等设备。

(6)防雷工程：建筑物、电气装置和其他设备的防雷设施。

(7)接地工程：各种电气装置的工作接地和保护接地系统。

(8)弱电工程：消防报警系统，安保系统，广播、电话、闭路电视系统等。

(9)发电工程：一般为备用的自备柴油发动机组。

思考与练习

(一)单项选择题

1. 表示电气设备、元件和线路的安装位置、配线方式、接线方式、配线场所等特征的图纸是(　　)。

A. 电气系统图　　B. 电气原理图　　C. 设备布置图　　D. 安装接线图

2.(　　)即图形符号,一般只列出本套图纸中涉及的图形符号。

A. 图例　　B. 图标　　C. 比例　　D. 线形

3. 图纸设计人员可以根据需要加入的是(　　)。

A. 说明　　B. 设备材料明细表　　C. 电气系统图　　D. 详图

(二)多项选择题

1. 弱电工程项目包括(　　)等。

A. 广播　　B. 消防报警系统　　C. 电话　　D. 防雷设施

E. 闭路电视系统

2. 电气施工图的内容一般包括(　　)。

A. 图纸目录　　B. 设计说明　　C. 图例　　D. 设备材料明细表

E. 风玫瑰图

3. 电气施工图的设计说明主要阐述电气工程(　　)以及有关设计的补充说明。

A. 设计的依据

B. 施工原则和要求

C. 建筑特点

D. 电气安装标准、安装方法

E 工程等级、工艺要求

(三)判断题

1. 设计人员不可自定义图例符号。(　　)

2. 通过系统图可以了解工程的全貌和规模,但它只表示电气回路中各元件的连接关系,不表示元件的具体情况、安装位置和接线方法。(　　)

3. 建筑电气施工图是进行电气工程施工的指导性文件,它只用文字说明表达建筑中电气设备的安装位置、配管配线方式等内容。(　　)

考核与鉴定八

(一)单项选择题

1. —⊃— 表示管道的(　　)。

A. 法兰连接　　B. 承插连接　　C. 交叉连接　　D. 活接头

2. 通风空调设备平面施工图不包括的内容是(　　)。

A. 风管的平面坐标位置　　B. 通风空调设备的规格型号

C. 送、回(排)风口　　D. 风帽的安装高度

3. 电气设备中,(　　)用于列出该工程所需的各种主要设备、管材、导线管器材的名称、型号、规格、材质、数量。

A. 电气系统图　　B. 设计说明　　C. 设备材料明细表　　D. 图纸目录

(二)多项选择题

1. 管道类别属于给水管的是(　　)。

A. RJ　　B. ZJ　　C. W　　D. XJ

2. 电气系统图常见的有(　　)等。

A. 变配电系统图　　B. 动力系统图　　C. 照明系统图　　D. 弱电系统图

3. 系统轴测图可以表达(　　)。

A. 管道的空间走向

B. 风管、部件及附属设备之间的相对位置关系

C. 风管、部件及附属设备的标高

D. 系统的工作原理

(三)判断题

1. 各种管道和卫生器具,不必标注其外形尺寸,如施工或安装需要,可标注出其定位尺寸。(　　)

2. 通过分析电气原理图,可以清楚地了解整个系统的动作顺序。(　　)

3. 洁净室内的空调属于工艺性空调。(　　)

4. 电气系统图是用电气符号加简单连线,清晰地表示该系统的基本组成、各个组成部分之间的相互关系、连接方式、各组成部分的电气元件和设备的主要特征。(　　)

参考文献

[1] 中华人民共和国住房和城乡建设部. 房屋建筑制图统一标准:GB/T 50001—2017[S]. 北京:中国建筑工业出版社,2018.

[2] 中华人民共和国住房和城乡建设部. 总图制图标准:GB/T 50103—2010[S]. 北京:中国计划出版社,2011.

[3] 中华人民共和国住房和城乡建设部. 建筑制图标准:GB/T 50104—2010[S]. 北京:中国计划出版社,2011.

[4] 中国建筑标准设计研究院. 混凝土结构施工图平面整体表示方法制图规则和构造详图(现浇混凝土框架、剪力墙、梁、板):22G101—1[S]. 北京:中国标准出版社,2022.

[5] 中国建筑标准设计研究院. 混凝土结构施工图平面整体表示方法制图规则和构造详图(现浇混凝土板式楼梯):22G101—2[S]. 北京:中国标准出版社,2022.

[6] 中国建筑标准设计研究院. 混凝土结构施工图平面整体表示方法制图规则和构造详图(独立基础、条形基础、筏形基础、桩基础):22G101—3[S]. 北京:中国标准出版社,2022.

[7] 王显谊,周利国. 建筑制图与识图[M]. 3 版. 重庆:重庆大学出版社,2019.

[8] 褚振文. 怎样看建筑施工图[M]. 2 版. 北京:机械工业出版社,2015.

[9] 李亮. 20 小时内教你看懂建筑施工图[M]. 北京:中国建筑工业出版社,2015.

[10] 吴舒琛. 土木工程识图(房屋建筑类)[M]. 2 版. 北京:高等教育出版社,2021.